现代肿瘤精准放射治疗丛书

丛书总主编　于金明

# 现代放射治疗设备学

主　编　卢　洁　巩贯忠　李小波

科学出版社

北　京

# 内 容 简 介

本书是应当前肿瘤精准放疗中设备论证、采购及使用的临床实践、科研、教学的实际需求而编写。本书分为七章,分别介绍了肿瘤精准放射治疗技术的发展概要、放射治疗流程、模拟定位设备、呼吸门控设备、常见放射治疗技术、常规放射治疗系统(包括 $^{60}$Co 治疗机及普通医用电子直线加速器、图像引导放射治疗直线加速器、螺旋体层放射治疗系统、射波刀放射治疗系统、MR 引导直线加速器及质子/重离子放射治疗系统等)和放射治疗质控设备。

本书可供肿瘤放射治疗、放射物理、放射治疗技术专业的专科生、本科生、研究生及进修生学习放射治疗设备,用于其系统学习及开展相关学科的科研、教学工作,也可作为医院医学装备相关部门进行设备论证及采购的参考书。

**图书在版编目(CIP)数据**

现代放射治疗设备学 / 卢洁,巩贯忠,李小波主编. —北京:科学出版社,2023.11

(现代肿瘤精准放射治疗丛书 / 于金明总主编)

ISBN 978-7-03-074536-1

Ⅰ. ①现… Ⅱ. ①卢… ②巩… ③李… Ⅲ. ①放射治疗仪器 Ⅳ. ①TH774

中国国家版本馆 CIP 数据核字(2023)第 007393 号

责任编辑:朱 华 钟 慧 / 责任校对:宁辉彩
责任印制:吴兆东 / 封面设计:陈 敬

**科 学 出 版 社** 出版
北京东黄城根北街 16 号
邮政编码:100717
http://www.sciencep.com

涿州市般润文化传播有限公司印刷
科学出版社发行 各地新华书店经销
\*

2023 年 11 月第 一 版 开本:787×1092 1/16
2025 年 1 月第三次印刷 印张:13
字数:374 000
**定价:198.00 元**
(如有印装质量问题,我社负责调换)

# 《现代放射治疗设备学》
# 编写团队

丛书总主编　于金明　山东省肿瘤医院
主　　　审　李　亚　山东省卫生健康委员会医疗管理服务中心
主　　　编　卢　洁　山东省肿瘤医院
　　　　　　巩贯忠　山东省肿瘤医院
　　　　　　李小波　福建医科大学附属协和医院
副　主　编　张　伟　烟台毓璜顶医院
　　　　　　邓　伟　山东省肿瘤医院
编　　　者（按姓氏汉语拼音排序）

| | | | |
|---|---|---|---|
| 陈进琥 | 山东省肿瘤医院 | 覃仕瑞 | 中国医学科学院肿瘤医院 |
| 程　阳 | 山东省肿瘤医院 | 仇清涛 | 山东省肿瘤医院 |
| 戴天缘 | 山东省肿瘤医院 | 饶　瑛 | 深圳市医科信医疗技术有限公司 |
| 邓　伟 | 山东省肿瘤医院 | 史斌斌 | 恒欣科技有限公司 |
| 巩贯忠 | 山东省肿瘤医院 | 苏　亚 | 山东省肿瘤医院 |
| 关玉敏 | 烟台毓璜顶医院 | 孙　波 | 烟台毓璜顶医院 |
| 郭　刚 | 恒欣科技有限公司 | 孙洪强 | 医科达（上海）医疗器械 |
| 韩廷芒 | 山东省肿瘤医院 | | 有限公司 |
| 姜　伟 | 烟台毓璜顶医院 | 陶　城 | 山东省肿瘤医院 |
| 李　懋 | 飞利浦（中国）投资有限公司 | 田巍光 | 医科达（上海）医疗器械 |
| 李成强 | 山东省肿瘤医院 | | 有限公司 |
| 李小波 | 福建医科大学附属协和医院 | 王秀华 | 山东省肿瘤医院 |
| 李俞慧 | 山东省肿瘤医院 | 翁　星 | 福建医科大学附属协和医院 |
| 李振江 | 山东省肿瘤医院 | 叶　庞 | 山东省肿瘤医院 |
| 刘　潇 | 山东省肿瘤医院 | 昝　鹏 | 西安大医集团股份有限公司 |
| 刘建强 | 山东省肿瘤医院 | 张　伟 | 烟台毓璜顶医院 |
| 卢　洁 | 山东省肿瘤医院 | 张　新 | 瓦里安医疗设备（中国） |
| 马　婷 | 瓦里安医疗设备（中国） | | 有限公司 |
| | 有限公司 | 张嘉月 | 恒欣科技有限公司 |
| 马少刚 | 瓦里安医疗设备（中国） | 张学良 | 山东省肿瘤医院 |
| | 有限公司 | 赵　亮 | 瓦里安医疗设备（中国） |
| 缪斌和 | 医科达（上海）医疗器械 | | 有限公司 |
| | 有限公司北京分公司 | 赵彦富 | 山东省肿瘤医院 |
| 齐　亮 | 山东省肿瘤医院 | 周俊杰 | 山东省肿瘤医院 |

# 丛 书 序

　　肿瘤作为危害我国人民群众健康的重大疾病,其精准诊治势在必行。放射治疗是肿瘤综合治疗的主要手段之一,随着设备与技术的不断发展,其精确度、安全性得到了显著提高,取得了令人鼓舞的疗效。然而放射治疗工作在我国却面临着设备分布不均、技术应用不规范、精确度与安全性缺乏保障的困境,究其原因在于放射治疗设备新旧程度不一,从业人员对新设备和新技术的学习及临床应用滞后性明显,新技术的临床转化速度较慢等。

　　在 2004 年,本人主编了国内首部《肿瘤精确放射治疗学》,推动了肿瘤精确放射治疗技术在我国的普及应用。快 20 年过去了,肿瘤放射治疗的发展突飞猛进,过去很多"先进"的技术目前已经成为常规技术,部分技术面临淘汰。而随着人工智能、大数据及网络技术的发展,放射治疗技术已经不可与过去同日而语。如何让广大放射治疗从业人员更好地了解和系统地学习放射治疗新技术,是我一直以来思考的问题。

　　山东省肿瘤医院放疗科无论在设备、专业技术水平、人员配置及临床规模方面稳居国内前列,开展了很多创新性的工作。为了更好地让广大放射治疗从业人员学习好、利用好新技术,同时系统地掌握现代化放射治疗发展历程,我们组织了一批专家编写这套"现代肿瘤精准放射治疗"丛书。

　　本丛书从现代放射治疗设备、现代放射治疗剂量测量、磁共振引导放射治疗新技术等方面入手,依次对肿瘤精准放射治疗的各个方面进行了系统介绍。

　　本丛书的出版宗旨是让年轻同志获得系统、专业的培训;让年资高、有经验的同志更好地了解新设备、新技术,加速临床转化;促进我国肿瘤放射治疗工作标准化、规范化、高端化及同质化的开展,全面提升技术服务水平。

　　最后,衷心地感谢各位专家、各位同仁对本丛书出版的支持与帮助。

中国工程院院士

2022 年 5 月 6 日

# 前　言

放射治疗在肿瘤综合治疗中的作用日趋重要，且不可替代。据世界卫生组织（WHO）统计，约有70%的肿瘤患者在治疗各个阶段需要接受放射治疗。放射治疗作为一种对设备依赖性极强的肿瘤治疗手段，对精度和安全的要求非常高。

随着设备硬件、医学影像学和计算机科学的发展，放射治疗设备进步快速。然而，很多从业人员，尤其是年轻从业人员对当前正在应用的放射治疗设备了解不足，尤其是对放射治疗设备的发展历程了解不足，这使设备论证、购置、使用及维保方面的工作严重受限。

本书作为《现代放射治疗剂量测量学》的姊妹篇，分别介绍了肿瘤精准放射治疗技术的发展概要、放射治疗流程、模拟定位设备、呼吸门控设备、常见放射治疗技术、常规放射治疗系统（包括 $^{60}$Co 治疗机及普通医用电子直线加速器、图像引导放射治疗直线加速器、螺旋体层放射治疗系统、射波刀放射治疗系统、MR 引导直线加速器及质子/重离子放射治疗系统等）和放射治疗质控设备，旨在让更多的读者了解近30年放射治疗设备的演变过程，进而更好地了解放射治疗设备的现状和未来的发展方向。同时，本书为医院论证、采购和使用大型放疗设备提供了参考。

本书最大的特点在于以放射治疗设备的演变过程为主线，从放射治疗设备的设计理念、工作原理、技术特点、临床应用范例等方面进行系统阐述。本书是目前肿瘤放射治疗设备学中极为全面的教材之一，希望广大从业人员通过系统地学习本书，切实保障肿瘤放射治疗工作的精度与安全，造福更多的肿瘤患者。

本书可供肿瘤放射治疗、放射物理、放射治疗技术专业的专科生、本科生、研究生及进修生用于系统学习放射治疗设备，以及开展相关学科的科研、教学工作，也可作为医院医学装备相关部门进行设备论证及采购的参考书。

因水平所限，本书编写中难免存在不当之处，敬请广大同仁批评指正。

2023 年 8 月

# 目　　录

# 第一章　肿瘤精准放射治疗技术发展概要

放射治疗（简称放疗）是肿瘤综合治疗的重要组成部分，据 WHO 公布的数据显示，约70%的肿瘤患者在治疗的各个环节需要接受放疗。放疗作为一种不良反应最小的局部治疗手段，已在肿瘤综合治疗中发挥了不可替代的作用。

自 1895 年伦琴发现 X 射线以来，放疗的发展经历了 120 多年。从传统二维放射治疗到三维适形放疗、CT/MR 模拟定位技术、调强适形放疗、立体定向放射外科治疗和立体定向放疗、图像引导放疗、自适应放疗等，放疗精度和安全有了翻天覆地的变化。

在放疗的发展历程中，有三种革命性进步的里程碑技术：调强适形放疗技术、图像引导放疗技术、质子/重离子放疗技术。这三种技术分别从精度、安全及生物效应方面实现了放疗一次又一次的飞跃。本章主要对代表性放疗设备/技术的发展进行简要阐述。

## 一、二维放射治疗

自伦琴发现 X 射线以来，用放射线进行肿瘤治疗的思路开始盛行，随之以浅部 X 射线治疗机、深部 X 射线治疗机、$^{60}$Co 治疗机、高能 X 射线及电子线放疗为主要实现方式的二维放射治疗（two-dimensional radiation therapy，2D-RT）逐渐用于临床，在长达半个多世纪的时间内成为肿瘤最主要的放疗方式，并取得了良好疗效。临床上接受 2D-RT 获得长期生存的患者不在少数（有的患者可以存活 20 年以上），2D-RT 在肿瘤放疗早期阶段发挥了非常重要的作用。

2D-RT 最初是以手触、二维 X 射线透视/摄片来确定肿瘤范围（确切地说是照射范围），进一步发展到通过低熔点铅挡块或钨门，形成方形或矩形照射野，对肿瘤实施放射治疗（图 1-1）。通过不同形状铅块的组合形成不规则形状的照射野。

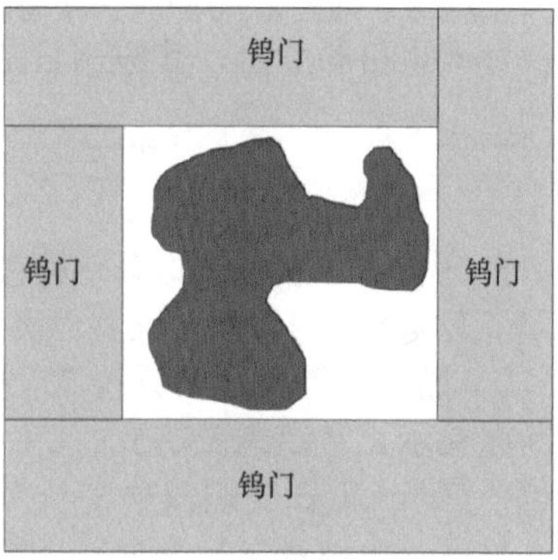

图 1-1　2D-RT 的照射野布置示意图
红色区域为肿瘤靶区

2D-RT 的优点是照射速度快、范围大、适用人群广，主要缺点是肿瘤边界判断缺乏依据，以及照射野形状不能契合肿瘤形状，包含较多进入照射野的正常组织。目前 2D-RT 应用越来越少，逐渐被调强适形放疗所代替。

## 二、三维适形放射治疗

2D-RT 照射野无法契合肿瘤形状的问题必然会导致过多的正常组织接受照射，放射性损伤发生概率较高。而铅挡及多叶准直器[（multileaf collimator，MLC），又称多叶光栅]的发展及应用，将传统矩形照射野转变为不规则形状照射野，通过等中心照射技术，以不同角度照射野在三维空间形成与肿瘤形状相近的剂量分布，即三维适形放射治疗（three-dimensional conformal radiation therapy，3D-CRT），如图 1-2、图 1-3 所示。

3D-CRT 是肿瘤精准放疗的起点，对肿瘤放疗精度的提升具有重要启示和推动作用。3D-CRT 是肿瘤精准放疗的第一个革命性进步技术，而后发展起来的逆向调强放疗、容积弧形调强放疗、螺旋体层放疗等都是 3D-CRT 的延伸和升级。

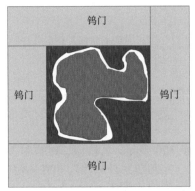
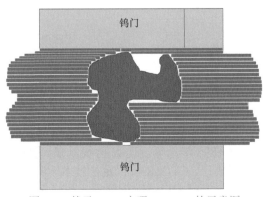

图 1-2　基于铅挡块实现 3D-CRT 的示意图
紫色区域为铅挡阻挡射线的区域

图 1-3　基于 MLC 实现 3D-CRT 的示意图
黄边框旁的灰色区域为 MLC

　　3D-CRT 的优势在于设备需求低、放疗速度快、剂量分布与肿瘤形状接近。但是 3D-CRT 也存在很多劣势，如只注重形状上的契合度，对肿瘤内剂量分布均匀性未充分考虑；对复杂肿瘤靶区的剂量学优势并不明显；计划设计费时费力，如鼻咽癌、乳腺癌术后放疗等。不可否认的是在逆向调强放疗大范围应用之前，3D-CRT 在很长一段时间内一直是肿瘤精准放疗的代表技术。时至今日，3D-CRT 仍是肿瘤精准放疗的主流技术之一。

　　3D-CRT 的普及得益于 CT 模拟定位技术的发展及应用，而随着治疗理念改变，MR 模拟定位技术也日趋成熟，其应用日渐增多。

# 三、CT/MR 模拟定位技术

　　自 1972 年，英国豪斯菲尔德教授发明计算机断层成像（computed tomography，CT）机以来，实现了人类医学影像从二维到"真正"三维的转变，也为放疗技术进步注入了强力推进剂。

　　CT 通过计算机辅助分析 X 射线在人体内的衰减情况，重建出三维空间中的人体结构，进而断面显示正常组织及病变。CT 不仅可以进行组织成像，还可以对组织结构进行精准的空间定位，这是 CT 在肿瘤放疗中获得广泛应用的主要基础。

　　目前，全球接受精准放疗的患者几乎 100% 接受了 CT 模拟定位，除了精准的空间定位以外，图像中的 CT 值反映的电子密度信息是进行放疗计划剂量计算的基础。CT 值估算精度不足可导致高达 11% 的剂量计算误差，这对肿瘤的控制十分不利。

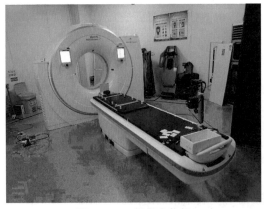

图 1-4　CT 模拟定位机

　　CT 模拟定位机（图 1-4）来源于诊断 CT，又与诊断 CT 有明显不同：①为了配合体位固定体架使用，其机械孔径一般都比较大（80～85cm），配备与加速器相同规格和型号的治疗床；②机房内需要配备定位激光灯（一般为 5 轴联动激光灯）；③需要有配套的虚拟处理软件（如放疗计划系统）；④取消了倾斜机架角度的扫描方式；⑤具有呼吸、心跳运动的解决方案，如呼吸门控和心电门控技术等。因此在 CT 模拟定位机的采购和安装中，这些细节应予以重视。

　　随着放疗精度要求不断提高，磁共振（MR）模拟定位逐渐应用到了肿瘤放疗临床实践。与 CT 模拟定位相比，MR 模拟定位具有软组织分辨率高的成像特点，在肿瘤靶区及危及器官（organ at risk，OAR）边界显示中更具有优势，而这也符合肿瘤精准放疗的实际需求（图 1-5）。另外，MR 多维参数的功能影像如弥散加权成像（diffusion-weighted imaging，DWI）、灌注加权成像（perfusion weighted imaging，PWI）、弥散张量成像（diffusion tensor imaging，DTI）、磁共振波谱成像（magnetic resonance spectroscopy，MRS）等为肿瘤靶区生物活性评估及放疗反应的追踪提供可行的量化工具。MR 的快速成像为放疗中肿瘤运动的追踪及分析提供了直观方法。

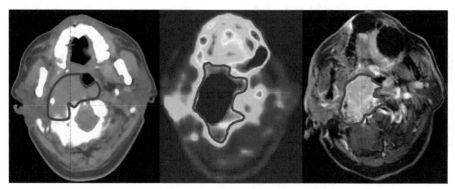

图 1-5　CT、PET 及 MR 图像在肿瘤边界显示差异的示意图
蓝色为肿瘤区（GTV）范围

有学者提出 21 世纪图像引导放疗的发展方向必然是 MR 引导。MR 与加速器结合的一体化放疗设备应运而生，如医科达（Elekta）公司的 MR Unity 直线加速器（图 1-6）在肿瘤放疗中发挥着越来越重要的作用。

图 1-6　MR Unity 直线加速器

## 四、调强放射治疗

3D-CRT 从形状上解决了剂量分布与肿瘤契合的问题，但不能保证肿瘤空间中的每一个点都接受均匀的剂量，而调强放疗（intensity-modulated radiotherapy，IMRT）技术的发展与应用解决了这个问题。简而言之，IMRT 就是通过将传统 3D-CRT 每个角度的照射野分割为多个小野，完成放疗剂量强度分布精细调节，进而实现剂量分布符合肿瘤负荷（肿瘤细胞多少及分布密度）的实际情况（图 1-7）。调强放疗技术分为正向 IMRT 和逆向 IMRT 两大类，目前最常用的 IMRT 为逆向 IMRT。

传统 IMRT 最大优点在于剂量分布的适形度和均匀性优于 3D-CRT，但其主要不足在于射线利用率低、散射线多、照射时间长，对于形状复杂或者形状较长（≥40cm）的肿瘤靶区需要多靶点联合照射，靶点之间交界处剂量冷、热点问题难以解决。

为了解决照射时间长的问题，旋转弧形调强放疗（intensity modulated arc therapy，IMAT）（图 1-8）及容积旋转调强放疗（volumetric modulated arc therapy，VMAT）技术引入到临床。IMAT/VMAT 就是在直线加速器机架连续旋转的过程中，动态调整 MLC 形状和照射剂量率，进而在 75～150s（按照加速器角速度 4.8°/s 计算）完成对肿瘤的 IMRT。IMAT/VMAT 最大优点是照射速度快，与 3D-CRT 基本相当。IMAT 速度快的优势，促使其成为放疗中心的主流放疗技术（单台设备每日最多可以完成 180～200 例患者的放射治疗，是传统 IMRT 工作量的两倍）。提高IMRT 速度的另外一个解决方法，就是应用无均整器（flattening filter free，FFF）技术。

图 1-7　Trilogy 直线加速器 IMRT 计划实施的 MLC
示意图

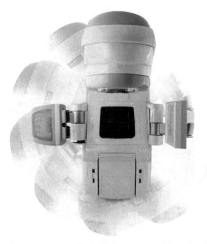

图 1-8　IMAT 放疗设备 Trilogy 的工作示意图

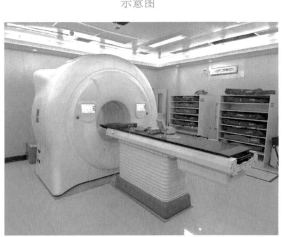

图 1-9　HT 设备

FFF 是在传统直线加速器硬件构造基础上，去掉了射线均整过滤器，提高了射线利用率，剂量率最高可达 2400MU/min，是传统有均整器技术的 4～12 倍，同时其在剂量学上也有一定优势。

螺旋体层放疗（helical tomotherapy，HT）的应用则解决了 IMRT 对于形状较长（≥40cm）或形状怪异肿瘤靶区的的治疗困境。HT 应用气动二元化 MLC，以类似螺旋 CT 球管连续旋转并与治疗床同步运动结合的方式，实现利用人体螺旋体层扫描的方法完成放射治疗（图 1-9）。HT 的最大优势在于剂量分布优于传统 IMRT 及 IMAT，可以作为剂量分布的"金标准"；其次，HT 单次可以完成长度达 160cm 肿瘤靶区的放疗，避免多靶点放疗中不同节段肿瘤靶区交界处的剂量冷、热点，因此 HT 是全脊髓放疗的首选技术。另外，HT 整合了兆伏级 CT（MVCT）扫描装置，可同步实现图像引导放疗及自适应放疗（ART）。HT 最大问题在于照射时间长，其照射时间与传统 IMRT 基本相当甚至更长。

## 五、立体定向放射外科和立体定向放疗

随着 CT/MR 模拟定位技术的应用，以精准定位、精准计划及精准施照为代表的精准放疗技术得到了快速发展，其中基于射波刀、伽马（γ）刀、配备较高精度 MLC 和外部治疗配件的直线加速器在立体定向放射外科（stereotactic radiosurgery，SRS）和立体定向放疗（stereotactic radiotherapy，SRT）中得到了广泛应用。

关于 SRS 和 SRT，很多初学者对这两种技术的区别并不清楚。SRS 和 SRT 应用技术、操作方法及设备要求基本一样，但是在治疗理念上有本质区别。SRS 倾向于外科手术的理念，即用单次或少次（一般不超过 3 次）的大剂量放疗，获得与手术切除肿瘤一样的效果。而 SRT 更依赖于放疗理念，也就是通过立体定向技术，在短时间内完成 5～10 次大剂量肿瘤精准放疗。SRS 注重手术切除的作用，SRT 强调放疗的作用。SRS 及 SRT 中无论是应用射波刀、γ 刀（图 1-10），还是应用限光筒 X 刀，对肿瘤（尤其是小体积肿瘤）都能获得非常好的治疗效果。

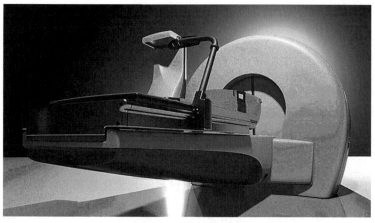

图 1-10　γ 刀治疗系统

　　SRS、SRT 治疗中，使用射波刀、γ 刀、X 刀设备的原理就是将多方向、多维度射束以聚焦方式实现高剂量非适形精准放疗。对小肿瘤病灶而言，放射剂量的提升可实现良好的效果，而对大体积肿瘤来说，为了降低正常组织受照射剂量，则需要适形度更高、均匀性更好地剂量分布，这就引入了当前最常见的调强放疗技术。

# 六、图像引导放疗

　　3D-CRT 与 IMRT 实现了目标剂量分布与肿瘤的紧密契合。然而这种紧密契合的放疗方式，也对肿瘤位置的精准性提出了严格要求，肿瘤位置一旦脱离了剂量分布区域，二者的剂量学优势将无法得到保证，图像引导放疗（image-guided radiation therapy，IGRT）是保证肿瘤位置准确的主要方式。IGRT 从定义上分为广义和狭义两种。

　　广义 IGRT 是指所有可以进行肿瘤或正常组织成像的影像手段都可以实现 IGRT 的成像方式，如 CT、MR、正电子发射断层成像（positron emission tomography computed tomography，PET-CT）、超声、X 射线成像、电子射野影像设备（electronic portal imaging device，EPID）等。

　　狭义 IGRT 则是专指在治疗机房内的成像方式，如千伏（kilovoltage，kV）级锥形线束 CT（cone beam CT，CBCT）、二维平片、透视（fluoroscopy）、滑轨 CT（CT on rail）及兆伏（megavoltage，MV）级 EPID、MV 级 CBCT 等。狭义 IGRT 更注重患者在治疗床上的在线引导，其主要作用是纠正患者摆位误差、补偿患者生理运动造成的误差、追踪肿瘤及正常组织变化、实时评估剂量分布的合理性（图 1-11）。

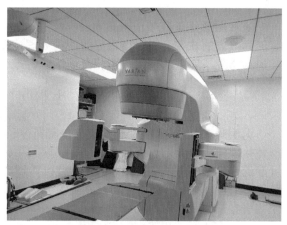

图 1-11　直线加速器自带的机载影像（on-board imaging，OBI）系统

　　IGRT 将放疗精度推到了一个崭新的高度，同时 IGRT 获取的影像可以让放射物理师、放疗医生根据肿瘤的变化，实时调整放疗计划。在这方面，MR 软组织分辨率高及多维影像功能的特点注定其将成为 IGRT 的主要形式。由 MR 与放疗设备结合的治疗方式，虽然构造及原理有显著不同，但是基本功能是一致的，如 MR Unity 和 MRIdian 放疗设备等。

# 七、自适应放射治疗

IGRT 的升级应用是自适应放疗（adaptive radioation therapy，ART）。自适应放疗即通过适应肿瘤自身及正常组织的变化，不断调整放疗计划来实现精准放疗，进而在更好地保护正常组织基础上，保证肿瘤放疗剂量实施的准确性。在 2018 年发表的题为"Adaptive Radiotherapy Enabled by MRI Guidance"的综述中，亨特教授提出放疗中肿瘤的位置、形状在每秒、每分钟、每小时、每天、每周和每月都会发生变化。这就要求放疗必须实时适应肿瘤的变化，否则会造成肿瘤放疗失败，或出现严重的放射性损伤。

目前这种自适应放疗的过程主要分为了两大类：位置自适应（adaptive to position，AtP）和形状自适应（adaptive to shape，AtS）。AtP 通过监测和量化患者的体位变化，改变治疗床或 MLC 的位置，将肿瘤重新移位于放疗剂量分布范围内。而 AtS 相对较为复杂，其通过获取肿瘤和正常器官的在线影像，评估二者形状变化对放疗剂量的影响，进而实施实时放疗计划的设计与优化，保证放疗剂量的准确性（图 1-12）。AtS 过程复杂，必须要处理好肿瘤靶区和（或）OAR 勾画、放疗计划再设计及优化、放疗计划评估及验证等各个环节，而速度与精度则是 ART 绕不开的两个瓶颈问题。

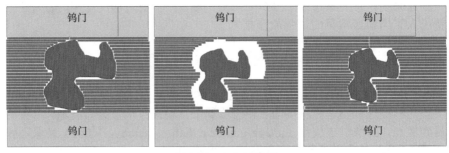

图 1-12 AtS 示意图

图中红色区域的肿瘤靶区在放疗中发生了退缩，而初始计划 MLC 形状造成过多的正常组织接受照射，而自适应后 MLC 形状更加契合肿瘤实际形状

随着图形处理器（graphic processing unit，GPU）加速为代表的计算机硬件发展及以人工智能为代表的软件升级，自适应放疗的处理速度已经不再是 ART 应用的瓶颈问题。MR Unity 加速器搭载了完整的位置、形状自适应的标准化处理流程，是当前在线 ART 的代表形式。

# 八、生物引导放射治疗

无论是 IMRT、IGRT 还是 ART，都是基于患者解剖影像开展的，无法从根本上解决传统群体化放疗中"同病不同效"的问题，究其原因，在于对肿瘤生物学行为的认知不足，也就是肿瘤的生物异质性。肿瘤的生物异质性既体现在同一类肿瘤在不同患者之间，也体现在同一个肿瘤不同区域之间。针对生物异质性的放疗技术必将会成为放疗提高疗效的主要方向，即所谓生物引导的剂量雕刻（dose painting）技术，进而实现生物引导放疗（biology guided radiation therapy，BGRT）。PET-CT、功能磁共振成像（fMRI）等技术为剂量雕刻提供了可靠依据。

PET-CT 可在体内检测肿瘤代谢、乏氧区域分布、血管生成等异质性信息，在引导肿瘤个体化放疗中发挥了重要作用。以 PET 使用 $^{18}$F-氟代脱氧葡萄糖（$^{18}$F-FDG）检查为例，肿瘤内部不同区域标准摄取值（standard uptake value，SUV）可以分辨肿瘤细胞活跃程度。通过对肿瘤内乏氧等生物表现特异的区域进行识别，在同一肿瘤内分别给予不同处方剂量，实现肿瘤内同步剂量提升，可以在不增加正常组织受照射剂量的前提下，将高代谢亚靶区剂量提升 10% 以上。

而功能磁共振成像，如 DWI、PWI、DTI、MRS 等都为肿瘤靶区、亚靶区分割及转移位置预测提供了可靠依据，进而为差异化剂量分布的判断及实施提供了可视化的引导方法（图 1-13）。如基于 DTI，可以对脑胶质瘤术后放疗的剂量分布实施个体化引导，将群体化规则剂量分布，变为不规则剂量分布，让具有高复发风险的浸润白质纤维获取更有效的放疗剂量。

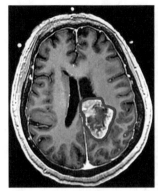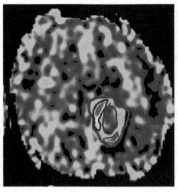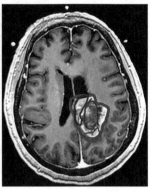

图 1-13　基于 MR 灌注图像进行胶质母细胞瘤生物亚靶区勾画

在此需要说明的是，剂量雕刻不仅是要实现放疗剂量安全提升，同时要实现放疗剂量差异化分布，使其更契合肿瘤生物学特点及生长的侵蚀性。

# 九、剂量引导放射治疗

放疗作为一种局部治疗手段，其与手术治疗的显著不同在于治疗过程不可视化。射线与人体发生作用后对照射区域内组织的影响无法清除，这就决定了放疗的剂量监测，尤其是对剂量与肿瘤及 OAR 空间位置匹配程度的监测至关重要。过去，放疗剂量评估多依赖于放疗计划系统的三维显示及剂量体积直方图（dose volume histogram，DVH），而在施照过程中无法实时监测剂量分布，也无法准确评估两者的受照射剂量情况。

随着 EPID 及加速器运行日志文件分析等技术的发展，放疗过程剂量实时监测成为可能（图 1-14）。通过量化追踪射线穿透人体后的分布及加速器的硬件运行情况，可以重建出患者接收的实际放疗剂量，进而为剂量评估及修正提供依据和方法，即所谓剂量引导放疗（dose-guided radiation therapy，DGRT）。

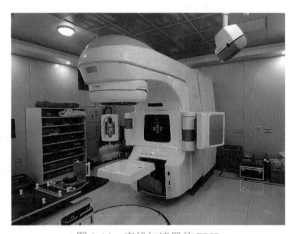

图 1-14　直线加速器的 EPID

DGRT 的最大优势在于在线追踪、分析评估患者实际照射剂量，可以更客观地评估肿瘤及 OAR 受照射剂量情况（图 1-15）。相比于 DVH，基于 DGRT 的疗效及毒性预测的结果更加客观、真实。DGRT 的主要缺点在于对设备、技术人员要求比较高，目前主要在一些大型的研究中心中应用。

# 十、质子/重离子放射治疗

IMRT、IGRT、ART、BGRT、DGRT 等放疗方式，大多数是基于当前应用最为广泛的光子治疗而言。相对于光子，质子/重离子放疗的物理特性、生物学优势更加明显。

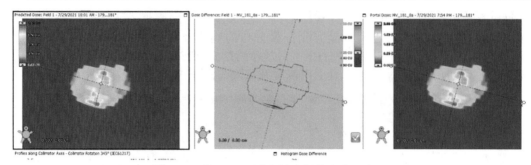

图 1-15　基于 EPID 进行放疗剂量追踪及验证

　　在物理特性方面，质子/重离子放疗最大的优势在于具有布拉格峰（Bragg 峰），即在质子/重离子射束进入模体、人体组织后的射程末端存在一个很短的路程上突然释放能量的过程，而

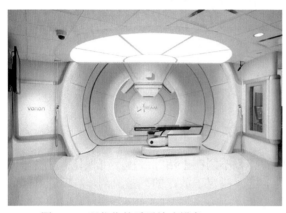

图 1-16　现代化的质子放疗设备 ProBeam

这个峰的前方坪区剂量较小，后方剂量很小或没有，也就是应用 Bragg 峰治疗肿瘤时，肿瘤前后方正常组织的受照射剂量较低。通过能量选择器或者使用调整补偿挡块，可以将该峰扩展到治疗肿瘤所需要的范围，这就是现代质子/重离子精准放疗的核心。

　　质子/重离子放疗的应用已有超过 50 年的历史，而集成了高能质子/重离子束、IGRT、ART、DGRT 的现代化装置，却处于刚起步阶段，在未来也必将大有前途（图 1-16）。

　　在生物学效应方面，质子放疗的相对生物效应（relative biological effectiveness，RBE）为 1.1～1.4，相比光子更高，尤其是重离子放疗的 RBE 可达到 2.1～3.3。这种高 RBE 和布拉格峰展宽（spread-out Bragg peak，SOBP）配合，在提高疗效、降低正常器官损伤等方面具有较大优势。基于电子进行高剂量率照射实验的"Flash"技术具有短时间内在受照细胞中生成大量自由基的优势，质子/重离子放疗设备使用更高流强的加速器，在实现 Flash 上更加便捷，配合质子/重离子的高 RBE，在提高肿瘤受照射剂量、降低组织损伤方面具有较大潜力。

　　综上所述，放疗设备、技术的进步与应用带来了精度、安全的不断提升，进而提高了疗效。任何事物的发展都是循序渐进的，而非一蹴而就。之后，笔者将对放疗设备近 30 年的发展进行系统的阐述，让读者更好地了解放疗设备，尤其是现代精准放疗设备的演变过程。通过学习、应用及研发新的现代化、高精度的放疗设备，让更多的肿瘤患者获益。

# 参考文献

Hunt A, Hansen VN, Oelfke U, et al, 2018. Adaptive radiotherapy enabled by MRI guidance. Clinical Oncology, 30(11): 711-719.

Joel E. Tepper, Robertl L. Foote, Jeff U. Michalski, 2020. Gunderson & Tepper's Clinical Radiation Oncology. 5th ed. Amsterdam: Elsevier.

# 第二章 放射治疗流程

放疗通过聚焦高能量放射线，破坏肿瘤细胞的遗传物质 DNA，使其失去再生能力，从而杀伤肿瘤细胞。放疗与手术、化疗并称恶性肿瘤治疗的三大手段。放疗的目标是最大限度地将放射线的剂量集中到病变区域内，杀灭肿瘤细胞，同时最大限度地保护邻近的正常组织和器官。

近年来，随着放疗设备和技术的更新换代，肿瘤放疗已进入精准时代。放疗将肿瘤区域作为放疗"靶区"，在做到提高局部放疗剂量的同时，降低肿瘤周围正常组织受照射剂量，进而提高局部控制率和患者生存率。相对于手术和化疗来说，放疗过程的不可视化，导致很多人对放疗产生误解。其实放疗的整个过程具有非常完善的步骤及标准的流程，一环紧扣一环（图 2-1）。

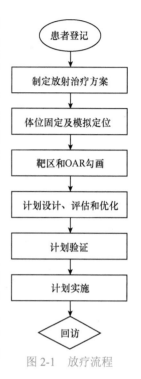

图 2-1 放疗流程

## 一、制定放射治疗方案

放疗前，患者将所有病史资料包括门诊病历、住院病历、手术记录、病理结果、影像资料、化疗记录等提供给放疗医生，以便放疗医生了解患者病史及情况，集体讨论、制定最适合的个体化治疗方案，确定初步的放疗方案，然后向患者解释放疗的原因，放疗能达到的预期效果，以及可能出现的反应、并发症、后遗症等，并签署放疗知情同意书。对于需要增强扫描模拟定位的患者，放疗医生开具增强造影剂处方并安排静脉留置针，为后续模拟定位做准备。

## 二、体位固定及模拟定位

确定放疗方案后，由放疗医生、医学物理师和放疗技师根据患者自身情况制作个体化固定体架及体位固定装置（如真空负压袋/热塑膜等），保证每次放疗时体位重复性良好，并尽量保证患者的舒适度，减少体位变化产生的误差，确保放疗精准。

目前，临床上常用的体位固定技术有 4 种，分别是体表划线固定技术、体表文身固定技术、热塑膜固定技术及真空垫固定技术，其中热塑膜固定技术是近年兴起的一种新型体位固定技术。一般情况下，头颈部肿瘤患者选择热塑面膜或头颈肩膜固定，而胸腹部肿瘤患者选择真空垫或体膜固定，乳腺癌患者选择使用乳腺托架固定或和其他固定技术相结合。

常规医用电子直线加速器无法看到人体内部的组织结构，因此体位固定完成后，需行放疗前模拟定位。通过模拟定位来获取患者肿瘤及其周围器官组织详细的影像数据及电子密度信息，将影像数据通过放疗专用网络传输至放疗计划系统（treatment planning system，TPS）。常用的模拟定位系统是 CT 模拟定位系统和 MR 模拟定位系统，后面章节将详细介绍。

## 三、靶区和 OAR 勾画

由医学物理师将模拟定位影像导入 TPS，进行初步的影像数据处理及检查，确保影像的完整性，方便放疗医生勾画靶区。影像数据经过初步处理后，由放疗医生勾画放疗靶区和需保护的重要器官组织轮廓。精准放疗靶区包括肿瘤区（gross target volume，GTV）、临床靶区（clinical target volume，CTV）、内靶区（internal target volume，ITV）、计划靶区（planning target volume，PTV）等。

**1. GTV**　指临床可见或可触及的、可以通过诊断检查手段证实的肿瘤部位和肿瘤范围。通常在放疗计划中，GTV 是范围最小的肿瘤靶区。

**2. CTV**　指 GTV 和需要杀灭的亚临床肿瘤微浸润范围的总和。

**3. ITV**　指考虑了 CTV 所有的内部运动范围（一般指呼吸引发的运动）。

**4. PTV**　指 CTV 加上器官自主运动或不自主运动造成的肿瘤位移范围、摆位不确定的外放边界、机器的容许误差范围和治疗分次中的变化。并根据不同的放疗部位确定 OAR，如晶状体、脑干、脊髓、心脏、肺等。

# 四、计划设计、评估和优化

放疗靶区和 OAR 组织轮廓勾画完成后，由医学物理师在 TPS 中设计及优化放疗计划。放疗计划设计完成后，要由放疗医生和医学物理师进行评估并反复优化，直到满足临床要求为止。评估、优化的目标是在保证肿瘤获得足够放疗剂量的同时，尽可能降低 OAR 组织的照射剂量，不超过其耐受剂量，从而保护 OAR 的功能，改善患者预后。值得注意的是，要对患者实施精准放疗，必须合理制定治疗计划。

一套完整的 TPS，包括硬件和软件两大部分。硬件配置主要部分是一套专门用来进行放疗计划设计的计算机工作站。该工作站除了一台较高配置的计算机之外，还要配备相应的影像输入/输出设备，一般包括高精度医用显示器、打印机等。随着计算机网络技术的不断发展，为了实现网络传输患者影像数据和放疗计划数据至放疗设备控制系统的需求，TPS 需要支持医学数字成像和通信标准（DICOM），相应的影像检查设备和加速器控制系统的计算机也必须支持 DICOM，实现数字影像的网络传输交换功能。目前放疗系统中常用的 DICOM 为 DICOM 3.0 和 DICOM-RT。

放疗计划的设计和实施，必须有专门应用软件的支持才能得以实现，因此软件功能是非常重要的技术保证。三维计划设计软件所必须具备的基本功能：影像处理、计划设计、剂量计算、剂量评估。

# 五、计 划 验 证

放疗计划验证是放疗前最后一步准备工作，包括：治疗中心位置验证、照射野验证和剂量验证。

**1. 治疗中心位置验证**　依据 TPS 给出的肿瘤中心位置，找出对应的体表标志作为放疗时摆位的依据。

**2. 照射野验证**　指在确定治疗中心位置后，利用模拟机拍摄 X 片，核对中心位置、每个照射野形状、入射角度和照射野大小等是否正确，可将位置误差控制在 2～3mm。

**3. 剂量验证**　由医学物理师通过仿真人体体模，比较实体内所接受的射线照射剂量与 TPS 所设计的照射剂量是否一致，主要包括点剂量验证、二维剂量验证、三维剂量验证、基于计算软件的剂量验证、相对剂量分布的评估分析等方法。

# 六、计 划 实 施

上述准备工作全部完成且核对无误后，方可实施真正的放疗。任何一个环节出现超过允许程度的误差，放疗医生、医学物理师、放疗技师均要寻找原因，予以纠正。为了保证患者得到精确治疗，有时甚至需要重新扫描定位，保证准确无误后方可继续治疗。放疗一般由 2 位技师共同完成。首先在操作室核对治疗参数，然后在机房内进行摆位，按照标记线摆好患者，加入挡块、楔形板等需要的辅助器材，对于现代化的直线加速器可以直接调用网络服务器中的放疗计划，向患者交代好如感觉不适、不能耐受时可举手示意等注意事项之后就可以离开机房并关闭铅制机房门。治疗中开启患者监视系统，密切监视患者体位是否移动，如果发现患者体位移动或发出求助信息，应立即停止治疗并进行相应处理，纠正后再行照射。

# 参 考 文 献

林承光, 翟福山, 2016. 放射治疗技术学. 北京: 人民卫生出版社.

武宁, 姜德福, 韩东梅, 等, 2011. 胸腹部肿瘤放疗中应用不同体位固定技术的效果比较. 中华放射肿瘤学杂志, 20(4): 320-321.

徐向英, 曲雅勤, 2017. 肿瘤放射治疗学. 3 版. 北京: 人民卫生出版社.

Drzymala RE, Mohan R, Brewster L, et al, 1991. Dose-volume histograms. International Journal of Radiation Oncology Biology Physics, 21(1): 71-78.

Low DA, Harms WB, Mutic S, et al, 1998. A technique for the quantitative evaluation of dose distributions. Medical Physics, 25(5): 656-661.

Miften M, Olch A, Mihailidis D, et al, 2018. Tolerance limits and methodologies for IMRT measurement-based verification QA: recommendations of AAPM task group No. 218. Medical Physics, 45(4): e53-e83.

Wang C, Chao M, Lee L, et al, 2008. MRI-based treatment planning with electron density information mapped from CT images: a preliminary study. Technology in Cancer Research & Treatment, 7(5): 341-348.

# 第三章　模拟定位设备

## 第一节　放射治疗普通模拟定位机

放疗普通模拟定位机主要用于肿瘤放疗前对放疗计划进行模拟、验证，以确定放疗计划的可行性，是提高定位精度、保证放疗质量的重要手段。放疗普通模拟定位机属于肿瘤定位设备，是根据放疗设备的结构原理设计的。

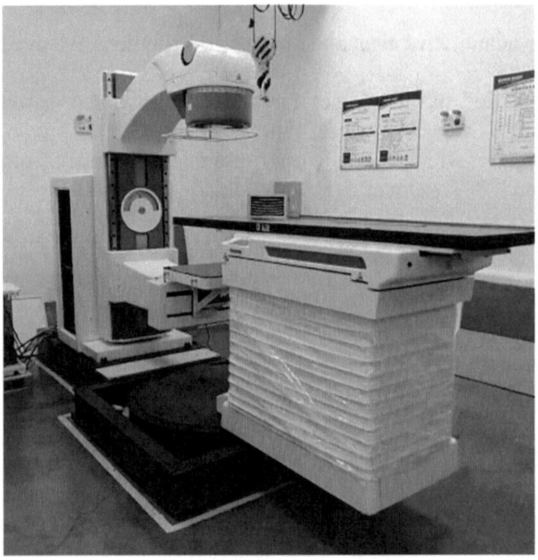

图 3-1　放疗普通模拟定位机

放疗普通模拟定位机以 X 射线管焦点为放射源，替代放疗机的放射源，模拟不同治疗机在放疗时的各种几何条件，通过影像系统观察肿瘤在治疗时所需的照射野形状、靶区位置及减少 OAR 吸收剂量所需的机架角度（图 3-1）。通过模拟放疗设备运动方式来确定准直器角度、照射野大小、放射源至皮肤表面距离、影像接收面到等中心距离、放射源到等中心点距离，为放疗医生提供患者放疗计划所需的各种必需数据，确定放疗中被照射的病灶部位和治疗辐照射野位置、尺寸。

放疗普通模拟定位机在放疗计划设计中主要完成以下功能：①靶区及 OAR 的定位；②确定靶区（或 OAR）的运动范围；③确定放疗方案；④勾画照射野和定位、摆位参考标记；⑤拍摄照射野定位片或证实片；⑥检查照射野挡块的形状及位置。

随着精准放疗技术的不断发展，普通模拟定位机的应用越来越少，主要用于患者呼吸运动的测量、放疗计划的模拟验证等。

## 第二节　放射治疗 CT 模拟定位机

如前所述，CT 模拟定位是开展肿瘤精准放疗的必备工具。CT 模拟定位提供的人体三维解剖及电子密度信息是放疗计划的必备数据，用以配合体位固定装置的使用。CT 模拟定位来源于诊断 CT，与诊断 CT 有明显不同，其最大的改变在于机械孔径的增大，一般为 80～85cm，故俗称"大孔径 CT"。

### 一、大孔径 CT 产品现状分析

至 2020 年底，大孔径 CT 多为进口品牌产品，如德国西门子（SIEMENS）的 SOMATOM Confidence、荷兰飞利浦（PHILIPS）的 Big Bore、美国通用电气（GE）的 Discovery RT。

最早出现的放疗专用大孔径 CT 为 PHILIPS Big Bore Family 的 AcQSIM Multislice CT Scanner，而后出现的是 Brilliance CT Big Bore，目前最新的是 PHILIPS Big Bore。Big Bore 孔径为 85cm，探测器为 24 排 16 层，材质为固态稀土陶瓷，扫描野 60cm，显示野 70cm，可用于剂量计算野 60cm，图像空间分辨率标准通用值为 13LP/cm（扫描条件和病灶允许情况下最高可达 16LP/cm），重建矩阵可达 736×736 和 1024×1024，512×512 为多家公司共有的重建矩阵。目前 CT 模拟定位方面的资料已经非常多，本节重点对四维 CT（four dimensional computed tomography，4D-CT）及能谱 CT 进行介绍。

# 二、4D-CT

## （一）4D-CT 概述

所谓精准放疗即在不"漏射"前提下，在肿瘤靶区受到最大照射剂量的同时，周边 OAR 的受照射剂量及受照射体积降至最低，以最大限度保护受累器官，降低正常组织并发症发生概率。随着精准放疗时代的到来，呼吸运动造成的肿瘤靶区移位成为影响肿瘤放疗，尤其是胸部肿瘤精准放疗效果的一大因素。

呼吸运动不但会使肺部的靶组织产生移位，还会导致腹部脏器（肺、胰腺、肝）及其他胸腹部肿瘤产生移位。研究表明，在探讨 4D-CT 在胸部和腹部病变治疗前与治疗期间的呼吸运动时发现，内靶区（ITV）平均治疗波幅在前后（AP）和头脚（SI）方向分别为（2.0±1.0）mm 和（5.0±3.0）mm。

为了在运动中连续照射靶组织，就不得不增加临床靶区周围的外扩边界，进而增加正常组织的受照射体积。所以，在放疗中，如果不对呼吸运动进行控制或者补偿，那么较多周围正常组织会接受不必要的照射，进而出现不良反应的可能性增加。因此，呼吸运动管理成为胸部和腹部肿瘤治疗中必不可少的步骤。

4D-CT 就是在 3D-CRT 的基础上增加时间的概念，能够动态观察器官的活动度。例如，4D-CT 可观察到呼吸运动中胸部或腹部病变相应的运动。常规 CT 只能观察瞬间的静态组织结构，4D-CT 可以帮助放疗医生观察到组织结构的运动及形变情况。4D-CT 的一种重要功能就是对靶区和器官的位置及形状变化进行评估，在制定和实施精准放疗中发挥重要作用。

## （二）4D-CT 的优势与临床意义

美国医学物理学家协会（AAPM）第 76 号工作组报告建议，应对每个与呼吸运动有关的肿瘤部位进行运动测量及分析。当肿瘤位移达到 5mm 及以上时，就应该考虑使用呼吸运动管理减弱运动幅度。如果没有 4D-CT，靶区勾画的准确性会明显降低，进而影响后期疗效。

器官运动影响 CT 模拟定位的准确性，如果不实施呼吸干预措施，必然会导致靶区变形。4D-CT 可以减少运动伪影，反映器官运动的轨迹，增加图像清晰度，确定个体化 ITV。4D-CT 的最大密度投影（maximum intensity projection，MIP）可用于肺内孤立病灶靶区勾画。4D-CT 可以用来准确地定位肿瘤靶区或正常组织，通过提高肿瘤覆盖范围，减少正常组织受照射体积。增加剂量至所述肿瘤靶区，更有利于正常组织保护，特别是对呼吸运动幅度较大的患者。

## （三）获取患者呼吸运动信号的方式

获取患者呼吸运动信号的方式主要有以下几种：①以 AZ-733Vi 系统为例，可利用外置腹压袋中接触式压力感受器获取患者呼吸信号（图 3-2）。②以瓦里安公司的呼吸门控实时位置管理（Real-Time Position Management，RPM）系统为例，可利用外置红外探测器获取患者呼吸信号（图 3-3）。③以 Catalyst 为例，可利用激光表面成像获取患者呼吸信号。④以医科达的主动呼吸控制（active breathing coordinator，ABC）系统为例，根据患者呼吸时空气流量变化获取呼吸信号（图 3-4）。

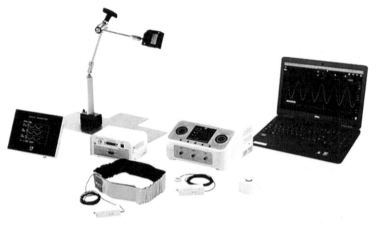

图 3-2　利用外置腹压袋中接触式压力感受器获取患者呼吸信号的装置

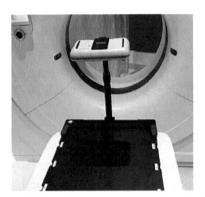

图 3-3　利用外置红外探测器获取患者呼吸信号
的装置

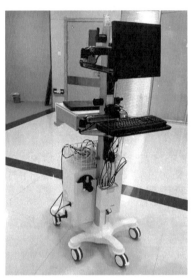

图 3-4　根据患者呼吸时空气流量变化获取呼吸信号
的装置

本文以瓦里安 RPM 配合大孔径定位 CT 获取 4D-CT 为例，介绍其原理及操作流程。

（1）RPM 与大孔径定位 CT 分别设置相关扫描参数：CT 扫描需要使用回顾式扫描。回顾式扫描是先扫完患者整个呼吸周期，然后根据特定需求进行处理。设置方法如下：打开 RPM 程序，在 "View" 菜单下点击 "System Configuration"，点击 "Advanced"，选择 "CT Retrospective"（即回顾式扫描模式）。对呼吸相的抓取可选择时相或幅相，设置方法如下：在 "View" 菜单下点击 "Session Configuration"，选取 "Phase"（时相）或者 "Amplitude"（幅相）。

（2）获取全相图像的放射治疗：图像获取扫描全部相位，首先打开 RPM，启动 CT 主机，如果使用两个标记点的 RPM 监控模块，则无须校准；如果使用 6 个标记点的监控模块，则每次开始前需要进行校准检查，RPM 程序会自动判断是否需要实施校准，荧光标记点随着患者呼吸而形成运动轨迹并被转换为呼吸运动信息，用于表示呼吸周期长度及呼吸运动幅度，这些信息将在 RPM 工作站上同步显示（图 3-5）。

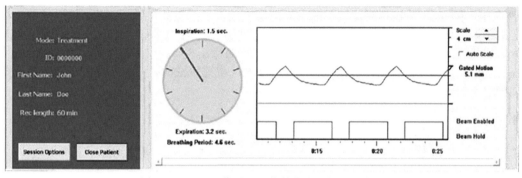

图 3-5 RPM 工作站显示的某位患者的呼吸曲线

需要注意的是，为了保证患者呼吸平稳、匀畅，进一步提高 4D-CT 的图像质量及重复性，所有患者行 4D-CT 扫描前均进行呼吸训练。患者呼吸训练合格条件为：呼吸波形幅度基本一致；患者呼吸波形形状基本一致且波形为单峰型，频率 16～20 次/min；患者能够满足规律呼吸＞5 min 且无明显不适。

（3）在 CT 主机上输入患者信息，摆好患者位置，准备扫描。打开 RPM 系统，建立患者信息，在输入患者 ID 时要与 CT 主机输入的信息一致。在 RPM 上选择"CT retrospective"，选择"phase"，将反光块置于患者体表平坦且随呼吸运动幅度较大的部位（一般为剑突下约 5cm 的腹部位置），确保无衣物或被子阻挡红外摄像头视野，并做好体表位置标记，同时嘱咐患者平稳呼吸。打开 RPM，先追踪，待稳定后开始记录。在 CT 主机上选择 Resp 扫描协议，RPM 程序开启门控，CT 正式开始扫描。首先获取患者的定位像（topogram），然后在患者定位像上选择扫描范围，确认 RPM 程序处于"Record"状态后，使用呼吸门控扫描协议（通常为 Resp）对患者进行螺旋 CT 扫描。与一般的螺旋 CT 扫描相比，使用呼吸门控扫描的时间更长。

（4）扫描完毕等待接收呼吸文件，RPM 程序此时停止门控，输入存储文件参数，其中检查的呼吸曲线须与 CT 主机上获取的信号一致，否则呼吸文件无法导入 CT 机，无法存储文件。CT 主机工作站上，将存至文件夹中的患者呼吸曲线文件导入，这时在"Trigger"（触发）卡上可见导入的患者呼吸曲线。"Phase Start"（相位启动）后，选择"%Pi"并填入想要重建的呼吸时相数字，点击"Recon"按钮，重建该时相的 CT 图像。可以选择以 10%为时相间隔，将每个呼吸周期图像分为 10 个呼吸时相，从 0%开始，直至 90%结束。

# 三、能 谱 CT

在 CT 研发初期，研究者通过高、低管电压两次序列扫描，对骨质中的钙进行分离和量化，实现了双源双能量 CT 测量骨密度，这就是双源双能量 CT 最早的应用。但是由于扫描速度慢、后处理软件功能有限等原因，导致扫描结果容易受到扫描物体运动的影响，因此双源双能量 CT 技术一直局限在实验室测试阶段，未能获得广泛应用。随着 CT 软件及硬件的发展，以双源双能量 CT 扫描为基础的能谱 CT 已得到广泛应用。能谱 CT 可以准确计算 CT 值，提高物质电子密度信息的计算精度，为放疗剂量准确计算提供可靠依据。有研究表明能谱 CT 可将光子放疗计划剂量计算误差由最高的 11%降低到 2%，质子阻止本领计算误差由 7%降低到 1%。

目前常见的三种主流的双源双能量 CT 技术分别为高、低电压快速切换、双层探测器和双源双能量（图 3-6）。

## （一）双能量 CT 技术原理

**1. 双源双能量 CT 技术** 应用两个球管和两组探测器同步完成双能 CT 扫描。

第一代双源双能量 CT 在旋转机架内安装了两个相隔 90°的 X 射线球管，而这两个球管可以不同的管电压运行，在相对比较小的空间配准误差下进行双能量数据采集，降低了空间和时间配准错误的风险。双源双能量 CT 能独立选择每个 X 射线球管的管电压（80kV/140kV，100kV/140kV），确保单个发生器不同管电压下光子的输出相似。双源双能量 CT 可同步应用降低辐射剂量的技术，如自动化管电流调制技术、迭代重建算法等，可调节准直器宽度确保图像质量和适中的辐射剂量。

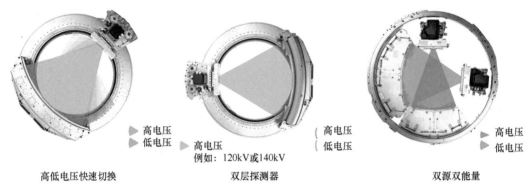

高低电压快速切换　　　　双层探测器　　　　双源双能量

图 3-6　双源双能量 CT 技术原理图

第二代双源双能量 CT 球管的功率从 80kW 提高到 100kW，使得双源双能量 CT 临床应用的适用范围更广。第二代双源双能量 CT 的机架旋转速度提升为 0.28s/圈，使扫描的单扇区时间分辨率从第一代双源双能量 CT 的 83ms 提高到 75ms，扫描速度更快。第一代双源双能量 CT，A 球管（140kV）的视野为 50cm，而 B 球管（80kV）的视野为 26cm。为了解决 B 球管视野小问题，第二代双源双能量 CT 的 B 球管的视野增加到 33cm，改善了第一代双源双能量 CT 图像后处理中经常遇到的视野缺失问题（如患者体型较大可导致此问题）。第二代双源双能量 CT 一些技术上的改良，如更大的螺距、更大的覆盖范围等，改善了双源双能量 CT 的图像质量，增加了该技术可行性。此外，第二代双源双能量 CT 的两个球管之间的角度也由 90°增加到 95°，减少了 B 球管与探测器系统的横向散射问题。第二代双源双能量 CT 在 140kV 球管蝶形滤线器的远端增加 0.4mm 的锡滤线板，改善了高、低能量 X 射线的分离，提高了高能 X 射线平均能量，改善了物质的组织对比，提高了双源双能量 CT 算法的性能。增加高能 X 射线的滤过还可提高低能 X 射线的相对能量，使得 100kV/140kV 的双源双能量 CT 成像成为可能。能谱纯化滤板的出现还使双源双能量 CT 扫描的管电压组合从第一代双源双能量 CT 上的 80kV/140kV 增加到第二代双源双能量 CT 上的 80kV/140kV、80kV/Sn140kV、100kV/Sn140kV，放疗医生和放射技师可根据患者体型和扫描部位选择管电压最优组合。

双源双能量 CT 的主要不足包括：①第二个球管的扫描视野相比较小（26~33cm），体型较大患者应用受限，在实际应用时通过放射技师对患者选择恰当的摆位方式，可部分解决该问题。②两个正交安装的球管探测器系统容易在非对应的正交探测器阵列上产生横向散射，需要厂家提供专门的散射校正算法用以预防图像质量降低，提高图像对比。③相隔 90°的两个球管探测器系统导致机架旋转时间为 285ms 和 500ms 的情况下高、低能量投影之间 71ms 和 125ms 的时间间隔，建议对运动器官使用扫描机架高转速的扫描方案。

**2. 单源 CT 快速管电压切换技术**　　快速管电压切换技术通过在球管旋转投影的过程中，快速切换球管的管电压，使球管不断在高低管电压下工作（80kV 和 140kV），能够在一圈扫描中完成双能量数据的采集。

快速管电压切换双源双能量 CT 基于当前两项技术的发展，即高频瞬切高压发生器和 X 射线球管，以及石榴石晶体结构的新型闪烁晶体探测器。与常规硫氧化钆为基础的闪烁晶体相比，这种新型闪烁晶体材料的光发射速度更快，余辉时间更短，可以明显增加数据采样速度，可允许在机架旋转期间从管电压快速切换的单个球管发出的高、低能量光子进行交错式采集。

两种能量数据几乎同步采集而不会缩小扫描视野，其最大扫描视野为50cm。

快速管电压切换双源双能量 CT 的主要不足：①高、低能量采集之间快速的切换时间（<0.25ms）导致视觉整合期 X 射线谱的升降效应，延长了采集时间，降低了两个能谱的分离度。②如果 140kV 和 80kV 扫描拥有相同的投影数量，这样每个管电压下采集的投影数量都只有标准单能量扫描的二分之一。投影数量的降低，必然会导致图像质量降低。由于低管电压下 X 射线的衰减较多，为保证数据的有效性，需要增加采集 80kV 的投影数目，需要将80kV 和 140kV 的扫描比例调整为 2：1。这样虽然可以在一定程度上补偿 80kV 数据，但减少了 140kV 的投影数目，会引起更多伪影并丧失空间分辨率。③快速管电压切换技术的硬件设计不能满足管电流调制等降低辐射剂量的要求，常使用较高的管电流值，导致相对较高的辐射剂量。④两种能量切换的时间会导致强化扫描时，造影剂的追踪偏差，进而影响能谱图像重建精度。

**3. 单源CT连续采集双能量技术**　连续采集的双源双能量CT最初开发用于不能内置同步双能量扫描硬件的单源 CT 扫描仪，可进行序列扫描获得双源双能量 CT 数据。

序列采集的双源双能量 CT 以轴位扫描运行可在同一解剖位置以固定能量谱（140kV 和80kV）进行两次 CT 扫描，其主要的不足在于 80kV 和 140kV 数据采集间隔和总采集时间较长，因此未能得到推广应用。

连续采集双源双能量 CT 可在单源 CT 系统进行高、低能量的两次螺旋扫描。西门子公司的 DNA 能谱 CT 和东芝公司的 Aquilion Vision CT 都是使用该技术。该技术分为两部分：①在原始数据空间上对采集到的高、低能量（140kV 和 80kV）投影数据进行同源配对，由于能量数据的求解过程在原始数据空间上完成，因而保证了免受器官的生理活动和可能的人体自主运动的干扰。②在图像空间上进行物质信息融合，解析出能谱信息。同源动态扫描技术能单独调节高低管电压扫描的电流比例，从而保证低管电压扫描的图像质量。同时能结合迭代重建技术、管电流实时调制技术、射线屏蔽技术、自由螺距等常规低辐射剂量扫描技术，因此只需常规的辐射剂量就可得到清晰的图像，为病变准确定性、定量及诊断提供更多的信息。

连续采集双源双能量 CT 的最大不足是高、低能量采集之间相对长的时间间隔，其扫描过程易受器官运动及造影剂在血液中浓度影响，该技术主要用于非对比增强且运动相对较小的双源双能量 CT 应用，如尿路结石、痛风石检测及去除骨伪影等方面。

**4. 单源 CT 双层探测器技术**　双层探测器技术，又称为"三明治"探测器技术。通过采用新的探测器设计，而非上述改变管电压的方式，来获取双源双能量 CT 数据。

双层探测器，顾名思义，就是将两层闪烁晶体排列在一起分别获得高、低能量的信号；其中上层探测器由硒化锌（ZnSe）或者碘化铯（CsI）组成，下层探测器由 $GD_2O_2S$ 组成。在双源双能量 CT 成像过程中，球管只在一个固定管电压状态下工作（通常为 120kV）。X 射线先经过探测器的上层，低能量的光子被上层吸收，从而获得低能量数据；探测器下层吸收剩下的高能量光子，以获得高能量的数据。因此，在双层探测器 CT 设备的实际使用中，并没有明确的单能扫描和双能扫描的区分，PHILIPS 公司新的 64 排 CT（IQon CT）配备了该技术。扫描野（scan field of view，SFoV）一般为 50cm，其主要优势在于实现的真正的"同源、同时、同相"的能谱 CT 图像。

单源双层探测器技术的主要不足在于：①由于高能低对比投影多于低能高对比投影，使得软组织对比相对较差；②需要相对比较高的辐射剂量以降低噪声来保留低对比检测能力；③双层探测器之间的高、低能量 X 射线污染。

**5. 单源CT同源双光束技术**　与双层探测器技术类似，同源双光束技术也是在单源 CT 平台上通过一个球管在同一管电压下进行双能量成像。

与双层探测器技术不同的是，同源双光束技术通过独特的球管技术，从一个球管同步发出两束不同能量的 X 射线，从而在扫描的同时获得物质的高、低能量数据。该技术一方面可以分离高、低能量的光谱，另一方面球管输出高、低能量的 X 射线光子数目也可以被调制，从而能够更好地匹配高、低能量输出，进而提高成像效果。该技术在 2014 年北美放射学年会上首次发布，但其主要缺点在于单次扫描范围小，扫描时间长，光子横向散射造成交叉成像污染。

## （二）双源双能量 CT 成像物理基础和 CT 值的测量

CT 成像时，探测器在每个投影位置上记录了沿投影路径上所有物质的衰减之和，将这些投影数据作为输入，通过重建算法（如滤波反投影算法）可以计算出图像中每个像素所代表的物质衰减系数。因此，CT 图像中所测量到的 CT 值就代表了被成像物质对 X 射线的衰减系数。在医学成像所使用的 X 射线的能量范围内，X 射线与物质相互作用的方式主要是光电效应和康普顿效应。人体内物质的衰减系数主要取决于物质本身的密度、原子序数和成像所用球管输出的 X 射线的光子能量分布。低管电压成像时，康普顿效应不变，但光电效应呈指数级增加。此外，当使用处于或略高于 K 边缘的能量时，元素的 K 边缘效应也明显增加光电效应的频率。对碘而言，在低管电压 CT 技术中光电效应和 K 边缘效应的增加明显提高了 CT 值，碘的 CT 值在 80kV 成像时较 140kV 时增加 80%。

目前，CT 球管的工作电压一般为 80～140kV。球管工作时，电子因受到高管电压吸引，从阴极脱离，在真空中加速，最后轰击阳极靶面，产生 X 射线。虽然电子在同一高压作用下轰击阳极靶面时的能量差不多，但是产生的 X 射线光子能量却并不相同。在 140kV 下，球管产生的是一个混杂各种能量的宽谱 X 射线，其中 X 射线的光子数目最多的是 60keV，能量最高为 140keV。这里的 keV 是光子的能量单位，可以将其理解为 kV×e=keV，其中 kV 为球管的电压单位，e 为电子电荷的单位。由于 CT 的球管端有一个滤板，可吸收掉无法穿透人体的 X 射线，避免对成像没有价值的辐射，因此 CT 球管输出的光子能量最低为 30keV。对第二代双源双能量 CT 而言，当球管的工作电压为 140kV 时，其实际输出的 X 射线的平均能量为 91keV；当工作电压为 80kV 时，X 射线的平均能量为 51.3keV。

不同制造商生产的 X 射线球管制造工艺存在差异，因而即使工作电压相同，其输出的 X 射线能量分布也会不同。即使是同一个球管，如果工作环境和状态发生变化，其输出的 X 射线能量分布也会发生变化。在这种情况下，同样的物质（如骨质），由于不同 X 射线球管输出的 X 射线光子能量分布不同，其 X 射线光子的吸收系数也会不同，这样造成不同 CT 系统记录的物质衰减存在差异。如果不校正这种差异，那么同一种物质在不同 CT 系统上的图像表现就不同，这样给临床诊断带来巨大的干扰。为了校正这种因不同 CT 系统带来的变化，CT 值定义为被成像物质对 X 射线衰减值相对于水对 X 射线衰减值的差异比。纯水 CT 值为 0HU，而真空（对 X 射线的衰减为 0）的 CT 值为-1000HU。无论如何改变球管电压，纯水的 CT 值都是 0HU。由于 CT 系统存在系统噪声和电子噪声，在实际扫描中，纯水的 CT 值会在 0HU 上下小幅度波动。当球管电压改变时，不同物质（如碘、骨或者软组织）的 X 射线衰减值相对于纯水的衰减值会发生变化，从而产生不同的 CT 值。当物质的有效原子序数大于水的有效原子序数时，如骨、碘等，其 CT 值随着管电压的降低而升高；而当物质的有效原子序数小于水的有效原子序数时，如脂肪，其 CT 值随着管电压的降低而降低。总而言之，CT 值代表的是物质在特定管电压下对 X 射线的衰减值。

在常规单能量 CT 扫描中，可根据图像中 CT 值（与周围物质的对比度）及其解剖位置鉴别一些基本的物质，如骨、脂肪和肌肉。但对于增强后的图像，有时仅凭 CT 值无法明确区分位置接近的骨和血管，因为两者 CT 值相近。随着碘对比剂在血管内浓度的改变，同一部位血管的 CT 值可能高于骨质，也可能等于或者低于骨质。在双源双能量 CT 之前，临床上需用减影技术去除头颅增强图像中的骨：首先获得头颅平扫图像，这样图像中高 CT 值的物质都是含有钙的骨；然后获得头颅增强图像，其中的高 CT 值物质既有骨钙，也有碘对比剂增强后的血管；最后将两幅图像相减，这样两幅图像中相同的骨钙会被去掉，只留下增强后的血管。在整个过程中，必须保证两次扫描的头颅位置和管电压一致，否则会造成骨减影不全的问题。同样的问题也会出现在如新/旧脑出血、肿瘤活性成分的鉴别上，因此普通的 CT 扫描无法区分解剖位置和 CT 值相近的不同物质，故而限制了 CT 成像技术的应用。

双源双能量 CT 能提供组织器官结构和功能双重信息，是对当前常规 CT 的一大补充，但对双源双能量 CT 这一新事物的研究和应用还处于起步阶段，其潜力仍有待深入挖掘。双源双能量 CT 可显著提高 CT 值的计算精度，因此在放疗肿瘤靶区勾画、计划设计、计划剂量方面具有重要应用潜力。

# 第三节　磁共振模拟定位

随着放疗技术的发展，对于肿瘤放疗精准定位的要求在逐步提高，相对于常规 X 射线和 CT，磁共振成像（magnetic resonance imaging，MRI）因其成像原理不同，可以获得 CT 无法达到的优异软组织对比度和解剖成像精度。结合 MR 扫描可以弥补 CT 定位扫描中软组织分辨率低，病变范围显示不清晰的缺点。并且 MR 扫描不使用对人体有害的 X 射线和易引起过敏反应的碘造影剂，不会对人体带来任何损伤风险。

MR 模拟定位技术的应用是为了能更准确定义靶区与正常组织的边界，从而能够增加肿瘤部位的放疗剂量而同时减少正常组织的受照射剂量，使得放疗的毒副作用更小，可有效提高患者的生存质量。

# 一、MR 模拟定位优势

目前公认在中枢神经系统肿瘤、软组织肉瘤、盆腔肿瘤、头颈部复杂部位肿瘤（如喉癌等）的放疗定位过程中，通过 MR 与 CT 图像的融合，利用各自的优势，可为精准放疗提供更加可靠的信息，特别在靶区勾画和外扩边界评估等步骤上明显有利于治疗计划的制定。

MR 模拟定位在生物功能方面也有着出色表现。通过 MR 扫描获得的前列腺波谱成像可以帮助临床放疗医生从生物学角度判断，更准确地定位高剂量靶区，以给恶性病变部位更大剂量，实现更有针对性的治疗。

## （一）MR 图像与 CT 图像的互补性

MR 图像在很多方面和 CT 图像的表现是互补的（图 3-7）。常规使用的 CT 图像可以提供器官或组织的空间位置几何精度、骨性结构的描述以及电子密度信息以供剂量计算；而 MR 图像能提供出色的软组织分辨率、肿瘤范围、位置、轮廓及肿瘤运动等信息。远离骨性标志的实质器官内部或之间的病变部位分区，更是 MRI 的优势领域。

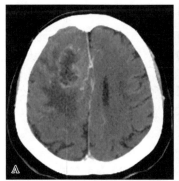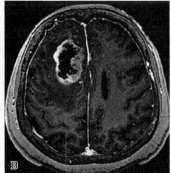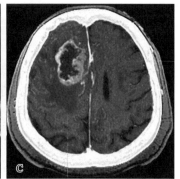

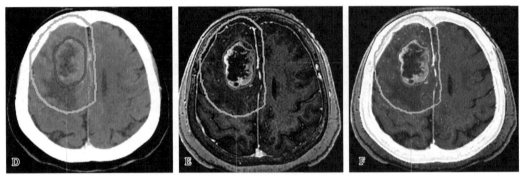

图 3-7　基于 CT、MR 图像进行脑转移瘤 GTV 勾画的示意图

A. 模拟定位 CT 图像；B. 增强扫描 MR T₁ 图像；C. CT&MR 融合图像；D. 红色线条内区域为 GTV；E. 绿色线条内区域为 PTV；
F. 红色线条内区域为 GTV，绿色线条内区域为 PTV

## （二）肿瘤的精准定位

MR 在软组织成像方面的出色表现，体现在靶区勾画和外扩边界评估等步骤上，这明显有利于治疗计划的制定。借助 MR 图像勾画靶区可以获得更精细的肿瘤信息，更精准地定位肿瘤位置及边界。肿瘤与正常组织的边界是肿瘤放疗中最为关心的内容之一，而 MR 软组织分辨率在肿瘤边界的勾画方面具有其他影像无法比拟的优势（图 3-8）。

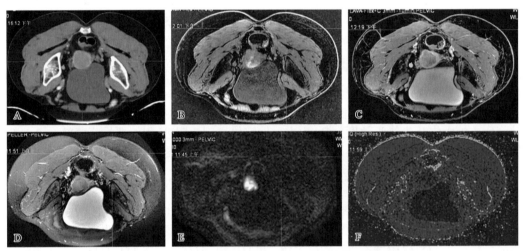

图 3-8　一例宫颈癌患者 CT、MR 模拟定位示意图

A. CT 模拟定位图像；B. MR 容积平扫；C. MR 容积强化；D. T₂ 压脂；E. DWI 图像；F. 灌注成像伪彩图

## （三）多参数信息支持，更有针对性的治疗计划

另外，相较于传统的 CT 模拟定位的解剖学成像，MR 模拟定位多功能成像可以从血流、代谢、机体功能等生物力学方面揭示肿瘤及正常组织的微小信息，为最后的剂量分布图提供更多更细节的图像信息，以便医学物理师制定更有针对性的个体化治疗计划，给予肿瘤有效杀伤效应，进而准确评估放疗疗效（图 3-9）。

## （四）准确定位高剂量靶区

临床实践证明高放疗剂量等于高疗效，如何实现肿瘤放疗剂量或肿瘤内部放疗剂量的安全提升是当前肿瘤放疗的研究热点之一。

例如：（Cho+Cr）/Ci 的值与病理学上的前列腺癌格利森评分一一对应，可以准确评估前列腺肿瘤的恶性程度，为前列腺癌的大剂量放疗提供了客观依据（图 3-10）。同样 fMRI 在引导脑胶质瘤、脑转移瘤等肿瘤的剂量提升方面发挥了重要作用。

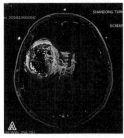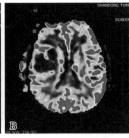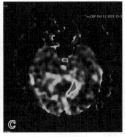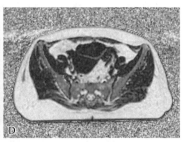

图 3-9　MR 多功能成像

A. DTI-神经纤维束追踪图像；B. PWI-相对脑血流量（rCBF）图像；C. 动脉自旋标记成像（ASL）的脑血流量（CBF）图像；D. 非对称回波的最小二乘估算法迭代水脂分离方法（Ideal IQ）-脂肪分数图像

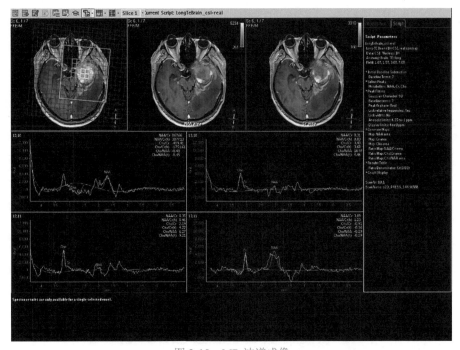

图 3-10　MR 波谱成像

# 二、MR 模拟定位的组成

## （一）大孔径 MR 模拟定位机

大孔径 MR 模拟定位机与 MR 诊断机在性能上没有本质区别，最主要的区别在于孔径大小，MR 模拟定位机孔径大小一般为 70cm，而 MR 诊断机孔径大小一般为 60cm（图 3-11）。孔径越大对机器本身的物理硬件要求（包括线圈匝数、磁场均匀度、机器重量等）就会越高，价格也会更昂贵。MR 模拟定位机之所以选择大孔径是因为受患者体位及定位固定体架的影

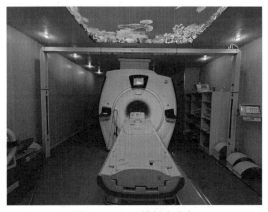

图 3-11　MR 模拟定位机

响，如乳腺仰卧及俯卧位固定器、腹盆固定器、SRT 体架、负压袋等（图 3-12）。所以 70cm 的孔径 MR 模拟定位机才能满足基本定位要求。MR 诊断机大部分选择 60cm 孔径的原因是患者在查体的时候一般都是以仰卧位或者俯卧位的形式进行扫描，对空间要求不高，同时也降低了机器成本。

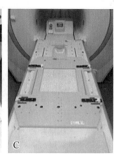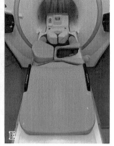

图 3-12　MR 放疗专用定位固定体架
A. 头颈肩热塑膜固定板；B. 翼型乳腺托架；C. 体部热塑膜固定体架；D. 俯卧位腹盆固定体架；E. 俯卧位乳腺托架
上述所有体架材料均为磁兼容材料制成

### （二）外置 MR 兼容激光灯

MR 模拟定位机都配备有机器自带的激光灯，该激光灯位于磁体入口的正上方，协助寻找需扫描的位置，进行简单粗略的定位。而为了保证几何精度，MR 模拟定位机机房里会配备 MR 专用三维"龙门"激光灯，利用正交激光面投射出坐标系统协助模拟寻找 CT 定位的位置（图 3-13）。特别注意的是一定要在 MR 模拟定位机励磁前完成所有激光灯的安装和调试。

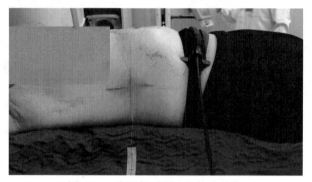

图 3-13　应用外置激光灯校准体位

### （三）定位专用平板床

MR 诊断机床板大多为弧形，并配备软垫，增加舒适度，能更好地使身体贴合床面及底板线圈，使图像的信噪比更高，患者的依从性更好。而 MR 模拟定位机专用扫描平板床基本上都是在原有定位床上附加一个带有数字索引凹槽的平板床，平板床两边的凹槽可以方便各种卡尺定位在不同的位置（图 3-14），材料基本上以凯夫拉（Kevlar）为主（凯夫拉是一种热塑性树脂材料，具有良好的机械性能和耐久性、抗冲击性、耐磨性和耐腐蚀性等特点，被广泛应用于制造构件、装饰元素和家具）。CT 专用的碳纤维的床不能用于 MR 扫描，碳纤维材料会产生热量，影响射频的发射和接收。

### （四）线圈桥架

MR 扫描时需要线圈发送及接收 MR 信号，MR 诊断根据不同检查部位使用专门接收线圈去接收信号，而定位 MR 因为要完全模拟 CT 定位需要用到体位固定模具，所以在线圈的选择上有一定的局限性。重要的一点是所有的线圈都不能接触人体，不能改变患者的体位及压迫皮肤，影响图像融合配准。因此需选用不同高度的桥架把线圈支起来，支起的高度以不接触人体皮肤，尽可能低为准，这样既能不影响形变又能保持较好的信噪比（图 3-15）。

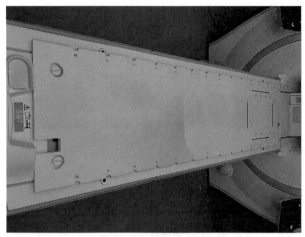

图 3-14　MR 模拟定位专用扫描平板床

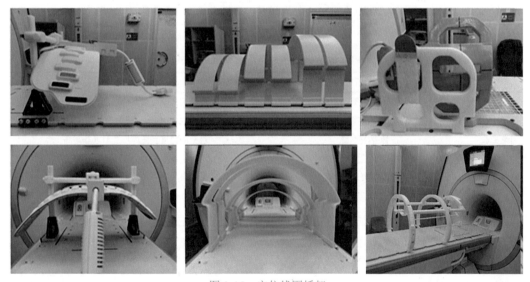

图 3-15　定位线圈桥架

## （五）扫描线圈

目前各制造商都没有推出专门用于 MR 定位的线圈，所以针对 MR 诊断的线圈在定位中不太实用。因体位和固定装置的局限性，定位中大部分都以表面柔性线圈为主，根据扫描范围大小来选择使用不同大小柔性线圈，遵循的原则是这个线圈能满足定位需求且不会触碰人体皮肤即可使用（图 3-16）。

## （六）个体化扫描序列

在 MR 诊断与定位中，核心区别是序列参数的设定。MR 诊断扫描序列注重病灶的显示，定位 MR 扫描注重病灶与周围组织边界对比度的显示，则会对参数的要求更苛刻（表 3-1）。

同时许多功能序列可以定量或半定量评估肿瘤组织及其周围组织或器官的生物学特征,在放疗的预后及毒副作用中起到很大的帮助,且在靶区的剂量雕刻及剂量提升上有很高的临床应用价值(图 3-17)。

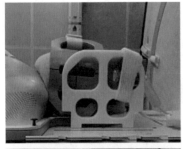
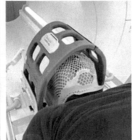
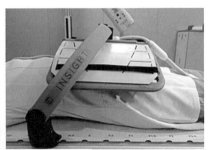
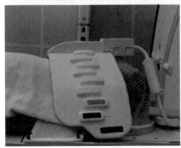
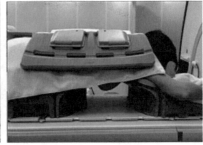
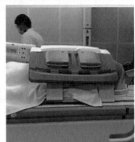

图 3-16　MR 放疗模拟定位不同线圈及使用示意图

表 3-1　诊断扫描序列与定位扫描序列的区别

| | 诊断扫描序列 | 定位扫描序列 |
| --- | --- | --- |
| 扫描方位 | 根据解剖基线多方位扫描 | 均采用正轴位横断位扫描 |
| 层厚与间隔 | 层较厚且有间隔 | 层厚 3mm/1mm,无间隔 |
| 图像要求 | 图像要求不高 | 对空间精度及图像形变要求非常高 |
| 体位 | 根据舒适度调整体位 | 用固定装置与 CT 定位体位保持一致 |
| 扫描野 | 根据需要选择视野 | 大视野(整个轮廓) |
| 扫描时间 | 短 | 长 |
| 依从性 | 较好 | 较差 |

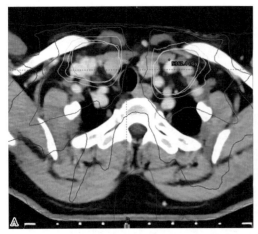
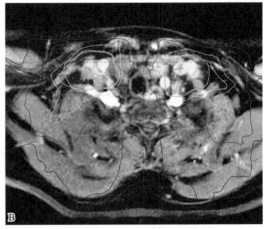

图 3-17　CT 图像(A)与 MR 定位图像(B)进行剂量评估的示意图

## （七）规范化的放疗质控

定位 MR 扫描对序列的要求苛刻，需要机器性能保持稳定。机器长时间工作难免会出现一些小的性能偏差，这些性能偏差在我们实际临床应用中难以发现，这需要我们定期对机器进行检测，发现问题及时处理，才能保证机器各方面性能达到预期标准。对于定位 MR 来说，质控主要包含外置激光灯的检测、图像质量及 MR 硬件系统检测。外置激光灯准确性决定着患者体位与CT 定位的重合性，所以要定期检测外置激光灯的准确性。图像质量及硬件系统的质控，一般会用国际通用的美国放射学会（ACR）模体或质控软件根据质控指南对图像的几何精度、高对比度的空间分辨率、图片强度均匀性、低对比度物体

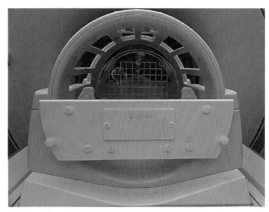

图 3-18　MR 质控模体扫描

可探测性、切片厚度精度等进行检测（图 3-18、图 3-19）。对于磁场的均匀度、线圈的功能等需要厂家工程师来进行测量。

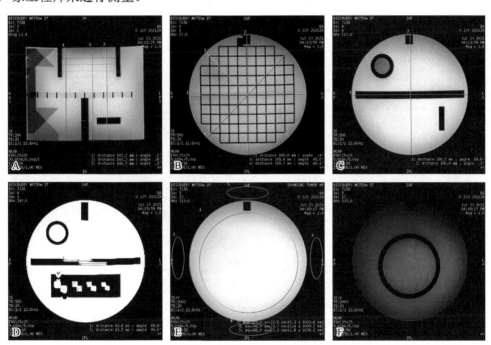

图 3-19　应用 ACR 模体扫描获得质控图像

# 参 考 文 献

冯宁远, 谢虎臣, 史荣, 等, 1998. 实用放射治疗物理学. 北京: 北京医科大学、中国协和医科大学联合出版社.

国家食品药品监督管理总局, 2000. 放射治疗模拟机性能和试验方法. 北京: 中国标准出版社.

胡逸民, 1999. 肿瘤放射物理学. 北京: 原子能出版社.

卢慧敏, 2014. MR 功能成像对前列腺癌 Gleason 评分预估价值的研究. 安徽医科大学.

乔田奎, 2004. 放射治疗学. 北京: 人民卫生出版社.

Davide C, Jennifer D, Luca B, et al, 2018. Predicting tumour motion during the whole radiotherapy treatment: a systematic approach for thoracic and abdominal lesions based on real time MR. Radiotherapy and Oncology, 129(3): 456-462.

# 第四章　呼吸门控设备

在胸腹部肿瘤放疗时，患者呼吸运动会造成肿瘤位置和胸腹部器官的移动，可能导致放疗发生偏差，继而产生放射性肺炎、放射性心脏损伤等病症。呼吸门控技术可以通过跟踪患者呼吸运动，精准定位肿瘤，进而取得更好的效果，减少放疗副作用。呼吸门控技术主要适用于受呼吸影响较大的肺、肝、乳腺等胸腹脏器。肿瘤运动管理及控制一直是精准放疗的难题，放疗设备制造厂家研发的肿瘤运动管理解决方案用于协助放疗团队管理运动的肿瘤靶区，实现真正的精准放疗。

放疗中的肿瘤运动，可分为分次间运动（inter-fraction motion）和分次内（intra-fraction motion）运动。

肿瘤分次间运动主要来源于摆位的不确定性、患者体位变化、胃与膀胱等器官的充盈不一致等原因，这些运动会导致患者每次分次治疗时，肿瘤位置与照射野相对位置发生变化。为了降低分次间运动对放疗带来的影响，在临床上放疗机构会配置各种装置抑制患者治疗分次间的移动，如定位膜、定位板、负压垫等定位装置（图 4-1），以及腹部加压板等限制肿瘤运动的措施。

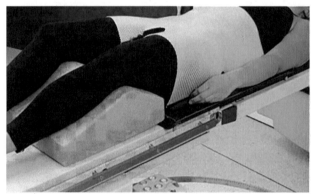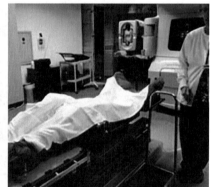

图 4-1　定位膜（左）和负压垫（右）

肿瘤分次内运动主要包含肠蠕动、心跳、呼吸运动等身体内部组织器官本身的运动。这些运动的种类和模式复杂多变，运动幅度和频次、方向等通常不稳定。例如呼吸运动，肺内部不同部位的肺组织也会出现不同方向和幅度的运动。

呼吸运动是体内对放疗影响最大的生理运动，对胸腹部肿瘤的治疗都会带来显著影响。其中直接表现包括以下几种。

（1）成像：对定位图像和 IGRT 摆位验证图像，会产生虚假图像信息，也就是运动伪影。影响放疗医生对于运动的组织器官和肿瘤的位置、大小的判断。

（2）靶区勾画：运动导致肿瘤和组织器官出现模糊的边界，从而难以确定病灶的边界位置。

（3）治疗：病灶和照射野不重合，导致肿瘤运动到照射区域外，或正常组织器官受到了不必要的照射。

## 第一节　呼吸运动管理设备

为了做好患者放疗呼吸运动管理，放疗设备制造厂家研发、生产了呼吸运动管理设备，配合加速器等放疗机器进行更加精准的放疗。以呼吸运动管理设备 RPM 为例，目前主要有在 TrueBeam 平台加速器上使用的呼吸运动管理设备及在放射治疗 CT 模拟定位机上使用的呼吸门控设备（RGSC）。

## （一）RPM

呼吸门控 RPM 根据患者呼吸模式调整成像和治疗模式。

**1. 成像时**　门控能够通过实时透视显示，通过呼吸同步放射影像监控患者的呼吸动作与治疗照射野轮廓（或解剖结构轮廓）的关系。

**2. 治疗期间**　借助门控可监控患者呼吸情况，并可根据呼吸运动自动或手动打开和关闭射线。减少对肿瘤区域邻近健康组织照射的射线量。

**3. 成像与治疗期间**　3D 呼吸监控都可显示患者位置相较于参考位置的变化，并可通过音频指导或帮助患者遵循既定的模式进行呼吸。

**4. 呼吸门控使用的工具**　主要包括：

（1）光学成像系统：使用安装在患者治疗床尾部的立体视觉视频摄像机（又称光学摄像机）跟踪患者呼吸运动（图 4-2）。立体视觉视频摄像机跟踪安装在反射器挡块（放在患者胸部或腹部）上的反射器。

（2）反射器挡块：为轻型塑料材质，反射器挡块上镶嵌有 4 个圆形反射器（图 4-3）。系统将对这些反射器进行实时位置跟踪，以确定患者的呼吸运动。

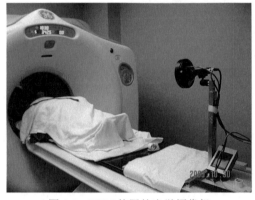

图 4-2　RPM 使用的光学摄像机

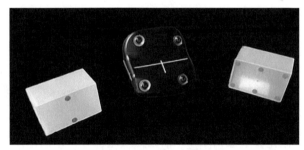

图 4-3　RPM 使用的反射器挡块

（3）连接和控制系统：如图 4-4 所示。

后视图

电源

前视图

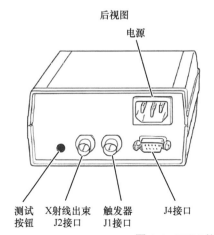

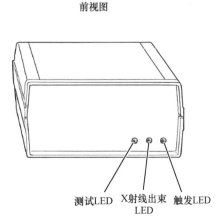

测试按钮　X射线出束 J2接口　触发器 J1接口　J4接口

测试LED　X射线出束 LED　触发LED

图 4-4　RPM 使用的连接和控制系统

（4）动作管理设备：打开患者计划时，选择"Respiratory Gating Devices"（呼吸门控设备），即"Motion Management Devices"（动作管理设备）对话框中两个选项的一个。这部分以瓦里安动作管理和呼吸门控为例。

（5）患者动作指示器：患者动作指示器显示呼吸学习阶段中设置的动作范围内患者的动作。

## （二）高级呼吸运动管理系统

RPM 是应用在瓦里安 C 系列加速器平台产品的呼吸门控系统，而应用在 TrueBeam 平台的呼吸运动管理系统是高级呼吸运动管理系统 RGSC，用于管理患者在成像和治疗过程中的呼吸运动。高级呼吸运动管理系统包含放置在 CT 模拟定位机的部分（RGSC）和放置在加速器的部分，两者差异见图 4-5。

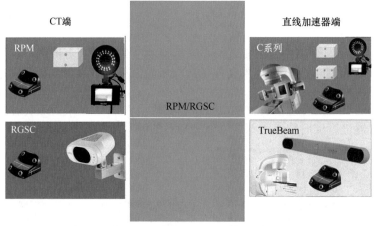

图 4-5　瓦里安 RPM 与瓦里安高级呼吸运动管理系统 RGSC 的不同组成

RGSC 在 CT 模拟定位机上的硬件布局如图 4-6 所示。该系统用于观察和记录患者的呼吸运动，并传输到成像设备和放疗计划程序，两种不同的安装方式如图 4-7 和图 4-8 所示。该系统拥有集成的语音指导和可选的视频指导，可指导患者在影像采集期间实现更为规律、更可预测的呼吸模式。成像设备将呼吸动作数据与患者的呼吸动作同步，根据从 RGSC 接收的触发信号（前瞻模式）采集影像，或在扫描过程结束后使用用于 4D 重建的呼吸动作信息（回顾扫描模式）。

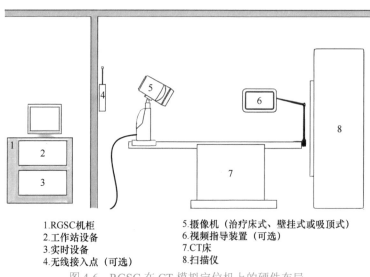

1.RGSC机柜　　　　　　5.摄像机（治疗床式、壁挂式或吸顶式）
2.工作站设备　　　　　　6.视频指导装置（可选）
3.实时设备　　　　　　　7.CT床
4.无线接入点（可选）　　8.扫描仪

图 4-6　RGSC 在 CT 模拟定位机上的硬件布局

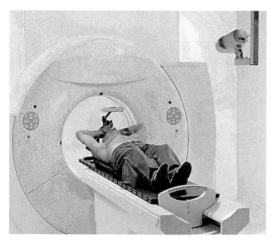

图 4-7 RGSC 摄像头安装在墙上的示意图

图 4-8 RGSC 摄像头安装在墙上和治疗床上的示意图

放疗计划软件使用呼吸同步影像,确保用于计划和模拟的影像,与在治疗前和治疗中可以检测或重现已知的呼吸状态相对应,仅当患者处于该呼吸状态时打开射束进行放疗。

视频指导能够提高呼吸过程绝对位置及呼吸过程中相对位置的重复性。视频指导会将视觉提示投影到选配的附件,即视频指导装置(VCD)上,该装置能帮助患者保持稳定呼吸模式(图 4-9)。VCD 会显示患者呼吸当前位置和目标位置,从而为患者提供视频反馈。

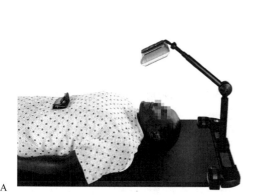

A

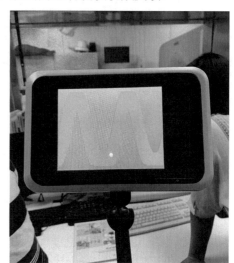

B

图 4-9 RGSC 中视频指导装置

加速器部分的高级呼吸运动管理系统,可以根据患者的呼吸模式调整成像与治疗。成像时,门控能够通过实时透视显示,同步影像监控患者的呼吸运动与治疗照射野轮廓或指定解剖结构轮廓的关系(图 4-10)。治疗期间,借助门控可监控患者的呼吸运动情况,并根据呼吸运动自动或手动打开和关闭 X 射线。这有助于减少对肿瘤区邻近健康组织的射线照射。请注意,仅光子照射野会受到门控影响,而电子线照射野(直接利用电子线进行肿瘤放疗的范围)不会。成像与治疗期间,3D 呼吸监控都可以显示患者位置相较于参考位置的变化。治疗师可通过音频或视频指导/帮助患者遵循既定的呼吸模式。

如果需要呼吸门控技术,它们会显示在患者计划上。操作者可以调整呼吸门控分次治疗的条件,对门控参数进行复核和编辑。

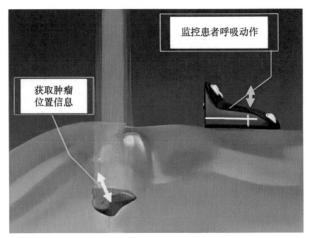

图 4-10　呼吸门控放疗中，光学成像系统跟踪门控反射器以确定患者的呼吸运动

光学成像系统包括安装于患者治疗床尾的立体定向摄像机（NDC）或单个摄像机（SGC）（取决于系统配置）。摄像机通过跟踪放置于患者胸部或腹部的门控挡块上的反射器，来跟踪患者的呼吸运动。

## 第二节　呼吸运动管理设备

ABC 系统，是一款以固定吸/呼气量为控制手段的呼吸门控装置，主要用于控制呼吸运动导致的胸部或上腹部肿瘤位置移动，消除膈肌附近的肿瘤靶区和器官的运动。在定位及放疗过程中限制患者的呼吸运动（屏气），降低患者解剖结构的位移，从而提高靶区剂量，降低 OAR 剂量，即在提升靶区定位精度的同时，更好地保护周围正常器官。

## 一、设　备　简　介

ABC 系统一般搭载于推车之上，其主要部件包括装有 ABC 系统软件的笔记本电脑、患者反馈显示器、控制模块、患者主动控制开关（手闸）、患者主动呼吸控制系统、各相关电缆及支撑部件等（图 4-11）。

其中患者主动呼吸控制系统包括以下几个部分：①吹嘴；②呼吸过滤套件；③传感器涡轮和传感器信号拾取组件；④叶轮；⑤传感器球囊阀连接器；⑥球囊阀（图 4-12）。

ABC 系统工作原理是通过涡轮的气流使叶轮旋转。信号收集组件中的光电探测器可检测叶轮旋转的次数和方向，并由控制模块将叶轮信息转化为容量测量值。通过这一系统，用户可以在保持患者肺容量不变的情况下采集影像，实施放疗。

患者也可以通过佩戴折射眼镜或床头折射镜系统观察反馈显示器的内容，从而完成屏息配合。为使患者准确并可重复地将肺容量控制在同一水平，在患者定位和放疗实施之前，需由专人为患者提供屏息指导，引导患者如何将肺容量控制到指定水平（容量阈值）。治疗时只有当患者屏气量达到设置的容量阈值，同时由患者控制的开关以及倒计时系统同时触发时，呼吸通道中球囊张开，呼吸通道关闭，辅助患者完成屏气动作，此时 ABC 系统与加速器的联锁消除，加速器方可出束。

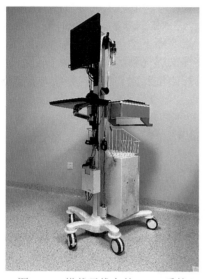

图 4-11 搭载于推车的 ABC 系统

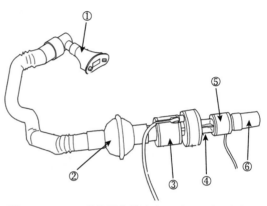

图 4-12 ABC 系统搭载的患者主动呼吸控制系统
①吹嘴；②呼吸过滤套件；③传感器涡轮和传感器信号拾取组件；
④叶轮；⑤传感器球囊阀连接器；⑥球囊阀

# 二、软件屏幕布局

软件屏幕主要包括以下内容：①$Y$ 轴[肺容量（L）]；②实时肺容量显示；③患者信息；④用户消息窗口；⑤门控方式显示；⑥屏气倒计时；⑦$X$ 轴（时间）；⑧容量阈值；⑨容量阈值区（绿色）；⑩呼吸曲线（图 4-13）。

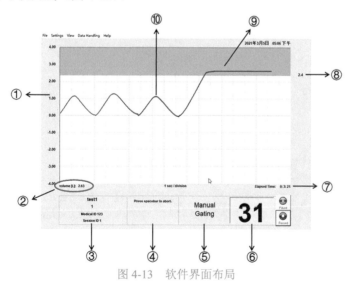

图 4-13 软件界面布局
①$Y$ 轴[肺容量（L）]；②实时肺容量显示；③患者信息；④用户消息窗口；⑤门控方式显示；⑥屏气倒计时；⑦$X$ 轴（时间）；
⑧容量阈值；⑨容量阈值区；⑩呼吸曲线

# 三、基本工作原理

如图 4-13 所示，当代表屏气指令的绿色阈值区域出现时，患者即可按下控制开关（手闸），使呼吸曲线由红变蓝，患者调整呼吸后深吸气使曲线升至容量阈值以上（呼气屏气时，曲线降至容量阈值以下）时，球囊阀激活，封闭呼吸通道，患者进入屏气状态，预设时间开始倒计时，ABC 系统联锁消除，加速器开始出射线。上述过程中，治疗师下达指令（绿色容量阈值区域出现），患者按下控制开关（呼吸曲线由红变蓝），吸气/呼气末屏气到达容量阈值（呼吸曲线在绿色容量阈值区），以上三个条件同时具备时，预设时间开始倒计时，ABC 系统与加速器联锁消除。

# 四、操作规程

## （一）患者训练

有效的训练能提高患者依从程度，提高系统辅助治疗的精准性和可重复性。患者训练包括以下方面：①指导患者熟悉系统；②确定恰当的容量阈值；③执行预演。

**1. 患者筛选**    筛选更加适合使用 ABC 系统的患者能提高训练的效率，同时确保治疗与定位的一致性。筛选条件：①患者心肺功能良好；②能够正常完成屏气，并保持屏气一段时间；③能与相关人员进行有效沟通与交流；④对新鲜事物具备正常的接受和理解能力。其中第①②项为必要条件，第③项及第④项可视情况在训练过程中弥补和完善。

**2. 患者训练流程**    将笔记本电脑置于 ABC 系统推车工作台上，连接网线和电源后开机。在 ABC 系统连接程序中确认外围设备连接之后，打开 ABC 系统软件（图 4-14）。

图 4-14    ABC 系统软件图示

创建新的患者条目，依次填写姓名（即"Last Name"与"First Name"）、病案号（"Medical ID"）、会话 ID（即"Session ID"，如此处可设为 Training）、门控选项（"Gating Option"，此处建议选择"Automated"，该选项为确保 ABC 系统在治疗过程中通过 Response™ 控制加速器出束；特殊需要手动控制出束的患者可勾选"Manual"）、设置屏气时间和设置屏气阈值（"Breath-Hold Settings"）（图 4-15）。

向患者介绍呼吸装置，包括咬嘴、连接管和过滤器；讲解界面中绿线、红线、蓝线、绿色容量阈值区的含义；介绍定位与治疗的大致过程；设置屏气阈值。

采用深吸气屏气（deep inspiration breath hold，DIBH）的患者平躺并佩戴折射眼镜，多次测量患者最大吸气量，并取平均值，将屏气阈值设定为该平均值的80%±10%。其他吸气屏气按需求设定屏气阈值。若患者使用的是呼气末屏气（end-expiratory hold，EEH），阈值设定为−0.1L或−0.2L即可。返回到"Patient Settings"界面更改屏气阈值。在放疗医生指导下，使患者熟练"观察到绿色阈值区出现→控制患者开关按下→屏气"的过程。其间随机穿插完整屏气（即屏气至预设时间完结）和非完整屏气（自主松开患者开关中断屏气，治疗师取消屏气）的训练。训练完成后嘱咐患者自行加强口式呼吸和屏气的锻炼。

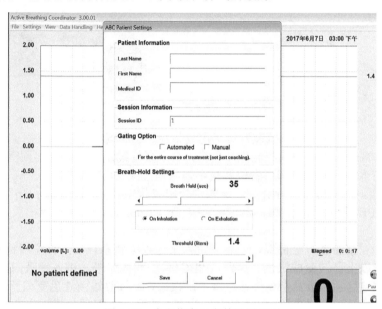

图 4-15 患者信息及参数设置界面

## （二）患者定位

**1. 装置连接** 将控制笔记本电脑置于定位室，连接 ABC 系统装置的电源和网线，调节推车屏幕位置，确保患者能观察到绿色阈值区位置且不影响 CT 定位床的运动。打开 ABC 软件，选择"Load Existing"，根据姓名及病案号找到相应患者，Session ID 改为"CT"，此时弹出"Gating Option"选"Manual"选项即可进入下一步界面，点击"Recording"。

**2. 定位流程** 根据治疗部位选择相应固定装置，按照放疗医生的要求完成摆位；给患者佩戴折射眼镜，用鼻夹夹住患者鼻子，叮嘱患者咬住气管吹嘴，重复训练内容1~2次，确认患者响应无误。按键盘空格键，发出屏气指令，患者屏气状态达标后，在屏气状态下描绘摆位标记线，描绘完成后重复屏气一次，检查各标记线的位置是否可重复。根据放疗医生要求完成定位 CT 扫描。

## （三）患者治疗

**1. 装置连接** 连接 ABC 系统推车的电源和网线，打开电源。调节推车屏幕的位置，确保患者能观察到绿色容量阈值区位置且不影响治疗床及机架运动。将控制笔记本电脑置于操作间，连接 ABC 系统装置的电源和网线。连接 Response™ 模块与笔记本电脑，按住 Response™ 开机按钮 3s，即开启 Response™ 模块（图 4-16）。

**2. 软件开启** 打开 ABC 系统软件，选择"Load Existing"，根据姓名及病案号找到相应患者，如 Session ID：1（推荐首次治疗填写 Session ID 为数字 1，之后的治疗中，系统会在每次加载患者信息时自动计算 Session ID 增量，即自动按顺序生成数字）。

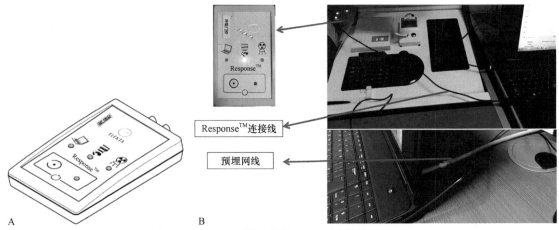

图 4-16    Response$^{TM}$示意图（A）及相关连接（B）

**3. 患者摆位**    通过 ABC 系统装置发出屏气指令，在屏气状态下完成摆位。可先在自由呼吸状态下摆位，将患者的体中线与激光灯重合，水平摆位线及竖直摆位线预留 1cm 左右空隙，然后在屏气状态下调整治疗床和患者位置直至体表摆位线与激光灯吻合。

**4. 治疗流程**    调用患者放疗计划，进入治疗出束状态，按下"Beam On"按钮[患者在非屏气状态时，ABC 系统反馈给加速器联锁（Prf En Check），阻止加速器出束，加速器进入等待状态]。

放疗治疗师观察患者呼吸曲线，当患者进入平稳呼吸状态以后，按空格键发出屏气指令，设定的呼吸阈值以上区域变成绿色。至此，ABC 系统准备完毕，进入呼吸门控状态；患者观察到绿色容量阈值区后，接受指令按下控制手闸按钮，呼吸曲线由红色变成蓝色，并在准备充分之后吸/呼气达到阈值，此时呼吸门控状态激活，装置气道阀门关闭，患者进入屏气状态。加速器联锁（Prf En Check）清除，ABC 系统开始倒计时，加速器出束开始。其间患者松开手闸或者倒计时结束，联锁（Prf En Check）重新出现，出束中断。若在倒计时结束前完成当前照射野的出束，治疗师需按空格键取消屏气指令，绿色容量阈值区域消失，气道打开，患者可自由呼吸；重复上述步骤，开始下一轮呼吸门控，直至治疗结束。

如需图像引导，需要患者在 ABC 系统装置的辅助下进入屏气状态之后进行扫描。

治疗完成，保存患者数据，退出 ABC 软件，长按至 Response$^{TM}$指示灯熄灭，关闭 Response$^{TM}$模块，加速器进入正常治疗模式。新型的 ABC 系统装置系统可以实现 ABC 系统与加速器的联机控制，进而减少人为控制造成的时间延搁。正常情况下，当倒计时完成后，ABC 系统呼吸阀门打开，患者可以开始自由呼吸。ABC 系统再次给加速器发送联锁，加速器出束停止，进入等待状态。在任何状态下，只要患者松开控制手闸，气道就会打开，患者可以自由呼吸，加速器出现联锁，出束停止。当任一照射野治疗完成，不需要患者继续屏气时，治疗师可按空格键取消屏气指令，屏幕绿色容量阈值区域消除，气道打开，患者可以自由呼吸。

# 第三节    腹部加压技术

腹部加压技术最初是由瑞典斯德哥尔摩卡罗林斯卡（Karolinska）医院的拉克斯（Lax）和布洛姆格伦（Blogmgren）所研发，用于肺部和肝部小病灶 SRT，之后用于其他部位的治疗。该技术使用立体定位体架固定，用腹压板置于患者腹部，对腹部施加外力以降低膈肌运动幅度，同时允许正常呼吸。通常腹部加压技术用于 SRT，也适用于常规肺部肿瘤治疗。利用立体定位体架固定患者，并为每一例患者制作体部真空袋。在模拟定位阶段，激光标记附着在刚性构架上，随后进行 CT 定位。肿瘤头脚方向上的运动利用透视成像模拟器进行评估，如果运动超过 5mm，使用一个小的压力盘施加在腹部上，压力盘的两个上部倾斜的边位于三角下 2～3cm。关于腹部加压质控主要涉及 CT 模拟定位和治疗。

CT 模拟定位：在透视下从正交方向评估肿瘤位移，当肿瘤偏移超过临床目标时，使用腹部压迫。一般使用患者在治疗过程中能够承受的最大压力。

治疗：由于腹部加压装置难以重复定位，因此在每个治疗部位都必须进行图像引导，可通过 CT 或通过 X 射线图像中可见的植入基准标志物来验证肿瘤位置

# 一、设　计　原　理

腹压板可与固定框架一起使用，可使患者用浅呼吸模式来减少肿瘤位置移动，进而可缩小靶区外放边界。在某些情况下，对肺下叶肿瘤的影响更大。该腹压板固定在立体定向框架上，用于限制膈肌上下方向的运动。腹部加压并非普遍适用，呼吸功能差的患者无法使用腹部加压，也不适合肥胖患者。对某些患者来说，压迫可能导致呼吸更加不稳定，会适得其反。虽然腹部加压可以减少肿瘤的放疗体积，但这可导致肺容量因呼吸变浅而减少，不会改善平均肺剂量或接受 20Gy 及以上剂量肺组织所占的体积比（$V_{20}$），给定体积的组织所接受的剂量基本稳定。

# 二、基　本　结　构

腹部加压技术由一套完整全身固定系统组成，主要包括 SRT 底板、翼形板、T 形真空袋、桥架（也称弓形尺）、腹压板、腹压带、膝部垫和脚部垫（图 4-17）。腹部加压技术的实现和调节，主要与桥架、腹压板和腹压带有关（下文仅叙述腹压板、腹压带内容）。

图 4-17　腹部加压技术临床示意图

## （一）腹压板

常见的腹压板是三角形板，装配于桥架之上，与底板相固定（两侧都有刻度）。一般将腹压板放在膈肌位置，腹压板调节杆（升降杆）有刻度，控制施加压力大小，以此限制患者呼吸幅度（图 4-18）。

## （二）腹压带

腹压带将患者膈肌位置包住之后，按压球囊加气（腹压带的气压高于外界后，就会把包裹位置压住，跟真空垫/负压垫的原理正好相反），有一个压力表，可以看到压力值（图 4-19）。

腹压板和腹压带在临床上各有利弊，从舒适度来讲，腹压带更优。从操作难易程度及重复性来讲，腹压板更优，呼吸控制效果更好。针对不同部位的肿瘤腹压板和腹压带各有其优势，肺部或其他位置偏上肿瘤的患者建议选择腹压板，肺部等位置偏下或肝脏肿瘤的患者建议选择腹压带。

图 4-18　腹压板

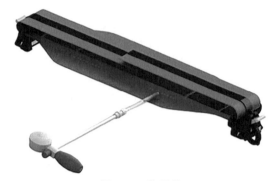

图 4-19　腹压带

# 三、重要机械参数

腹部加压技术中的桥架、腹压板和腹压带是核心组件。大部分厂家提供多个不同型号的桥架，满足患者个体化差异定位需求，其中具有代表性的 1 号桥架高度调节范围为 18.90～33.90cm，可调范围为 15cm，精确度是 0.5cm；2 号桥架高度范围为 25.73～32.73cm，可调范围为 7cm，精确度是 0.5cm（图 4-20）。

以 CIVCO 的新桥架 OnBridge 为例，左右两边可分开独立调节倾斜度；高度调节范围在 21.6～46.4cm，可调范围达 24.8cm，精确度是 0.5cm，一个桥架可替代旧款多个桥架的功能（图 4-21）。

图 4-20　桥架

图 4-21　新桥架

腹压板有大小两种尺寸，总体材质是缩醛等有机化合物。腹压板高度可调，用于控制呼吸后阶段的微调，调节范围基本设定为 10cm 左右，能精确到 1mm。

腹压带采用气压的原理，气压表最大值各个厂家各有不同，腹压带可调节长度基本超过 30cm。

# 参 考 文 献

Keall PJ, Mageras GS, Balter JM, et al, 2006. The management of respiratory motion in radiation oncology report of AAPM task group 76. Medical Physics, 33(10): 3874-3900.

Li RJ, Mok E, Han B, et al, 2012. Evaluation of the geometric accuracy of surrogate-based gated VMAT using intrafraction kilovoltage X-ray images. Medical Physics, 39(5): 2686-2693.

Xhaferllari I, Chen JZ, MacFarlane M, et al, 2015. Dosimetric planning study of respiratory-gated volumetric modulated arc therapy for early-stage lung cancer with stereotactic body radiation therapy. Practical Radiation Oncology, 5(3): 156-161.

# 第五章　常见放射治疗技术

随着科学技术的进步及计算机的广泛应用，现代放疗技术经历了快速发展，已由传统凭个人经验（因影像定位、放疗技术所限，放疗照射范围模糊或过大）的"二维技术"时代跨入以精准定位、精准计划、精准施照为代表的精准放疗时代。

目前临床上应用的外照射放疗技术有二维放疗、三维适形放疗、调强放疗和四维图像引导下的放疗，未来放疗也将朝着五维生物图像引导放疗的精准方向发展。

## 第一节　二维放射治疗

2D-RT 是指放疗医生依据个人经验或利用简单的定位设备（如 X 射线常规模拟定位机）及有限的 CT 影像资料，在患者体表直接标记出照射区域或等中心，人工根据治疗深度计算点剂量进行放疗。

目前，可用于一些简单的治疗（如浅表肿瘤治疗），也可用于肿瘤急症处理，如肿瘤导致的上腔静脉综合征、脊髓压迫症、颅内高压症以及肿瘤导致的疼痛、出血、分泌物增多、压迫症状（如骨转移、脑转移瘤）等。

照射野设计：放疗医生根据患者体格检查、X 线片、CT 影像所获取肿瘤的上下、左右、前后的体表投影，确定照射野的上下、左右、前后界线，并根据肿瘤与重要 OAR 的关系，综合考虑照射部位、照射范围和照射剂量等，射线束多数只能通过相对固定方向、角度的照射野，根据肿瘤外形近似地给予规则或不规则野（铅挡块技术）的简单照射，把相应照射野投影画在体表或固定体膜上，形成放疗计划。

放疗计划：2D-RT 计划由于只有二维等剂量曲线覆盖照射范围，无法区分肿瘤与正常组织、OAR 相互之间的三维关系，无法实现同一患者多层面放疗计划的融合、统计分析，无法比较同一患者不同计划的优劣关系。

放疗实施：仅依靠患者体表或固定体膜上的标记摆位，而摆位的准确性、重复性、稳定性无法保证，仅依靠放疗技师的临床经验和简单技术验证来控制。

2D-RT 方法虽然简单易行，但受技术限制，不能把剂量都集中于肿瘤靶区，而且肿瘤靶区定位和边界确定精度较差，有可能导致靶区周边正常组织和重要器官受到过量照射，引起严重并发症。肿瘤放疗医生常由于担心发生严重并发症，无法给予很高的治疗处方剂量。

## 第二节　三维适形放射治疗

### 一、基本原理

随着现代医学影像技术、计算机技术及放疗设备的发展，肿瘤放疗进入了 3D-CRT 时代。所谓 3D-CRT，就是基于三维影像，通过形状适形靶区的射野照射，使高剂量区域适形地覆盖靶区，同时尽可能减少 OAR 剂量的放疗技术（图 5-1）。其基本特征包括：①基于三维影像靶区的定义；②多个照射束聚焦照射；③每个照射野形状适形靶区；④精准放疗实施措施，包括体位固定、运动管理、图像引导放疗等的合理运用。

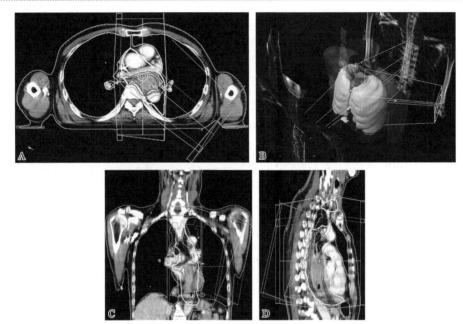

图 5-1　食管癌 3D-CRT 计划示意图

A. 轴位剂量分布；B. 照射野分布；C. 冠状位剂量分布；D. 矢状位剂量分布

相较于 2D-RT，3D-CRT 计划的高剂量区更适形靶区。3D-CRT 计划并不仅仅是 2D-RT 计划的简单累加，而是代表了放疗实施过程的一个根本变化，两者的对比详见表 5-1。

表 5-1　2D-RT 和 3D-CRT 对比

| | 2D-RT | 3D-CRT |
| --- | --- | --- |
| 定义 | 二维水平进行传统、经验式的放疗 | 共面或非共面照射，在三维空间上照射野形状与肿瘤靶区适形，处方剂量体积与靶区适形 |
| 特点 | 能治愈少量放射敏感肿瘤，但照射范围大，正常组织的不良反应大，治疗比相对较小 | 属精准放疗范畴，靶区剂量适形度高，正常组织受照射剂量小，治疗比相对较高 |
| 适应证 | 晚期恶性肿瘤姑息、减症放疗；骨转移的止痛治疗等 | 适用范围较广，可用于全身各部位不同大小、形状各异的肿瘤的放疗 |
| 模拟定位 | 一般无体位固定技术，用二维模拟定位机或根据体表标记定位 | 进行体位固定，用 CT/MRI/PET-CT 对肿瘤进行三维定位 |
| 照射范围 | 在二维模拟定位机 X 射线透视下确定照射范围；在二维方向上调整 | 在每层 CT/MRI/PET-CT 图像上精准定义肿瘤靶区和 OAR |
| 照射野设计 | 依据 X 线片所示解剖结构简单布野 | 根据三维图像布野，常采用多个照射野 |
| 剂量计算 | 手工计算或二维 TPS 计算剂量 | 三维 TPS 计算剂量（不同算法） |
| 计划评估 | 不能评估或根据等剂量线简单评估 | 等剂量线、DVH 作统计分析 |
| 计划结果 | 照射范围较大 | 正常器官照射较少，靶区内剂量分布均匀，适形度好 |
| 计划验证 | 较缺乏 | 有完整质量保证（QA）方案，可进行位置验证，实施器官运动管理措施等 |

实施 3D-CRT 需要一套完整放疗系统，包括 CT 模拟定位系统、放疗计划系统（treatment planning system，TPS）、医用电子直线加速器及与之相配的 MLC。目前应用于临床治疗的三维适形放疗技术方法主要有以下几种：①采用自制适形挡块的多野静态照射；②利用 MLC 形成适形照射野进行多野静态照射；③采用固定形状的立体定向准直器做多弧旋转照射，如 X 刀、γ 刀等；④以计算机控制 MLC，使其形成跟随靶区形状、厚度与密度的照射野，做多野

或动态旋转照射（图 5-2）。

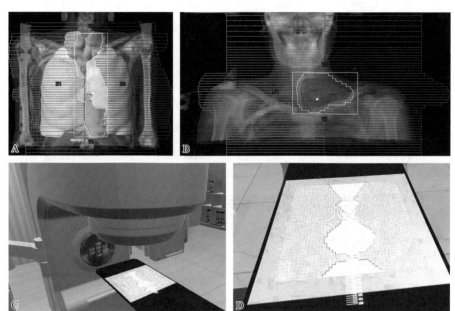

图 5-2 MLC 系统

A. 食管癌 MLC 计划；B. 淋巴瘤 MLC 计划；C. 灯光野下 MLC 某形状虚拟仿真场景；D. 近距离视角灯光野下 MLC 某形状虚拟仿真场景

# 二、3D-CRT 剂量学特点

3D-CRT 通常需在多个方向甚至非共面以适形照射野对靶区进行照射，照射野大小、方向应以达到临床要求的三维适形剂量分布目标为原则。

3D-CRT 计划是一种正向计划，即先配置射束参数，然后计算剂量，并调整照射野权重得到要求的剂量分布。3D-CRT 计划流程大致包括体位固定、影像模拟定位、靶区和 OAR 勾画、设计射束方向/形状/权重、计算 3D 剂量、评估治疗方案、计划质量保证等。

# 三、3D-CRT 的临床优势

## （一）可用于与 OAR 距离非常接近的肿瘤放疗

靶区位于邻近剂量限制器官（如脊髓、脑干、肾和晶状体等）的患者，通过 CT 扫描定位和三维重建，可清楚显示靶区和邻近器官在三维空间内的相互关系，有利于照射野设计和剂量分布显示，如食管癌患者使用 3D-CRT 的优点在于照射野更符合肿瘤形状，可减少脊髓和肺组织受照射剂量，提高肿瘤照射剂量和局部控制率，降低周围正常组织及器官并发症发生率（图 5-3）。

## （二）可用于不规则形状肿瘤

由于肿瘤的浸润生长，肿瘤形状极不规则，使得照射野形状不规则或需采用多靶区布野照射（图 5-4）。CT 模拟定位系统可准确显示各种形状照射野的剂量分布，以及多靶区照射野衔接处剂量分布情况，如鼻咽癌面颈联合野。如果出现肿瘤靶区形状呈"凹"形或椎体骨转移需要保护脊髓的情况（图 5-5），则 3D-CRT 技术无法实现保护脊髓的功能，这种情况需要逆向计算的调强放射治疗技术来完成。

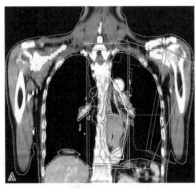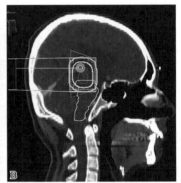

图 5-3　食管癌 3D-CRT 治疗计划（A）及松果体瘤 3D-CRT 治疗计划（B）示意图

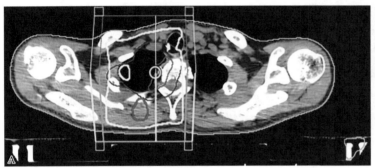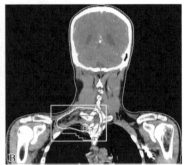

图 5-4　锁骨上淋巴瘤 3D-CRT 治疗计划示意图

A. 横断面 CT 影像及剂量分布；B. 冠状面 CT 影像及剂量分布

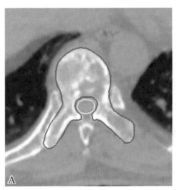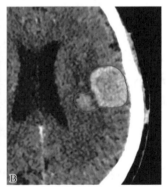

图 5-5　凹形肿瘤椎体骨转移瘤的凹槽内 OAR 有脊髓（A）、脑胶质瘤（B）

　　3D-CRT 一般由医用电子直线加速器、$^{60}$Co 治疗机等实现，值得注意的是可实现 3D-CRT 的机器均可实现 2D-RT。而调强技术的应用进一步提高了 3D-CRT 技术剂量分布的适形度和均匀性。

## 第三节　调强放射治疗

## 一、基　本　原　理

　　IMRT 是指在三维方向上，高剂量区分布形状与病变（靶区）形状一致，且病变（靶区）内剂量可调整以达到靶区内与表面的剂量处处相等的放疗技术。

　　实现 IMRT 必须同时满足两个必要条件：①在照射方向上，照射野的形状必须与病变（靶区）形状一致；②每一个照射野内诸点输出剂量率能按要求方式进行调整。实现 IMRT 的装置就称为调强装置，包括楔形过滤板（简称楔形板）、二维物理补偿器、MLC 等。

　　与 3D-CRT 相比，IMRT 可在保持肿瘤靶区高剂量不变的情况下减少周围正常组织受照射剂量，或在保持周围正常组织受照射剂量不变情况下提高靶区体积受照射剂量，从而提高肿瘤局部控制率和（或）降低正常组织并发症。3D-CRT 与 IMRT 剂量分布如图 5-6 所示。

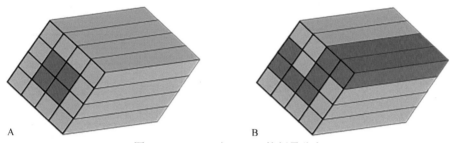

图 5-6　3D-CRT 与 IMRT 的剂量分布
A. 3D-CRT 照射野内强度分布均匀；B. IMRT 照射野内强度分布不均匀

　　IMRT 具有明显的剂量分布优势：①可以在 OAR 紧邻靶区的位置形成更陡峭的剂量梯度，满足靶区剂量，保护 OAR；②具有高靶区适形性，对于凹形等形状复杂的靶区及较多 OAR 相邻或包围的靶区剂量分布优势明显；③可以产生非均匀剂量分布，如同步推量（simultaneous integrated boost，SIB）技术；④通过提高靶区剂量，或在相同靶区剂量时减少正常组织受照射剂量，改善肿瘤控制率和（或）降低正常组织并发症概率。

　　IMRT 临床适应证主要包括：①靶区大、形状不规则，形状比较复杂（凹形、蝶形、环形等），且沿患者纵轴方向扭曲的肿瘤；②周围解剖结构复杂的肿瘤（周围有多个重要器官相邻或包围靶区）；③多个靶点的肿瘤；④同步推量；⑤放疗后局部复发的肿瘤；⑥其他情况，如与常规放疗剂量相当，希望进一步降低放疗毒副作用，或在常规放疗毒性水平，希望进一步提高肿瘤受照射剂量。

## 二、现代调强放射治疗的发展

　　IMRT 的概念最早是美国学者于 20 世纪 70 年代提出，但是因当时计算机技术和剂量计算模型条件有限，尚不能实现。MLC 及其计算机控制系统的建立和发展为 IMRT 的应用和发展起到了硬件保证作用。自 1988 年以来，布拉姆教授提出的逆向计划设计技术，以及笔形线束剂量计算模型的建立和发展，为 IMRT 普及和推广提供了软件支持。

## 三、调强的实现方式

　　IMRT 的概念得益于 CT 成像逆原理。当 CT 球管发出强度均匀的 X 射线束穿过人体时，其强度分布与组织密度和组织厚度的乘积成反比，反向投影后形成组织影像；若使用类似于 CT 射线束穿过人体后的强度分布的高能 X 射线/γ 射线及电子束等，绕人体旋转照射，在照射部位会得到类似 CT 断层图像的适形剂量分布。

　　IMRT 计划设计的流程如下：首先根据患者体内肿瘤靶区及周围正常组织及重要器官的三维解剖结构，以及目标剂量分布和剂量限值，由 TPS 逆向计算出照射野方向上所需的强度分布，然后按照设计好的强度分布在治疗机上通过调强方式实施调强治疗。实现调强过程的装置就称为调强装置，包括楔形板、二维物理补偿器、MLC 等。

　　常用的物理楔形板（包括一楔合成楔形板）是一维线性调强器，动态楔形板是一维非线性调强，可在楔形平面内生成一维强度差异的剂量分布，要想形成二维强度差异性剂量分布，则需要二维调强器，即通过调强器后射野输出的剂量率（射线能量注量率或粒子注量率）沿照射野 X、Y 方向变化，从而实现三维剂量分布。IMRT 的实现方式主要包括固定机架 IMRT 和弧形旋转 IMRT（图 5-7）。

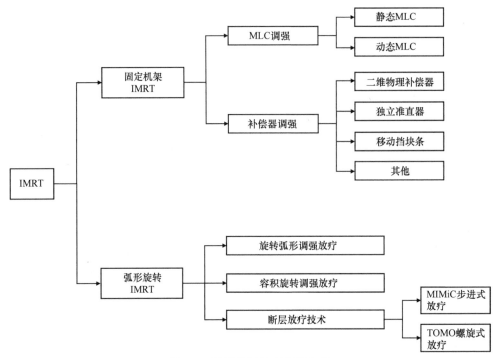

图 5-7　调强放射治疗实现方式

## （一）二维补偿器

补偿器最初用于补偿射线入射方向上由于人体不规则曲面或组织不均匀性等对体内剂量分布的影响，以便在治疗深度处某个平面得到比较均匀的剂量分布。楔形板是一种特殊的一维补偿器，但由于曲面变化梯度复杂，因此二维补偿器要比一维楔形板更好。后来二维补偿器也用于 IMRT，其作用就不再局限于获得某个平面内的剂量与分布的调节，而是扩展到整个靶区体积的剂量分布的调节。

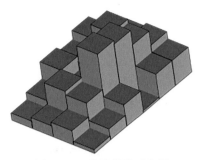

图 5-8　二维补偿器示意图

补偿器一般放置在照射野挡块托架相同位置，由逆向计划系统提供每个照射野的强度分布，按比例转换为补偿器厚度分布进行制作。通常选用对射线具有强衰减作用的高密度物质（如铝、铅等）。物质的厚度越大对射线强度衰减作用就越大，将高密度物质做成厚度按一定模式分布的曲面实心体（补偿器），就可以对射束的强度进行调制。早期制作补偿器通常是预先制作好等截面的立方体，称为单元体，把不同厚度的单元体按最接近射野强度分布，或组织厚度分布的方式叠放（图 5-8）。后来出现了自动补偿器生成器，可以制作具有连续变化厚度的补偿器，也可以利用 3D 打印技术来制作。

使用补偿器实施 IMRT 具有空间分辨率高、保证质量的优点，但是由于每个照射野都需要制作相应补偿器，制作过程费时费力。在治疗过程中，随着照射野切换，补偿器也需要更换，早期是由技术员进入治疗室进行手动更换，后期改进成多个补偿器固定在治疗机上，通过旋转将需要的补偿器自动送入照射野内。

## （二）独立准直器静态调强

独立准直器（independent collimator，IC）可看作是两对互相垂直的独立 MLC 叶片，利用相对运动实现调强。动态楔形板就是利用一对独立准直器的运动，形成一维非线性楔形调强剂量分布。我国学者戴建荣在此基础上发展了二维 IC 静态调强技术，该技术包括子野序列计算和子野照射优化顺序两个重要步骤。首先将二维照射野强度分布离散为一个强度分布矩阵，计算出所需照射时间最短的子野序列，然后优化子野照射顺序以减少照射过程中因准直器叶片移动所需的时间。

IC 静态调强技术优点：①比制作物理补偿器更节省人力；②可在 X、Y 两个方向上同时调节调强矩阵大小，而用 MLC 时一般在 Y 方向上调节；③与 MLC 相比，没有凹凸槽效应，漏射线和照射野半影都较小；④IC 运动要比 MLC 运动更为可靠，故障概率大为降低。其缺点是治疗时间较长，射线利用率较低。

## （三）多叶光栅

多叶光栅（MLC）及其计算机控制系统的建立和发展为 IMRT 发展提供了重要基础（图 5-9）。治疗机照射过程中利用计算机控制各叶片的运动，形成不规则照射野，并且在照射过程中利用每一对叶片的相对运动，调节照射野形状，使其与靶区投影形状一致，得到二维剂量输出不均匀分布的照射野。

MLC 工作原理如下：工作时，打开机算机内的患者治疗计划，调取计划中的照射野信息发送至控制组件，处理电路板将信息转换为位置信号，传输至电机驱动组用于控制各叶片电机及滑轨电机运转，同时各

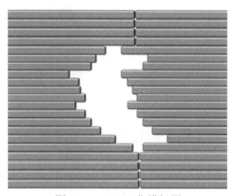

图 5-9　MLC 工作模拟图

叶片和叶片滑轨实时位置信号由二级反馈电路板将信号传送至工作站与设定位置数据进行对比，如果信息一致则 MLC 联锁清除，治疗机开始治疗。

根据叶片滑轨治疗过程中是否持续出束，可分为静态 MLC 调强和动态 MLC 调强。

**1. 静态 MLC 调强**　首先将照射野要求的强度分布进行分级，然后利用 MLC 将其分成多个子野，计算每个子野的剂量权重，治疗时每个照射野的子野依次照射，当一个子野照射完毕后，照射必须中断，才能调整到下一个子野，再继续照射，直到所有子野照射完毕。所有子野束流强度相加形成按计划要求的强度分布，此技术也称为分步调强（step-and-shot）技术。

静态 MLC 调强技术在治疗过程中需要多次开关射线，这会影响加速器的剂量稳定率，只有带栅控电子枪的加速器才可以很好地执行静态 MLC 调强。其优点在于操作方便，子野剂量分布便于测量和验证。缺点是由于多次多子野照射导致治疗时间较常规放疗时间长，射线利用率降低，MLC 叶片间透射增加，子野间剂量衔接易受 MLC 到位精度和患者呼吸及器官运动的影响。

**2. 动态 MLC 调强**　利用每对 MLC 叶片相对运动，实现对照射野强度的调节，特点是在叶片运动过程中，射线一直处于出束状态。实现方式包括动态叶片运动技术、动态叶片扫描技术、旋转弧形调强放疗、容积旋转调强放疗等，以下介绍动态叶片运动技术及动态叶片扫描技术。

（1）动态叶片运动技术：特点是一对叶片总是向一个方向运动，通过控制两个叶片的相对位置和停留时间，就可以得到该位置的输出强度。一对叶片可分为引导片（leading leaf）和跟随片（trailing leaf），引导片先运动到一个位置，跟随片按选定的速度移动，形成每个点所需

要的剂量强度，此技术也称为滑窗（sliding window）技术。

（2）动态叶片扫描技术：实际是在动态叶片运动法基础上加配加速器笔形线束，进行输出强度的调节，即同时用叶片运动和改变输出强度的方法来达到要求的强度分布（图5-10）。该技术可有效缩短总照射时间，但是由于叶片运动与输出强度调制必须同步，对加速器控制要求较高，在临床上需要谨慎使用。

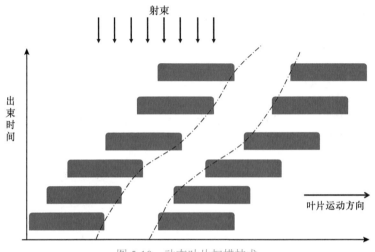

图 5-10　动态叶片扫描技术

### （四）旋转弧形调强放射治疗

旋转弧形调强放疗（IMAT）综合了静态 MLC、动态 MLC 调强技术和断层治疗技术的优点。在治疗过程中，治疗机架围绕患者做等中心旋转，每次旋转时，MLC 同步（一般间隔 5°）改变照射野大小和形状，所以称为弧形旋转调强放疗。因为旋转 MLC 调强运动的范围和次数都低于静态 MLC 和动态 MLC 调强，故执行效率较高。

IMAT 的特点是：①可在具有 MLC 的加速器上执行；②技术使用整野治疗，不必将照射野分成窄束，提高光子利用效率；③不存在相邻窄野间的衔接问题；④沿 MLC 叶片运动方向的空间分辨率是连续的；⑤照射速度快。

### （五）容积旋转调强放射治疗

容积旋转调强放疗（VMAT）在加速器机架旋转时调制输出束流，以获得精准的三维剂量分布。VMAT 在 IMAT 基础上增加了一个可调整的参数——剂量率，通过专用的逆向治疗计划设计算法，可在治疗过程中同时调整直线加速器机架旋转速度、MLC 位置和剂量率这三个变量进行治疗。

VMAT 与 IMAT 在治疗过程中机架都绕患者做等中心旋转，不同之处在于：①VMAT 机架转速可调；②VMAT 中 MLC 随机架旋转连续可调，IMAT 中是每隔一定角度（如 5°）做一次调整；③VMAT 光子利用效率不如 IMAT，但是调强能力更好，能实现一些更复杂的剂量分布；④IMAT 剂量率一般是恒定的，VMAT 中剂量率连续可调。

### （六）断层放射治疗技术

断层放射治疗技术（tomotherapy）因模拟计算机断层技术而得名，通过使用特殊设计的 MLC 形成扇形束绕患者体部长轴旋转照射，完成一个断面治疗，然后移动治疗床，完成下一个断面的治疗。按治疗床的运动方式可分为步进式和螺旋式。①步进式：在每次照射完毕后，治疗床步进一段距离；②螺旋式：类似螺旋 CT 扫描，机架旋转的同时，治疗床前进，从技术上讲这才是真正的断层治疗。

**1. 步进式**　MIMiC 调强准直器形成窄长条矩形野，即扇形束，在旋转照射中，借助 MIMiC 的"ON""OFF"运动，实现调强放疗。MIMiC 可装到任何加速器机头的挡块托架插槽内，独立成系统，无需对加速器做任何改动，由 40 个相对排列的叶片组成，分为 2 组，每组 20 片。每个叶片高 8cm，近源端宽 5mm，远源端近患者方向宽 6mm，在加速器等中心处投影约为 10mm。每个叶片有独立电机控制，2 组叶片同时独立运动，形成 2 个扇形野，即每次旋转完成 2 个断面治疗。MIMiC 本身装有传感器和显示屏，监测叶片位置和运动速度，对床的步进精度要求相当高，如床步进误差为 2mm 时，剂量不均匀性高达 41%，而步进床的步进精度为 0.1~0.2mm 时，剂量不均匀性只有 3%。

**2. 螺旋式**　采用类似螺旋 CT 扫描方式，机架边旋转治疗床边缓慢前进，实现扇形束的调强断面治疗。目前已经投入临床使用的 Tomotherapy 螺旋体层放疗系统是第一个将自带 MV 级 CT 图像引导的放疗设备用于调强照射的设备，其将一台 6MV 医用电子直线加速器的主要部件安装在螺旋 CT 的滑环机架上，产生的 X 射线由一窄长条形一级准直器准直，形成扇形束。在与扇形束垂直方向，安装一组 MLC，每个叶片外形像一个梯形挡块，叶片端面聚焦于放射源靶点。与 MIMiC 调强准直器一样，该 MLC 依靠电机推动活塞，使叶片进出扇形束射野，得到一维调强剂量分布，利用 CT 成像逆原理，运用高能 X 射线进行放射治疗（图 5-11）。

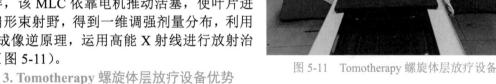

图 5-11　Tomotherapy 螺旋体层放疗设备

**3. Tomotherapy 螺旋体层放疗设备优势**

（1）与 2D-RT 和 IMRT 相比，Tomotherapy 螺旋体层放疗设备（图 5-11）可以同时满足适形度高和均匀度好的剂量分布。Tomotherapy 螺旋体层放疗设备的治疗范围大小不限、肿瘤位置不限，可同时进行多点照射，甚至全身调强治疗。

（2）Tomotherapy 螺旋体层放疗设备本身就是一架 MV 级螺旋 CT，具有图像引导放疗能力，可在治疗前进行 CT 扫描以获得清晰的治疗体位三维图像，保证放疗计划准确实施。

（3）成像和治疗都使用同一放射源，解决了成像中心和治疗中心的偏差问题。且鉴于物体 CT 值与电子密度之间呈线性关系，Tomotherapy 螺旋体层放疗系统还可用于进行精准剂量计算，并对实际照射剂量和计划剂量进行定量分析，及时修改放疗计划。这意味着 Tomotherapy 螺旋体层放疗系统还可进行剂量引导放疗（DGRT）或自适应放疗（ART）。

## （七）电磁扫描调强

电磁扫描调强是用电子束轰击离散分布的靶点，产生所需的电子束或 X 射线，形成按要求分布的剂量强度。与独立准直器、MLC 调强技术相比，电磁扫描调强具有射线束利用效率高且易于控制、治疗时间短、定位精度高等优点，还可实现电子束、光子束的单独或混合调强治疗。

电磁扫描调强一般用高能电子回旋加速器，如 MM50（Medical Microtron 50），其具有 30 多个能级、最大标称电压可达 50MV 的光子束，这些扫描线束可单独使用，也可以混合调强，对治疗深部肿瘤有较好效果。计算机可以在照射野范围内任意调制剂量分布和形状，实现先进的扫描调强（图 5-12）。

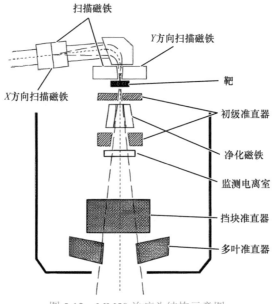

图 5-12　MM50 治疗头结构示意图

# 四、调强放射治疗的治疗计划设计

早期 IMRT 是基于楔形板、补偿器和正向计划实现的。随着计算机和电子技术的高速发展，20 世纪 70 年代，MLC 及其计算机控制系统的建立和发展为 IMRT 应用和发展提供了硬件保证，而 1988 年布拉姆提出逆向技术，则从软件上促进了 IMRT 的普及和推广，并迅速发展为以 MLC 和逆向计划为特点的现代 IMRT。

## （一）正向计划设计

放疗医生或计划设计者按照治疗方案要求，根据自己的经验选择射线种类、射线能量、照射野角度、剂量权重等物理参数，计算患者体内剂量分布，根据剂量学原则对计划进行评估和修改，最后确定治疗方案。这种计划设计方法称为正向计划设计或"人工优化"，治疗方案好坏很大程度上取决于计划设计者的经验，3D-CRT 技术就是使用正向计划设计法。当照射野数目较多、靶区形状复杂、靶区剂量要求特殊时，人工优化正向设计计划通常有很多困难，最终通常是只能获得一个可接受的方案，但不能确定是否是最优的计划方案。

## （二）逆向计划设计

逆向计划设计与正向计划设计的主要区别在于是否由计算机完成优化过程。例如，在确定了靶区和射线能量后，放疗医生或计划设计者在 TPS 中设置好靶区和 OAR 的所有剂量-体积目标函数，然后 TPS 优化算法将每个射束分成许多小射束，也就是组成调强放疗射束的小笔形线束，然后不断更改小射束强度，直到三维剂量分布最符合初期设定的剂量-体积目标。确定射束强度和剂量分布后，TPS 就开始计算实现该剂量分布所需 MLC 叶片运动序列，并重新计算剂量，其获得的最佳剂量分布和最终剂量分布可能存在一些差异，但是在可接受范围内。逆向治疗计划设计更符合放射治疗计划设计的实际需求（图 5-13）。

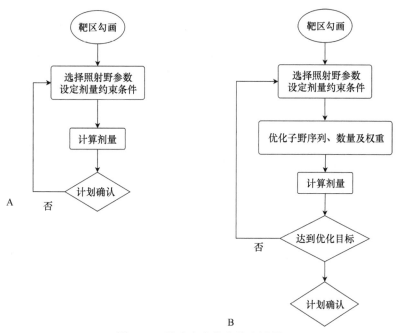

图 5-13 治疗方案优化基本过程

A. 正向计划设计基本过程；B. 逆向计划设计基本过程

## 五、优点及常见问题

IMRT 优点主要包括：①靶区剂量分布好，适形度高，能够产生"凹"形剂量分布，使剂量分布在三维空间上更接近肿瘤靶区形状；②在靶区边缘形成更陡峭的剂量梯度，极大减少重要器官受照射剂量，更好地保护正常组织；③多部位同时治疗，以鼻咽癌为例，肿瘤靶区有原发灶、转移淋巴结、高风险亚临床病灶及低风险亚临床病灶等，需要根治的剂量不尽相同，调强技术可以把不同的处方剂量整合在一个计划，且同时考虑了不同处方剂量的相互影响，使所有剂量得到同步优化；④即使对于一些较大的肿瘤也可获得均匀的剂量分布。

IMRT 常见问题：①靶区遗漏。IMRT 的剂量分布对靶区高度适形，如果放疗医生对靶区勾画不精准或存在较大摆位误差，会导致治疗过程中肿瘤漏射或周围正常组织受照过量，影响疗效，增加复发概率。治疗时和（或）分次治疗间肿瘤位置也会发生变化，在设计计划时要考虑到这些因素，减少靶区漏射。②MLC 叶片间漏射等原因会导致实际照射剂量与计划系统计算的剂量不同。③射线利用率低，治疗时间久，当每分次处方剂量同样为 2Gy 时，2D-RT 或 3D-CRT 仅 3～5min 即可完成，而 IMRT 在分割剂量相近情况下，治疗时间则需 10～15min。

带有 MLC 的设备一般均可实现 IMRT，如医用电子直线加速器、TOMO 等治疗机。

## 第四节 容积旋转调强放射治疗

奥托（Otto）于 2007 年优化了相关算法，提出更加精准的放疗技术——容积旋转调强放疗（VMAT）。它是一种集新型直线加速器和逆向优化计划设计于一体的新型放疗技术，其被定义为在加速器非均匀旋转过程中，通过剂量率动态变化、MLC 不断运动完成的一种动态调强技术，简单理解即为动态调强与机架旋转的结合（图 5-14）。VMAT 技术作为一种新的放疗方式，突破了传统固定野静态 IMRT 模式，实现了动态治疗。

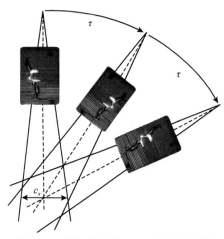

VMAT 是由静态 IMRT 发展而来，静态 IMRT 技术放疗计划方案实施过程中机架照射角度、剂量率等是固定不变的，需达到各自预设值后，方可实施放射治疗。而 VMAT 技术实施中，剂量率、MLC 叶片位置、备份光栅位置、准直器角度、机架角度及旋转速度等均为连续动态变化，因此在剂量分布、剂量输出和治疗时间方面都较静态 IMRT 技术具有优势。VMAT 技术具有治疗时间短、靶区剂量适形度好、射线利用率高、OAR 受照射剂量小等优点，在临床中已广泛应用。

目前，大部分医用电子直线加速器厂家都可以实现 VMAT 技术，可进行单弧、多弧、非共面照射，部分产品（RapidArc 和 VMAT™）示意图如图 5-15 所示。

图 5-14　机架旋转及 MLC 运动示意图

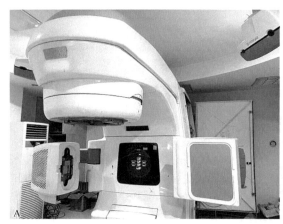
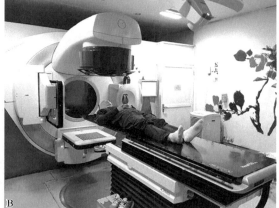

图 5-15　RapidArc（A）和 VMAT™（B）示意图

# 一、基本原理

VMAT 技术实际上是由旋转治疗技术与静态 IMRT 技术叠加，并经过技术改良而成。

旋转治疗技术对应的是固定野治疗技术，简单来说，在 3D-CRT 时代，计划设计是依据靶区和正常组织的位置关系进行合理布置设计照射野。照射野设计的原则是照射野尽量避开正常组织，同时使照射野形状和靶区在 BEV 上的形状尽量一致（3D-CRT 原则）。采用这种计划方式进行治疗时常见实施方法是机架根据计划旋转到照射野固定的角度，然后停下，出束进行治疗，这也就是常见的固定野技术；相对应的旋转治疗技术就是在整个治疗过程中医用电子直线加速器机架一直是边转动边治疗出束。

因此，VMAT 就是通过加速器机架旋转、剂量率不断变化、MLC 不停移动来实现的一种动态调强技术，也可理解为动态调强加机架旋转。

# 二、剂量学特点

VMAT 技术通过调整机架的旋转速度、射束的剂量率和 MLC 的位置来实现靶区剂量能够达到所要求给定的处方剂量，等剂量曲线形状与靶区也更加接近，在剂量学上拥有明显的优势（图 5-16）。

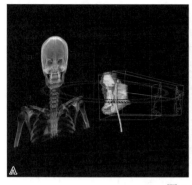

图 5-16 VMAT 计划设计（A）及 DVH（B）

现有的 VMAT 技术可在 360°或更大范围内旋转照射，随着不同 BEV 下源瘤距及 OAR 位置变化，通过调整机架旋转速度、MLC 位置、剂量率等可调参数，使处方等剂量线紧紧包绕肿瘤实现对射线强度的精准调节，靶区剂量的适形度相对好，靶区周围剂量跌落较快，可有效避开位于肿瘤中间或凹陷处的 OAR，减少正常组织损伤，减少放射治疗后并发症，降低不良反应发生率。

基于 VMAT 基本原理和剂量学特点，VMAT 具有优越的临床优势，还能降低机器跳数，主要体现在：高适形的剂量分布、有效避免 OAR 的过度照射、节约时间，提高治疗效率。静态 IMRT 射线出束需 10～15min 的照射时间，而 VMAT 只需要 2～5min 的照射时间。VMAT 技术不仅具备 IMRT、3D-CRT 的技术优势，又能显著缩短治疗时间，提高计划实施效率，提高靶区适形度，降低 OAR 受照射剂量，对于多靶区肿瘤的治疗计划设计更具优势（图 5-17）。

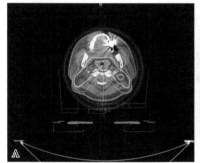
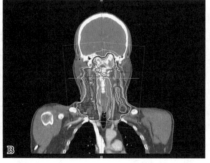
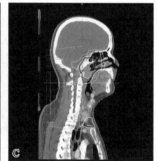

图 5-17 鼻咽癌 VMAT 计划设计示意图

# 三、计划评估

由于 VMAT 技术是在 IMRT 技术基础上发展而来，因此对于 VMAT 计划的评估与 IMRT 计划评估的参数相同，包括计划设计及执行参数、靶区剂量、OAR 剂量评价等各个方面。

## （一）计划设计及执行评价参数

计划设计及执行评价参数包括：给定所有的照射野参数及剂量目标函数后，TPS 进行计划的优化计算过程所需优化时间（optimization time）、每分次治疗的机器跳数（MU）及计划执行所需的传递时间（delivery time），并评价最小子野面积与最小机器跳数的合理性。

## （二）靶区剂量评价参数

靶区剂量一般用剂量体积直方图（dose volume histogram，DVH）、靶区剂量均匀指数（homogeneity index，HI）和靶区剂量适形度指数（conformity index，CI）等物理参数来描述，IMRT 的处方记录和报告（ICRU83 号报告）建议靶区要评估 $D_{98\%}$、$D_{50\%}$、$D_{2\%}$（98%、50%、2%体积对应的吸收剂量）。靶区内低于处方剂量的区域，应该避免靶区内出现剂量冷点。

## （三）OAR 剂量评价参数

串形器官或组织如脊髓、脑干等需要评估最大剂量 $D_{1cc}$ 及 $D_{2\%}$，如脊髓报告评估 $D_{2\%}$ 时要求完整勾画器官。并形器官或组织如肺、肝脏等需要评估平均剂量（$D_{mean}$）和 $V_D$（接受 $D_{Gy}$ 及以上剂量的体积占比，如肺 $V_5$ 等）。剂量热点，即靶区以外正常组织接受超过 100%靶区剂量的区域。靶区外正常组织或器官应避免出现剂量热点，即靶区外避免出现高于靶区剂量的区域。

# 第五节　图像引导放射治疗及设备

从放疗技术出现，放疗就依赖患者的各种影像资料及相关技术手段，如 2D-RT 的视诊与触诊，2D-RT 的模拟定位机定位，3D-CRT 的 CT 模拟定位，应用 MRI、PET、PET-CT 等影像辅助靶区勾画的技术，治疗过程中的验证技术等。因此，图像引导放疗（IGRT）不是一个新的概念，而是新型 IGRT 设备出现后，放疗专家对 IGRT 有了跨时代的认识和总结。本节讨论的机载 IGRT 设备是在患者进行治疗前、治疗中或治疗后利用各种影像设备获取患者相关影像资料，对肿瘤、正常组织器官或患者体表轮廓进行定位，能根据其位置变化进行调整，以达到靶区精准放疗和减少正常组织受照为目的。

目前较为常用的 IGRT 设备有电子射野影像设备（EPID）、锥形线束 CT（CBCT）、kV 级螺旋 CT、MV 级螺旋 CT、数字化 X 射线透视、平片系统、超声引导放疗系统、激光表面成像系统、电磁感应追踪系统、视频定位系统、红外线定位系统、MR 引导放疗系统等。

在放疗医生勾画肿瘤计划靶区（PTV）时，分别要考虑摆位边界（setup margin，SM）和内边界（internal margin，IM）的大小对临床靶区（CTV）的影响，以补偿摆位误差与分次内误差对剂量的影响。摆位误差与分次内误差受到不同的固定装置、放疗相关设备、患者人群及放疗技师群体等因素的影响。因此，每一个放疗单位应该利用本单位现有的 IGRT 设备，对本单位放疗的分次间、分次内误差进行测量，根据不同的校正策略设置符合本单位实际的放疗外放边界，具体的图像引导装置介绍如下。

# 一、电子射野影像设备

早期放疗设备无论是 $^{60}$Co 治疗机还是医用电子直线加速器，都没有影像成像装置，而是采用专用胶片行加速器照相的方式进行对比分析。

为了解决这一问题，1958 年安德鲁斯（Andrews）设计了第一个电子射野影像设备（EPID），用于监测放射治疗的患者摆位是否准确。1962 年本纳（Benner）也设计了一个类似装置用于高能 X 射线放疗。在 EPID 整个发展历程中最终有两种类型的 EPID 成为商业化产品并得到广泛应用，它们分别是扫描矩阵电离室系统和半导体矩阵平板探测器系统。

扫描矩阵电离室系统是 20 世纪 80 年代荷兰癌症研究所（NKI）所研发的，在 1990 年开始商业化并得到实际应用。它是基于液体电离室矩阵射线探测器，由两个相隔 0.8cm 空隙的电极板组成，每个电极板中有 256 个平行电离室，而两个电极板垂直交错排列，因此构成了 256×256 个液体电离室的矩阵，每个矩阵单元为 1.27mm×1.27mm，有效探测面积 32.5cm×32.5cm。当射线照射时，空隙里充满的液体（2,2,4-三甲基戊烷）充当电离介质。

半导体矩阵平板探测器系统按 X 射线转换为电信号的不同分为非晶硒（amorphous selenium，a-Se）材料的直接转换方式和非晶硅（amorphous silicon，a-Si）材料的间接转换方式。直接转换方式是 X 射线入射到金属转换板上，由非晶硒制作的光感导体直接将高能电子转换为可测电信号，但一般用于诊断成像。在放射治疗中应用最多的是使用非晶硅材料的间接转换方式，间接转换方式先将 X 射线转化为高能电子，高能电子由荧光屏闪烁体转化为可见光信号，再通过非晶硅光电二极管转化为可测电信号。

### （一）EPID 的结构和用途

EPID 是加装在加速器上直接获取高能 X 射线治疗影像的放射治疗辅助装置（图 5-18）。EPID 主要由图像探测系统和机架支撑臂、中心控制系统和显示系统组成。图像探测系统包括一个 256×256 的液体电离室阵列，整个系统具有 32.5cm× 32.5cm 的有效探测面积，图像采集频率控制 1.56s/图像，图像分辨率为 256×256，可采用单次连续/双次曝光图像采集，接受的能量范围为 1.2～25mV。

图 5-18　EPID（红色箭头指示）

### （二）影像接收装置的原理

EPID 由射线接收和信号处理两部分组成，依据射线接收方法的不同可以将 EPID 影像接收板分为荧光探测器、固体探测器、液体电离室探测器三大类，目前广泛使用的射线接收板是固体探测器接收板。非晶硅 X 射线平板探测器是一种以非晶硅光电二极管阵列为核心的 X 射线影像探测器。在 X 射线照射下探测器的闪烁体或荧光体层将 X 射线光子转换为可见光，而后由具有光电二极管作用的非晶硅阵列将光信号转变为图像电信号，通过外围电路检出并进行 A/D 转换，从而获得数字化图像。由于非晶硅平板探测器具有成像速度快、空间及密度分辨率高、信噪比高、成像面积大、可直接输出数字影像等优点，迅速取代了传统的荧光影像增强器，被广泛地应用于各种数字化 X 射线成像装置中，放疗设备也不例外。目前常见的非晶硅平板探测器面积可达 30cm×40cm，像素最高可达 2304×3200，极大地提高了图像采集水平。EPID 可用于位置验证和剂量验证工具，还可进行剂量验证。由于非晶硅平板探测器具有良好的剂量响应线性，由其将射线强度转换成的电信号易于标定，所以它实际上也是一个良好的射线接收装置。

## 二、kV 级成像

相比于 MV 级 EPID，低能量的 X 射线拥有较高的组织对比度，特别是在软组织和骨骼之间。这些成像仪器可以通过 2 个步骤来实现图像引导。首先是通过平面成像，获取 kV 级 X 射线图像。其次通过将 kV 级 X 射线图像与计划 CT 生成的数字重建影像（digital reconstructed radiograph，DRR）进行配准，可以根据骨骼解剖结构来配准，从而校正患者位置。

治疗室内 kV 级 X 射线成像引导放疗的历史悠久，早期的 kV 级 X 射线源安装在 $^{60}$Co 源出束上方的机头位置，可获取的 BEV 影像对位置进行验证。现今 kV 级 X 射线成像引导放疗设备较多，包括射波刀（CyberKnife）正交 X 射线平面成像系统、ExacTrac 图像引导系统、kV 级成像的 X 射线容积成像系统、kV 级成像的 OBI 系统等。

## （一）射波刀正交 X 射线平面成像系统

射波刀是常用的 kV 级 X 射线平面成像引导放疗系统，6D 颅骨追踪系统与脊柱追踪系统

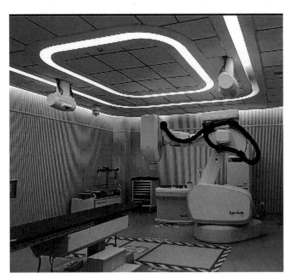

图 5-19　射波刀正交 X 射线平面成像系统

可在无需植入任何标记物前提下对颅骨、脊柱、股骨、髂骨等骨性位置进行追踪定位（图 5-19）。射波刀有一个目标定位系统（TLS），通过定位目标和跟踪目标来执行图像引导放疗。TLS 控制 kV 级射线源和非晶硅成像面板以获取影像，并进行影像关联，以确定治疗期间患者影像位移。获取的影像为两张实时正交射线影像，这两张照片由位于治疗床左右两侧的成像系统拍摄。图像检测系统包括第三代的非晶硅探测器，有效面积为 20cm×20cm，分辨率为 512×512，安装于地面，垂直接受 kV 级射线。而第四代装置非晶硅探测器有效面积为 41cm×41cm，分辨率为 1024×1024，安装于地面，能够生成高分辨率数字图像。这些图像可以自动处理并通过图像配准以确定肿瘤靶区位置。

由于软组织与高密度骨组织不同，X 射线平面成像时不能很好地显像或是缺乏良好的组织对比，需要在肿瘤内或是附近植入金属标记物，以金属标记物为参考观察肿瘤位置及运动，建立肿瘤与治疗系统之间的空间坐标。为计算肿瘤在 6 个自由度上的偏差，至少需要植入 3 颗金属标记物。金属标记物植入的原则：①标记物植入肿瘤内或是距离肿瘤位置近，一般距离肿瘤≤5cm；②标记物之间有一定的距离，一般≥2cm；③避免 X 射线平面成像时重叠，即避免在 45°或 135°上重叠；④标记物两两连线有一定的角度，一般≥15°。需要注意的是：标记物植入是一种有创的操作，增加了临床操作的流程复杂程度和风险。同时，植入的标记物可发生位移，需要在图像引导时予以辨别。

## （二）ExacTrac 图像引导系统

ExacTrac 图像引导系统是一个自动化六维患者定位和验证系统，使用红外标记和立体 X 射线图像引导（图 5-20）。该系统能够提供亚毫米级精度的图像引导颅内外 SRS。ExacTrac 图像引导系统有两个主要组成部分：基于红外线的患者定位与跟踪系统和 X 射线系统。该系统的独特设计特点是：①与 TPS 集成；②能够完全自动化患者设置和位置验证；③能够通过红外标记实时对患者位置持续监测。

简而言之，图像引导放疗开始用红外标记物对患者进行 CT 扫描，后来在 TPS 中自动配准，因此在空间上与治疗等中心相关。在治疗室中，首先通过红外标记和 TPS 反馈自动摆位患者。接下来，采集 kV 级 X 射线图像以校正患者的位置，并验证与治疗等中心是否对齐。红外系统由一个安装在天花板上的红外摄像机组成，该摄像机向放置在患者表面的红外反射球（标记）发送低强度信号。其 X 射线系统使用 1 个 X 射线高压发生器、2 个落地式 X 射线管和 2 个落地式非晶硅平板探测器。1 个 X 射线管安装在医用直线加速器两侧地下约 43cm 深度处。X 射线管在曝光模式下发射能量范围为 40～150kV 的正交立体 X 射线，在透视模式下 X 射线

球管发射能量范围为 40～125kV 的正交立体 X 射线。平板探测器具有 512×512 像素，有效面积为 20cm×20cm，在等中心提供 13cm×13cm 视野，图像像素尺寸为 0.4mm×0.4mm。X 射线以 45°倾斜方向投射，与水平面夹角呈 42°。源到等中心的距离为 224cm，源到探测器的距离为 362cm。固定源探测器的几何结构实际上消除了 X 射线等中心校准中的移位。

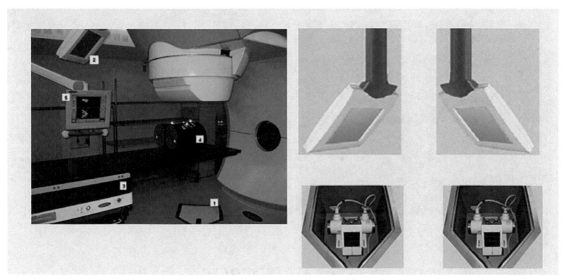

图 5-20　加速器上的 ExacTrac 图像引导系统

### （三）kV 级成像的 XVI 系统

与医用直线加速器所组合的 X 射线容积成像（X-ray volume imager，XVI）系统由 1 个 kV 级 X 射线源（70～150 kVp）和 1 个碘化铯平板探测器组成，两者相对放置，并与 MV 治疗束轨迹正交（图 5-21）。在使用时，X 射线源和探测器面板可以延伸到预设位置，而治疗师须在控制室使用 kV 级成像的 XVI 系统软件手动触发 kV 射线束生成，并使用脚踏开关进行图像采集。所获取预设角度的投影图像存储在 XVI 系统工作站中，XVI 系统工作站控制 kV 发生器和图像进行同步过程，并重建出三维 CBCT 体积图像以供临床使用。

kV 级成像的 XVI 系统能够在平片（2D）、透视（2D+时间）或容积（3D）模式下成像。目前，4D（3D+时间）技术并不成熟。XVI 系统在平片模式时，通过将所获取的多帧画面平均化处理，生成一张高质量的静态平面 kV 图像。然而，由于图像中缺乏可供参考的物理或虚拟十字准线，此时获取的图像不能用于患者定位参考。

### （四）kV 级成像的 OBI 系统

kV 级成像的机载影像（on-board imaging，OBI）系统位于医用直线加速器上，该系统由一个 kV 级 X 射线源和一个碘化铯平面探测器组成，其有效面积为 39.7cm×29.8cm，并与 MV 治疗束轨迹正交（图 5-22）。

kV 级成像的 OBI 系统能够在平片（2D）、透视（2D+时间）或容积（3D）模式下成像。在平片模式下，kV 级成像的 OBI 系统在任何给定的机架角度（通常是前部和侧面）获取静态平面 kV 图像。通过将平面图像与定位 CT 的 DRR 进行刚性配准，获取的图像可随时用于验证患者位置。这是在一个 2D 配准软件中完成的，在这个情况下，配准可以自动进行，也可以手动进行。

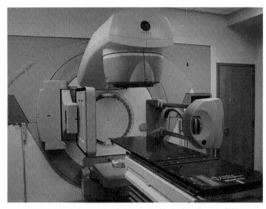

图 5-21　医用直线加速器装备的 XVI 系统

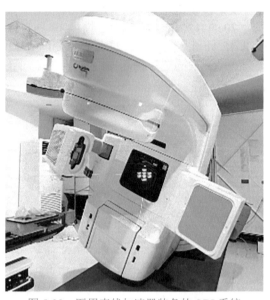

图 5-22　医用直线加速器装备的 OBI 系统

# 三、MV 级 CBCT

## （一）MV 级 CBCT 系统的发展

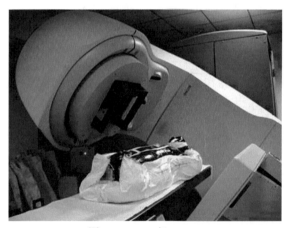

图 5-23　MV 级 CBCT

MV 级 CBCT 系统由一个附加在加速器上的探测器和一个控制操作过程的监测站组成，探测器允许自动获取投影图像，重建出 CBCT 图像，并将其与计划的 CT 图像配准（图 5-23）。在过去的 20 多年，MV 级 CBCT 作为放射肿瘤的影像学工具，其发展日新月异。2003 年 10 月，某医院对 1 例头颈部患者进行低剂量 MV 级 CBCT 扫描，并且获得了影像。这是首次在临床中对人体进行 MV 级 CBCT。2004 年 8 月，此时 MV 级 CBCT 可充分分辨软组织并显示盆腔区前列腺、膀胱、直肠等器官及头部眼球。2005 年春，MV 级 CBCT 系统被获批安装在位于加州大学旧金山综合癌症中心的两个西门子线性加速器上，并开始研究与投入临床应用。

## （二）MV 级 CBCT 原理及组成

CBCT 是基于平板探测器的成像技术，其原理是利用 X 射线发生器产生的锥形线束绕患者旋转一周或半周，采集不同角度的投影图像，利用计算机重建后获得三维图像，可以高精度地确定患者靶区位置（图 5-24）。患者需在分次治疗前进行 CBCT 扫描，将 CBCT 图像与定位 CT 图像配准，获取摆位误差，通过校正治疗床位置达到精准放疗的目的。

MV 级 CBCT 成像射线束由加速器治疗机头产生，由机架尾端的非晶硅探测板进行数据采集成像，这种简单的成像方式是 MV 级 CBCT 的一个特性。该系统包括一个新的非晶硅平板、适用于附在医用直线加速器上的 MV 成像、一个集成的工作流应用程序（允许自动获取投影图像，CBCT 图像重建，CT 到 CBCT 图像自动配准和远程位置调整）。还提供了一个实际治疗体位的三维患者解剖体影像信息，可以在治疗前与计划 CT 配准，从而验证和纠正患者体位。一般情况下，使用 6 MV 光子束在 45s 内获得 200 幅投影平面图像。然后在开始采集后 2min 内重建 MV CBCT 图像。图像采集系统执行非常可靠，可执行无限次连续采集。MV 级 CBCT 使用的剂量取决于临床应用，但通常范围为 2～10cGy。低剂量成像可用于对患者进行日常采集，而 6～10cGy 用于肿瘤治疗过程的追踪研究或放疗计划的调整。MV 级 CBCT 系统拥有亚毫米定位精度和足够的软组织分辨率，能够实现结构可视化，如前列腺。

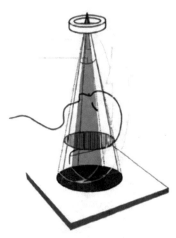

图 5-24　锥形线束示意图

# 四、kV 级 CBCT

新型的放疗技术使得剂量分布梯度陡峭，而放疗实际治疗过程中，存在摆位误差使靶区实际接受的剂量与治疗计划不一致的问题，借助医用直线加速器装载的 CBCT 实施图像引导技术，使肿瘤放疗精准定位又上了一个新台阶。CBCT 可以及时准确发现摆位误差，指导临床摆位，提高肿瘤放疗摆位重合性，从而有效提高治疗中靶区照射剂量，降低病灶周边正常组织的放疗损伤，改善患者生存质量。

传统正交拍片法是二维成像，得到的信息较少，只能分辨骨性标志，分辨不清解剖结构，远不能满足临床需求，因此能够清晰分辨解剖结构和位置信息的三维成像装置将逐渐代替二维成像系统。随着成像技术和后处理技术的发展，图像引导放疗技术已经由二维透视成像过渡到三维断层成像的时代，正向四维成像进发。CBCT 系统目前已经成为三维重建图像的主流设备，其发展迅速，应用广泛。

kV 级光子相比 MV 级能量更低，对肌肉、骨头、脂肪的质量能量吸收系数差别更大，能以较低成像剂量获得高对比度的影像。同时，kV 级 X 射线球管焦点尺寸通常较小，因此也具有高空间分辨率优势。kV 级 CBCT 获取时间短、配准方便、额外辐射剂量低等优点推动了 X 射线球管和探测器与医用直线加速器的整合。整合后的系统可以进行平片成像、透视成像和容积成像。目前常见 kV 级 CBCT 产品有 XVI 系统和 OBI 系统。

## （一）kV 级 CBCT 的 XVI 系统

kV 级 CBCT 的 XVI 系统中 X 射线球管与非晶硅探测板垂直于加速器机头射束，球管位于机头顺时针方向 90°位置，非晶硅探测板位于机头逆时针方向 90°位置。CBCT 扫描时，为适应不同的患者及部位，用户可以选择 kV、mA/帧、ms/帧、视野（FOV）、获取的 2D 图像投影帧（frame）数、机架旋转起始角度、机架旋转度数、图像重建的分辨率等参数。其中 mA/帧、ms/帧与帧数在选择时三者的乘积不得大于 800kJ。

在容积模式扫描下，医用直线加速器机架围绕患者旋转扫描获取图像。完整 360°的旋转，大约采集 650 个平面图像用于容积影像重建。通常，图像重建与采集过程同步进行，使图像配准的时间降至最低。在容积扫描模式中，可选择不同尺寸 FOV 进行采集。FOV 有 S、M、L 三种模式，非晶硅探测板也有相应的 S、M、L 三种模式（即小范围、中范围和大范围三种成像模式），对应的扫描重建的图像大小分别为 27cm、41cm 和 50cm。影像在 G-T 方向上的像

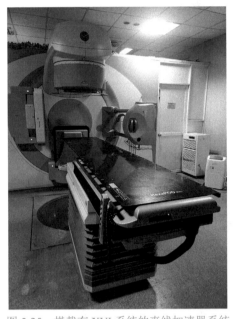

图 5-25　搭载有 XVI 系统的直线加速器系统

素为 128、256、512 或 1024，临床上常用像素为 512。在 S 模式的 FOV 扫描中，探测器面板的中心与 kV 束的中心轴成一条直线，而在 M 模式和 L 模式的 FOV 扫描中，探测器面板的中心分别偏移 11.5cm 和 19.0cm，以增加物理设置对 FOV 的几何限制。滤线器可以选择普通滤线器或者蝶形滤线器。蝶形滤线器的作用在于通过增加身体较厚部位的散射线强度，使得扫描中心与外周区域的射线强度差异缩小，从而使探测器的束流平坦化来改善影像质量。图像配准模式可以选择骨（平移误差+旋转误差）、灰度（平移误差+旋转误差）、灰度（平移误差）、粒子、手动、双配准等方式。骨配准和灰度配准是自动配准的过程，骨配准主要以配准区域内高密度骨作为配准目标；灰度配准主要以配准区域内灰度值进行配准，配准完成后还需以手动配准方式对自动配准结果进行修正。kV 级 CBCT 的 XVI 系统图像引导流程：患者分次治疗前由 XVI 系统扫描重建生成 CBCT 图像，通过配准 CBCT 图像与计划 CT 图像，获取患者摆位误差，随后根据所获误差移动治疗床，修正误差后开始进行放疗（图 5-25）。

### （二）kV 级 CBCT 的 OBI 系统

kV 级 CBCT 的 OBI 系统 X 射线球管位于机头逆时针方向 90°，非晶硅探测板位于机头顺时针方向 90°（图 5-26）。X 射线球管与非晶硅探测板均采用机械臂，有停靠、部分展开和全部展开 3 种位置，可在控制室远程展开和收回。非晶硅探测板通常位于等中心下 50cm，可沿 kV 源到等中心方向移动（靠近或远离）。常用设置选项包括管电压 80kV、100kV、125kV、140kV；管电流 10～600mA；曝光时间 10～100ms；图像采集速度可为 3 帧/s、7 帧/s、11 帧/s、15 帧/s；机架旋转速度（1°～6°）/s。

在容积扫描模式下，可采集一组低剂量图像，再经过重建得到三维图像。该模式下有两种采集类型：半弧扫描（200°）和全弧扫描（360°）。在半弧扫描模式下，操作者可选择扫描机架的起始角度。在该模式下将探测板在 kV 光束轴正交的方向上移动 14.8cm，以增加扫描区域，从而产生的 FOV 是一个直径为 45cm、体积长度为 14cm 的圆柱体（FOV 可设置为 50cm），该模式适用于胸/腹/盆腔等较大解剖部位。在全弧扫描模式下，重建的 FOV 是一个直径达 24cm、高 15cm 的圆柱体，因此这种模式适用于大脑或头颈部等较小解剖部位。

扫描的 CBCT 可手动或自动与计划 CT 进行配准。配准的方法有自动配准或手动配准，自动配准时可定义感兴趣区域，选择特定勾画器官，设置 HU 范围或选择骨配准或灰度配准。kV 级 CBCT 的 OBI 系统的图像引导流程和 kV 级 CBCT 的 XVI 系统类似，匹配完成后检查移动修正摆位误差（图 5-27）。

该系统由两条机械臂分别控制 kV 级 X 射线源（kVS）和 kV 级平板探测器（kVD）的运动。两个机械臂与治疗射线轴相互垂直，机械臂可展开、回收，能够保护探测器的敏感元件免受 MV 级治疗散射线的损伤。

### （三）4D-CBCT

CBCT 图像引导放疗对四肢或头部等相对固定区域有较好的修正效果，但是对于胸腔或腹部等较为活跃区域效果欠佳。肿瘤位置会随着人体呼吸运动、心脏运动等人体内部运动而发生改变。减少呼吸运动的 CBCT 成像方法可分为两类：一类是通过重建对运动效应进行建模和补偿，如 OSC-TV 重建算法，重建时间为 4.5min，结合 FDK 重建和 4D 有序子集凸优化算法-总变异最小化（OSC-TV）重建，这种重建时间相对较短，方便临床使用。另一类是使用不同的采集方法来消除运动效应，如深吸气屏气、呼吸门控等技术。桑可（Sonke）等在 2005 年提出了 4D-CBCT 的概念和实现方式，利用算法提取呼吸运动信号，成功重建及量化了肿瘤的平均位置、运动轨迹和形状变化，有效减少了呼吸引起的几何不确定性。

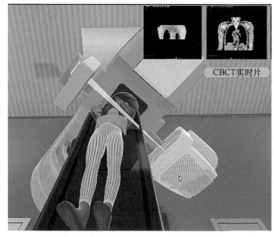 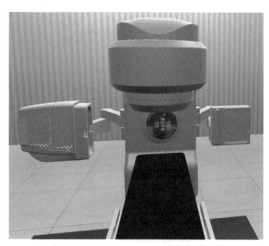

图 5-26 搭载有 kV 级 CBCT 的 OBI 系统的医用直线加速器　　图 5-27 带 CBCT 功能的加速器

4D-CBCT 设备在数据采集阶段与外部呼吸监控设备相结合，简而言之就是在 3D-CBCT 扫描中加入了时间因素，即在采集投影数据的同时，为所采的投影数据加上当前时刻在呼吸周期中所处阶段的时间信息。随后根据每个投影数据的时间信息对投影数据进行相位分类，每个时相最后利用重建算法对各相位下的投影数据进行三维图像重建，构建一个随时间变化的三维图像序列，得到 4D-CBCT 序列图像，即呼吸周期中不同时相分成多套三维图像，经重建得到该患者一个完整呼吸周期的运动图像（图 5-28）。

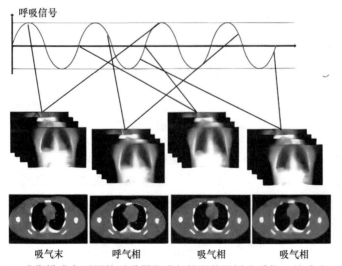

图 5-28 4D-CBCT 成像模式在不同的呼吸周期进行投影数据拆分采集，并重建对应时段生成图像

4D-CBCT 只需机架旋转一周即可完成数据采集，并直接针对肿瘤区域进行三维重建。由于不受逐层扫描的限制，所以其图像具备各向同性特性。这为准确评估肿瘤大小、形状奠定了

基础。由于 CBCT 转速较低，使得 4D-CBCT 更容易与其他成像设备或者治疗设备相连接，发挥作用（图 5-29）。

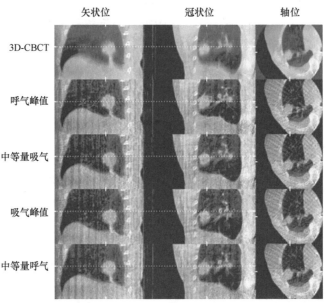

矢状位　　　　冠状位　　　　轴位

3D-CBCT

呼气峰值

中等量吸气

吸气峰值

中等量呼气

图 5-29　在矢状位、冠状位、轴位上 3D-CBCT 与 4D-CBCT 在不同呼吸周期的比较

4D-CBCT 数据集提供了 3D-CBCT 所没有的结构运动轨迹信息，使得在 3D-CBCT 图像中存在的运动伪影在 4D-CBCT 中明显减少，可以更准确地识别运动结构的形状。但需注意的是，4D-CBCT 扫描时间更长，会产生额外的剂量，长时间图像采集可能使患者体位变动。

### （四）4D-CBCT 图像引导

精准放疗对图像引导的技术要求越来越高，因呼吸运动的存在使得 3D-CBCT 采集投影数据位置差异较大，以至于重建图像包含大量伪影，这些伪影使得图像模糊，并不利于 CBCT 进行剂量计算。时间因素的加入可以消除呼吸运动引起的运动伪影，不仅提供肿瘤形态及位置动态变化等信息，还为临床实时调整放疗方案提供依据，提高放疗精度。

与 3D-CBCT 相比，呼吸相关的 4D-CBCT 可以使呼吸运动靶区定位更精确，并减少观察的误差，提高了图像引导精度，适用于胸、腹等具有呼吸运动特性部位的图像引导。

应用 4D-CBCT 进行图像引导，使分次内靶区运动均在治疗区范围内，同时克服了分次内 CBCT 不能采集肿瘤运动信息的缺点。4D-CBCT 自适应放疗计划能够显著降低 PTV 体积及正常组织受照射剂量，提高治疗增益比（图 5-30）。

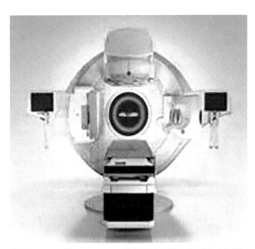

图 5-30　带 4D-CBCT 功能的医用直线加速器

该医用直线加速器是一套完全集成的分次内四维实时图像引导和分次内实时剂量引导的高精动态立体定向放射外科系统，可采集分次内实时 4D-CBCT 影像。

目前大部分治疗机均配备影响引导设备，且逐步向 kV 级普及。

## （五）与 kV 级 CBCT 的对比

kV 级和 MV 级 CBCT 有显著不同（表 5-2）。

首先，从结构来说，kV 级 CBCT 是在加速器机架两侧分别加装一个 X 射线球管和平板探测器。MV 级 CBCT 则是利用平板探测器，直接接收加速器发射的 2～3MV 低能量的 X 射线，重建得到 CT 图像。

对于 kV 级 CBCT 来说，由于其辐射源是 kV 级，成像质量高，虽然在密度分辨率上不及普通的 CT，但是空间分辨率更高。kV 级 CBCT 的缺点是其 CT 值无法与模拟定位 CT 的 CT 值一致，进而不能和定位 CT 值-电子密度曲线精准匹配，所以 kV 级 CBCT 图像不能直接用于剂量计算，但是经过 CBCT 的 CT 值-电子密度曲线校正后是可以用于剂量计算的。

对于 MV 级 CBCT，其减少了一套 X 射线发射装置，极大降低了成本，减少了误差。此外其图像 MV 级 CBCT 的 X 射线源和治疗束同源也是其优点，其旁向散射少，可以精准评估电子密度信息，可作为剂量学监测设备。显然，MV 级 CBCT 由于其射线能量高，导致图像分辨率、信噪比等方面明显不及 kV 级 CBCT，但是随着技术不断进步，MV 级 CBCT 的图像质量也有了很大改进。必须注意的是，如果将 MV 级 CBCT 的图像直接用来作剂量计算还需要慎重。

表 5-2　kV 级 CBCT 与 MV 级 CBCT 对比

| | 结构 | 图像质量 |
| --- | --- | --- |
| kV 级 CBCT | 在加速器两侧分别加装一个 X 射线球管和平板探测器 | 空间分辨率高；密度分辨率足以分辨软组织结构 |
| MV 级 CBCT | 平板探测器直接接收加速器发射的 MV 级低能量 X 射线 | 图像分辨率及信噪比不及 kV 级 CBCT |

总之，MV 级 CBCT 在图像引导放疗中应用广泛，可用于修正和测量摆位过程中的误差、观察治疗过程中靶区的解剖形态，以及用于剂量监测。MV 级 CBCT 成像剂量相当于放疗常规分割量的百分之几，对于放疗患者而言，它所带来的辐射危害在可接受范围内。对于儿童患者，有性器官和敏感器官如卵巢和晶状体时需要充分考虑额外剂量的影响。

# 参 考 文 献

戴建荣, 胡逸民, 1999. 利用独立准直器开展调强放疗算法研究. 中国医疗器械杂志, (6): 316-320, 333.

胡逸民, 张红志, 戴建荣, 1999. 肿瘤放射物理学. 北京: 原子能出版社.

黄成剑, 李勇, 杨金鑫, 等, 2021. CBCT 不同扫描参数在椎体图像引导调强放疗中的应用研究. 中国医疗设备, (7): 60-63.

江波, 戴建荣, 2009. 锥形束 CT 技术的成像原理及其在放疗中的应用. 2009 海峡两岸医药卫生交流与合作会议、海峡两岸立体定向肿瘤放射治疗技术论坛论: 33-38.

刘洋, 2018. 4D-CBCT 优质重建新方法研究. 南方医科大学.

张圈世, 杨亮, 张木, 等, 2005. MM50 加速器一维扫描调强的研究. 中国医学物理学杂志, 22(2): 435-437.

郑安梅, 刘爱荣, 2014. 实用放射治疗技术规范与临床应用. 兰州: 甘肃文化出版社.

Bijhold J, van Herk M, Vijlbrief R, et al, 1991. Fast evaluation of patient set-up during radiotherapy by aligning features in portal and simulator images. Physics in Medicine & Biology, 36(12): 1665-1679.

Fox T, Huntzinger C, Johnstone P, et al, 2006. Performance evaluation of an automated image registration algorithm using an integrated kilovoltage imaging and guidance system. Journal of Applied Clinical Medical Physics, 7(1): 97-104.

Gayou O, Miften M, 2007. Commissioning and clinical implementation of a mega-voltage cone beam CT system for treatment localization. Medical Physics, 34(8): 3183-3192.

Herman MG, Balter JM, Jaffray DA, et al, 2001. Clinical use of electronic portal imaging: report of AAPM radiation therapy committee task group 58. Medical Physics, 28(5): 712-737.

Jia MX, Zhang X, Li N, et al, 2012. Impact of different CBCT imaging monitor units, reconstruction slice thicknesses, and planning CT slice thicknesses on the positioning accuracy of a MV-CBCT system in head-and-neck patients. Journal of Applied Clinical Medical Physics, 13(5): 3766.

Kim S, Akpati HC, Li JG, et al, 2004. An immobilization system for claustrophobic patients in head-and-neck intensity-modulated radiation therapy. International Journal of Radiation Oncology, Biology, Physics, 59(5): 1531-1539.

Lam KS, Partowmah M, Lam WC, 1986. An on-line electronic portal imaging system for external beam radiotherapy. The British Journal of Radiology, 59(706): 1007-1013.

Li H, Dong L, Bert C, et al, 2022. AAPM task group report 290: respiratory motion management for particle therapy. Medical Physics, 49(4): e50-e81.

Li TF, Xing L, Munro P, et al, 2006. Four-dimensional cone-beam computed tomography using an on-board imager. Medical Physics, 33(10): 3825-3833.

Luchka K, Chen D, Shalev S, et al, 1996. Assessing radiation and light field congruence with a video based electronic portal imaging device. Medical Physics, 23(7): 1245-1252.

Mallarajapatna GJ, Susheela SP, Kallur KG, et al, 2011. Technical note: image guided internal fiducial placement for stereotactic radiosurgery(CyberKnife). The Indian Journal of Radiology & Imaging, 21(1): 3-5.

Mascolo-Fortin J, Matenine D, Archambault L, et al, 2018. A fast 4D cone beam CT reconstruction method based on the OSC-TV algorithm. Journal of X-Ray Science and Technology, 26(2): 189-208.

McNutt TR, Mackie TR, Reckwerdt P, et al, 1996. Calculation of portal dose using the convolution/superposition method. Medical Physics, 23(4): 527-535.

Morin O, Gillis A, Chen J, et al, 2006. Megavoltage cone-beam CT: system description and clinical applications. Medical Dosimetry, 31(1): 51-61.

Otto K, 2008. Volumetric modulated arc therapy: IMRT in a single gantry arc. Medical Physics, 35(1): 310-317.

Pouliot J, 2007. Megavoltage imaging, megavoltage cone beam CT and dose-guided radiation therapy. Frontiers of Radiation Therapy and Oncology, 40: 132-142.

Pouliot J, Bani-Hashemi A, Chen J, et al, 2005. Low-dose megavoltage cone-beam CT for radiation therapy. International Journal of Radiation Oncology Biology Physics, 61(2): 552-560.

Sonke JJ, Zijp L, Remeijer P, et al, 2005. Respiratory correlated cone beam CT. Medical Physics, 32(4): 1176-1186.

Svensson R, Asell M, Näfstadius P, et al, 1998. Target, purging magnet and electron collector design for scanned high-energy photon beams. Physics in Medicine & Biology, 43(5): 1091-1112.

Sweeney RA, Seubert B, Stark S, et al, 2012. Accuracy and inter-observer variability of 3D *versus* 4D cone-beam CT based image-guidance in SBRT for lung tumors. Radiation Oncology, 7: 81.

Sykes JR, Amer A, Czajka J, et al, 2005. A feasibility study for image guided radiotherapy using low dose, high speed, cone beam X-ray volumetric imaging. Radiotherapy & Oncology, 77(1): 45-52.

Teoh M, Clark CH, Wood K, et al, 2011. Volumetric modulated arc therapy: a review of current literature and clinical use in practice. The British Journal of Radiology, 84(1007): 967-996.

# 第六章　常规放射治疗系统

## 第一节　$^{60}$Co 治疗机及普通医用电子直线加速器

### 一、$^{60}$Co 治疗机

1753 年瑞典化学家布兰特发现并分离出钴。钴（Co）的原子序数为 27，原子量为 58.9332，在自然界分布很广，但是在地壳中的含量仅为 0.0023%，排第 34 位，$^{60}$Co 是金属元素钴的放射性核素之一。1950 年加拿大科学家利用核反应堆成功生产出人工放射性核素 $^{60}$Co。1951 年第一台 $^{60}$Co 治疗机诞生于加拿大，至今已有 70 余年历史。我国 $^{60}$Co 治疗机的生产开始于 20 世纪 60 年代，并且发展非常迅速。$^{60}$Co 治疗机是最早应用在肿瘤治疗上的设备。随着医疗装备技术的发展，$^{60}$Co 治疗机正逐渐退出历史舞台，当前很多发展中国家仍有小规模生产和应用，主要集中用于中小型医院。

$^{60}$Co 治疗机为远距离放疗设备，由于 $^{60}$Co γ 射线最大能量吸收发生在皮肤下 4～5mm，且骨骼和软组织有近似吸收，在射线穿过正常骨组织时不会引起骨损伤。在肿瘤治疗中既可以用于治疗浅表组织的病变，又适用于治疗更深处的病变。在一些组织交界面处，等剂量曲线形状变化较小，尤其适用于头颈部肿瘤治疗。此外，$^{60}$Co 治疗机可做常规固定源皮距治疗、等中心治疗、旋转治疗、摆动治疗及大面积不规则照射野治疗。

$^{60}$Co 为放射源，一直在不断衰变，放射性活度逐渐降低，导致患者治疗时间不断加长，需要定期更换新 $^{60}$Co 源。目前国内外 $^{60}$Co 治疗机的应用越来越少，因此本章不再进行赘述。

### 二、普通医用电子直线加速器

医用电子直线加速器是利用微波电场对电子进行加速产生高能射线，应用于人类医学实践中进行远距离体外放射治疗的大型医疗设备。它能产生高能 X 射线和电子线，具有剂量率高、照射时间短、照射野大、剂量均匀性和稳定性好，以及半影区小等特点，广泛应用于各种肿瘤的治疗，特别是对深部肿瘤的治疗（图 6-1）。

按照输出能量的高低划分，医用电子直线加速器一般分为低能机、中能机和高能机三种机型。不同能量的医用电子直线加速器 X 射线能量差别不大，一般为 4MV、6MV 和 8MV，有的可达到 10MV。按加速管工作原理方式划分，医用电子直线加速器分为行波直线加速方式和驻波直线加速方式。此外，按照 X 射线能量的挡位划分，医用电子直线加速器可以分为单光子、双光子和多光子三个挡位。

医用电子直线加速器的优点主要有：①加速器的射线穿透能力强；②加速器既可输出高能 X 射线，也可输出高能电子线；③加速器的射线能够被有效控制；④加速器一次可输出很高的剂量，照射时间

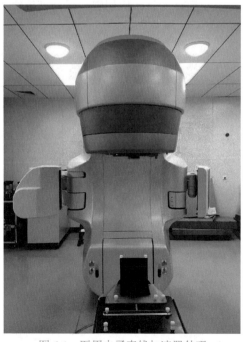

图 6-1　医用电子直线加速器外观

短；⑤加速器停机后放射线即消失。

　　由于以上优点，医用直线加速器在肿瘤治疗中得到广泛应用，发挥着巨大的作用。

　　本章重点对近 20 年来现代化医用电子直线加速器的更新迭代情况进行详细描述。

# 第二节　图像引导放射治疗直线加速器

　　放疗是治疗肿瘤的三大手段之一，调强放疗（IMRT）是放射肿瘤学史上的一次变革，而图像引导放疗（IGRT）进一步确保了 IMRT 的精准性。

　　在放疗的过程中，人体的组织器官（包括肿瘤组织）因呼吸、心跳、胃肠蠕动等生理活动一直处于不断的运动中，因而会影响肿瘤的位置和形状。此外，每一次治疗时患者的体位都存在一定的变化，这种变化也将导致肿瘤位置发生变化。因此，放疗总存在着一定的偏差。而 IGRT 技术能够有效校正这一偏差，它利用 CT、MRI、PET 和超声等影像学方法，在分次治疗摆位和（或）治疗过程中采集图像和（或）其他信号，利用这些图像和（或）信号，侦测患者的体位变化、呼吸、心跳等对肿瘤位置的影响，通过校正偏差从而将放射线尽可能集中在肿瘤组织上，以减少正常组织接受的放射线，减少不良反应，提高疗效。

　　临床上能更好从 IGRT 获益的情况包括肿瘤接近敏感的正常组织、肿瘤的控制剂量远高于邻近正常组织的耐受量、位置误差引起的后果非常严重、器官移位的误差较大等。头颈部肿瘤、靠近椎体的肿瘤和腹膜后肿瘤、前列腺癌等也都能从 IGRT 中获益。

　　IGRT 是近年来肿瘤精准放疗发展的主要趋势之一，各设备厂家分别推出了各种各样的 IGRT 技术，从 EPID 到 kV 级 CBCT，从 In-room CT 与直线加速器组合的一体机，MV 级 CBCT 到超声引导放疗，从 MR 图像引导放疗到 PET/CT 图像引导放疗等。将影像技术和放疗设备结合在一起，形成了完整的一体化 IGRT 设备，IGRT 设备应用于临床已经有 20 年以上的历史了，而现代 IGRT 则是从 2005 左右开始应用于临床。

## 一、设计原理和系统概述

　　在放疗的临床应用中，以精准放疗为基础的先进技术不断更新，Clinac EX 直线加速器是1997 年推出的一款高精度图像引导、动态调强放疗的直线加速器。

　　在 IGRT 方面，Clinac EX 直线加速器整合了使用治疗射束 6MV X 射线的 EPID，以及使用 kV 级诊断射线的透视平片和 kV 级 CBCT 系统（图 6-2）。MV 级 X 射线成像系统和 kV 级 X 射线成像系统都能够为患者独立成像，以及检查患者摆位的准确性。

　　EPID 成像技术出现比较早，也是目前应用极广的成像技术之一。一般以 6MV 级 X 射线进行拍片验证，可用较少的辐射剂量获得较好的成像质量，EPID 具有体积小、分辨率高、灵敏度高、能响范围宽等优点，临床上摄片操作简单、成本低、容易实现，既可以离线校正验证照射野的大小、形状、位置和患者摆位，也可以直接测量照射野内剂量，是一种简单实用的二维影像验证设备，其缺点是照射野影像中骨和空气对比度都较低，软组织显像不清晰，过于依赖操作人员的主观判断。

　　随着 X 射线探测技术的发展，基于 MV 级非晶

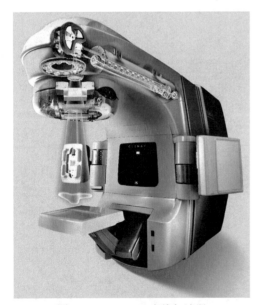

图 6-2　Clinac EX 直线加速器

硅平板探测器的 EPID，可以得到头部、胸部、盆腔等部位的清晰影像。EPID 技术可以直接测量照射野内剂量，已成为一种快速的二维剂量测量系统。

kV 级 CBCT 成像技术是目前应用极广的图像引导放疗技术。它使用大面积非晶硅数字化 X 射线探测板，机架旋转一周就能获取和重建一定体积范围内的 CT 图像。这个体积内的影像重建后的三维 CT 影像模型可以与 TPS 的患者解剖模型匹配比较，并自动计算出患者放疗体位与 CT 模拟定位时的位置偏差，进而确定治疗床需要调节的参数。图 6-3 为 kV 级 X 射线影像 OBI 系统的二维匹配比较。

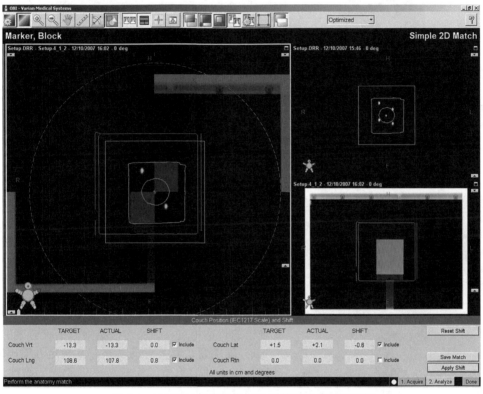

图 6-3　kV 级 X 射线影像 OBI 系统的二维匹配比较

CBCT 具有体积小、重量轻、开放式架构的特点，可以直接整合到直线加速器上。CBCT 的图像质量空间分辨率高，操作简单快捷。放疗中最常使用容积成像功能，该功能可以快速完成在线校正治疗位置。同时它也具有在治疗位置进行 X 射线透视、摄片等功能，可满足临床的多种图像引导摆位定位的需求。图 6-4 为 kV 级 X 射线影像系统 OBI 做 CBCT 扫描之后的三维匹配比较。

Clinac EX 直线加速器的 5 大核心特点如下：

（1）Clinac EX 直线加速器作为一台临床应用型设备，可以开展 IMRT。

（2）直线加速器配备图像引导放疗功能模块。

（3）提供放疗平台，同时兼顾实现传统适形、静态/动态 IMRT（图 6-5）。

（4）Clinac EX 直线加速器系统配置了一体化的软件解决方案，包括 Eclipse 放疗计划系统，以及 ARIA 肿瘤信息管理系统。

1）统一的数据库：避免了数据的多次录入、多次传输、信息不同步带来的安全风险和工作负担，降低安全隐患、优化临床流程、提升工作效率。

2）"智慧"计划：基于全球专家经验的智能化治疗计划数据库，提升了计划设计质量，缩短了计划设计时间，并提高了治疗计划的一致性。

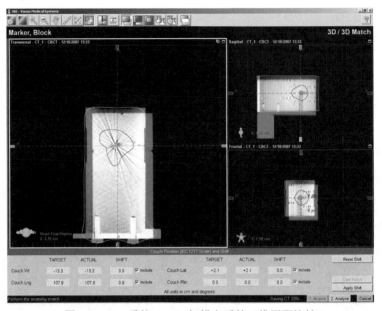

图 6-4　OBI 系统 CBCT 扫描之后的三维匹配比较

图 6-5　Clinac EX 动态调强放疗示意图

3）Care Pat：可视化治疗路径设计，整合、优化人力及设备资源配置，并帮助科室制定规范化的治疗流程，为构建标准化质量安全体系提供了平台支撑。

4）简化系统数据库管理及维护。

（5）Clinac EX 直线加速器"两管一枪"的核心组件为长期稳定运行提供了硬件基础。

1）驻波加速管：使用驻波直线加速技术，实现束流输出的长期稳定，确保治疗结果与治疗方案的匹配。

2）速调管：其具有高功率、高稳定性输出能力，确保加速器在高负荷工作状态下仍能完成治疗工作，保证高强度剂量输出。

3）数控栅极电子枪：6ms 快速束流控制能力，确保动态调强放疗剂量输出时束流的快速调制。

Clinac EX 直线加速器在系统运行稳定性、整体治疗精准度及动态 IMRT 速度上优势明显。

# 二、基本结构和重要参数

Clinac EX 直线加速器是一台功能全面的临床设备，支持放疗科开展各种放射治疗。Clinac EX 直线加速器作为 IMRT 平台，可以满足医院越来越多的患者精准放疗的需求，包括三维适形治疗和静态/动态 IMRT，还可以进一步配备图像引导放疗功能，实现更加快速准确的治疗。

## （一）动态 IMRT

Clinac EX 直线加速器配备电动 MLC，机械等中心精度≤1mm，保证了临床治疗的精准度。

Clinac EX 直线加速器实现了加速器数字化控制。通过电子枪栅及数字控制技术，实现了输出剂量 50ms 实时响应。即使在高剂量率输出条件（600MU/min）下，束流控制误差在 0.3MU 以内，保证了临床实际投照与计划的一致性。

Clinac EX 直线加速器可提供两档 X 射线能量，分别为 6MV 及 10/15/18MV，可在几分钟内完成大剂量的精准照射，治疗时间显著缩短。

Clinac EX 直线加速器提供静态 IMRT、动态 IMRT 等先进的肿瘤放疗技术。基于 Eclipse 计划系统的优化设计，可在数分钟内完成动态 IMRT，提高放疗精准性的同时，缩短治疗时间，保证患者治疗舒适度，提高了单台机器每天可治疗患者量。

Clinac EX 直线加速器配备高精度电动 MLC（图 6-6），可实现对全身各部位肿瘤进行精细剂量"雕刻"照射。最大照射野为 40cm×40cm，可以实现对整个盆腔淋巴结或胸部淋巴结的大范围调强治疗。其 MLC 高精度动态控制系统，具备动态"滑窗"功能，到位精度 1mm，可重复性 0.5mm，保证临床治疗过程中计划靶区到实际靶区的误差最小。

图 6-6　电动 MLC

## （二）机载图像引导系统 Portal Vision

kV 级图像引导放疗专用 OBI 系统所配备的数字图像探测器和 kV 级 X 射线球管，具备可全自动控制图像探测器和 X 射线球管伸展、折叠的机械臂。治疗技师无须进入治疗室即可完成图像引导的全过程，简化治疗流程，缩短治疗时间，提供基于 CBCT 与参考 CT 图像自动配准的肿瘤精准定位及全自动摆位修正。独有的动态数字图像探测器提供每秒 15 幅的实时透视成像，可应用于对肺癌等运动肿瘤的动态跟踪图像引导放疗（图 6-7）。

实时影像动态验证系统（即 EPID）采用动态非晶硅平板技术，具有每秒 15 幅图像连续拍片功能，实现对照射过程中照射野内靶区的实时观察和记录验证，减少了射线出束过程中肿瘤位置偏离照射野的可能性（图 6-8）。

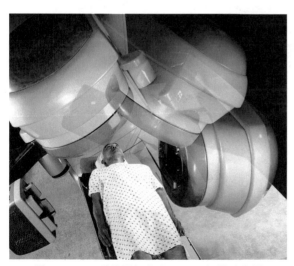

图 6-7　OBI 系统进行患者 CBCT 扫描示意图

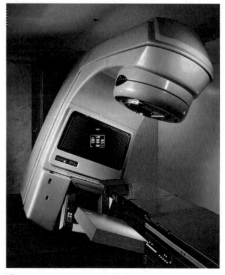

图 6-8　Clinac EX 直线加速器的 EPID 装置

## （三）机载质控系统 Portal Dosimetry

基于机载 EPID 系统和 Eclipse 工作站，以往依赖于第三方 QA 设备的计划验证，以及设备日常的射线平坦度、对称性、剂量输出的稳定性测定等 QA 工作都可以在设备本身完成。

基于 EPID 的 QA 简单易行，节省时间，同时所有记录都保存在 ARIA 肿瘤信息管理系统数据库中，可在任何一台工作站终端进行调取、分析。

# 三、配合图像引导放疗的肿瘤信息管理系统

随着图像引导放疗进入临床，图像引导过程中产生了大量的患者图像数据，而这些图像数据在以往传统的适形放疗中是没有的。并且放疗图像引导的图像数据不同于放射科产生的患者诊断所需要的图像数据，不能够存储在放射科的影像存储与传输系统（PACS）内，因此需要有专门的系统来储存和管理这些放疗图像引导系统产生的图像数据。

ARIA 肿瘤信息管理系统的创建，旨在实现肿瘤临床治疗机构中患者数据和临床流程的无纸化、无胶片化管理。ARIA 肿瘤信息管理系统是放疗科设备及治疗信息存储的数据库，包含了患者从进入科室后的信息登记到治疗结束后的随访信息，涵盖了诊断影像、诊断信息、治疗计划信息、定位信息及治疗数据等多方面的治疗信息。放疗医生可以随时随地通过客户端获取患者的治疗信息，并以此为据做出正确的治疗决策。

ARIA 肿瘤信息管理系统的作用不仅是在电脑显示器上用电子图表形式显示现有的纸质图表，还整合现有的病例和图像，建立起结构明确、使用便捷的系统，从而完善整个工作流程，轻松进入无纸化时代。ARIA 肿瘤信息管理系统可轻松获得患者的重要信息，使得放疗医生便于调阅患者的最新病例，迅速做出医疗决策。同时放疗医生可以通过 ARIA 肿瘤信息管理系统随时查看肿瘤患者放疗治疗等全套信息（剂量信息、治疗计划及相关的医学评估）（图 6-9）。

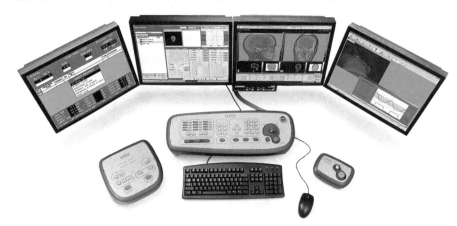

图 6-9　Clinac EX 直线加速器的 ARIA 肿瘤信息管理系统

ARIA 肿瘤信息管理系统具有以下优点。

（1）支持本地化语言环境，使用简便。

（2）全面简化的治疗流程：CarePath 治疗路径。利用治疗模板（用户可自己编辑）将患者整个治疗流程中的各个环节模块化,放疗医生和医学物理师可以非常方便地知道患者目前的治疗流程进展到哪一个环节，并立即开展下一步工作。

（3）以任务为导向的操作界面。系统自动列出放疗医生需要完成的计划和任务，包括影像管理、轮廓勾画、计划设计及计划确认等。将以往的纸质工作完全网络化，可方便放疗医生使用，提高工作效率。

## 第三节　容积旋转调强放射治疗直线加速器

精准放疗是提高放疗疗效、减少不良反应的有效手段之一，容积旋转调强放疗（VMAT）作为放疗领域的一项新技术，近几年逐步发展成熟并成为放射治疗的主流治疗技术，它与普通固定野调强放疗有很大的区别。

调强放疗是通过调整射线强度，使靶区剂量各处相等或根据治疗需要对照射体积内的剂量进行强度调节，同时保障周围正常组织和器官受到较小剂量照射的放疗技术，通常使用直线加速器 MLC 来实现。由于 IMRT 在射线输出时加速器机架是固定不动的，因此相对于 VMAT，IMRT 为固定野调强。

固定野调强一般分为静态 IMRT 和动态 IMRT。

静态 IMRT 是将射线强度分布转换为由 MLC 组成的多个照射野及子野，各个照射野及子野分别有不同的形态和剂量。剂量叠加后形成计划的剂量分布强度，其特点是在出束过程中机架和 MLC 都不动，治疗完一个子野后，MLC 改变形状，再继续治疗下一个子野，直至这个照射野治疗完毕，机架旋转至下一个治疗角度，重复上述过程，直至完成全部照射野的治疗。

动态 IMRT 的特点是在出束过程中机架不动，MLC 持续运动，一次性治疗完一个照射野后，机架旋转至下一个照射野，重复上述过程，直至整个治疗结束。上述两种调强治疗方式治疗时间都较长，特别是静态 IMRT 技术，每个部位治疗时间需要 15～20min，对复杂靶区治疗时间会更长甚至超过 30min，采用这种调强治疗方式患者在治疗期间可能会有体位移动及因器官运动，进而影响治疗精度，最终会影响到治疗效果。

容积旋转调强本质上也是 IMRT 的一种，不同之处在于治疗出束过程中直线加速器机架在旋转、MLC 在运动、剂量率在变化，机架旋转一定角度为一个照射野，通常治疗一次机架旋转 1 周或 2 周，治疗过程中直线加速器的机架、MLC 在连续运动，剂量率也在连续变化，这样就缩短了患者的治疗时间，单弧照射只需 30s～1.5min，双弧照射 3min 左右即可完成一次治疗。由于缩短了治疗时间，使得患者治疗时的舒适度明显提高，并有效减少了治疗过程中因患者体位变化及器官移动造成的治疗误差，明显提高了治疗的准确性。容积旋转调强也明显减少了机器的 MU 数，照射量的减少也意味着减少了散射线和漏射线对患者的影响，同时也提高了设备的使用效率。VMAT 的剂量分布更优，对正常组织保护更好，靶区剂量分布更均匀，治疗效果更好，放疗不良反应更小。

## 一、设计原理和系统概述

为了保证实现容积旋转调强的功能，Trilogy 直线加速器具备如下五大核心技术。

（1）Trilogy 直线加速器作为高精度立体定向放疗（SRT）设备，等中心精度为 ±0.5mm，加上配置 120 叶 MLC，充分保证了立体定向放疗模式的高精度要求，可以开展 VMAT 和立体定向放疗技术。

（2）在兼顾实现传统适形、静态/动态 IMRT 的基础上，拓展实现精确图像引导下的四维放射治疗，提升了放疗的安全性（图 6-10）。

（3）配置 RapidArc VMAT 技术，与图像引导放疗、呼吸门控治疗技术相结合，在确保精准放疗的同时，可在几分钟内完成单次照射，缩短治疗时间，提高了单台放疗设备的治疗效率（图 1-8）。

（4）Trilogy 直线加速器系统配置了一体化的软件解决方案，如 Eclipse 放疗计划系统及 ARIA 肿瘤信息管理系统（图 6-11）。

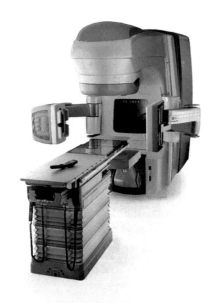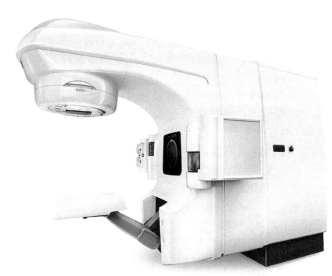

图 6-10　Trilogy 直线加速器的图像引导四维　　　图 6-11　Trilogy 直线加速器实时影像验证系统
　　　　　　放疗系统

（5）Trilogy 直线加速器"两管一枪"的核心组件为其长期稳定运行提供了坚实的硬件基础。

1）驻波直线加速管。

2）高稳定性速调管：其高功率，高稳定性输出能力，可确保加速器在高负荷工作状态下仍能完成治疗工作，保证 1000MU/min 高强度输出模式稳定可靠。

3）数控栅极电子枪：6ms 快速束流控制能力，确保在门控治疗实现对运动靶区的快速治疗，并对 RapidaArc 治疗时剂量率快速变化的需求提供了保障。

Trilogy 直线加速器在系统运行稳定性、整体治疗精准度及 VMAT 速度上均较当时其他设备有优势，部分放疗机构配备了多台 Triology 直线加速器用于肿瘤放疗。

# 二、Trilogy 直线加速器基本结构和重要参数

Trilogy 直线加速器是图像引导立体定向放疗平台，包括 3D-CRT 和静态/动态 IMRT 及 RapidArc VMAT，与图像引导放疗、呼吸门控治疗有机结合，可实现更加快速准确的治疗。

Trilogy 直线加速器主要配置和组成见表 6-1。

**表 6-1　Trilogy 直线加速器主要配置和组成**

| 设备组成 | 简要说明 | 设备组成 | 简要说明 |
|---|---|---|---|
| Trilogy | 数字化高能直线加速器主机 | SRS Mode | 立体定向放疗 |
| MLC-120 | 120 叶电动 MLC | OBI | 机载影响系统 |
| Step-and-Shot | 静态 IMRT 系统 | PV 1000 | 实时影像验证系统 |
| Sliding Window | 动态 IMRT 系统 | | |

## （一）图像引导立体定向放射治疗平台

Trilogy 为首台在国家药监局注册证中明确描述可用于 SRT/SRS 模式的直线加速器。其 5mm 等中心精度的 120 叶 MLC，集成锥筒准直器验证与联锁（ICVI）及机械等中心精度

≤0.5mm 等标准配置，保证了 SRT/SRS 模式的高精度要求，是实施立体定向放射外科技术的核心指标（图 6-12）。

Trilogy 直线加速器实现了对以核心部件电子枪为代表的加速器的全面数字化控制。通过独有的三极电子枪栅极数字控制技术，实现了输出剂量 50ms 的实时响应。保证即使在 6MV SRS 模式（1000MU/min）下，束流误差控制在 0.3MU 以内，最大程度保证了临床实际投照与计划的一致性。

Trilogy 直线加速器可提供三档 X 射线能量，分别为 6MV、10/15MV 及 6MV SRS 模式。其特有的高剂量率模式，剂量率高达 1000MU/min，可全面支持科室开展头部/体部放射外科治疗新技术（SRS/SRT），可在几分钟内完成大剂量（5~25Gy）精准照射。治疗时间缩短，很好地解决了其他放疗设备在长时间照射过程中因器官移动带来的剂量不确定性的问题。

Trilogy 直线加速器是提供静态 IMRT、动态 IMRT、RapidArc VMAT 等先进的肿瘤放疗技术。基于 Eclipse 计划系统的优化设计，提高放疗精准性的同时，可实现在 2min 内完成 IMRT 照射。缩短治疗时间，保证了患者治疗舒适度，并成倍地提高单台机器每天可治疗患者的数量，有效地解决了科室大量患者需排队治疗的难题。

图 6-12　Trilogy 直线加速器使用 MLC 治疗患者示意图

Trilogy 直线加速器配备精细的 120 叶 MLC，其叶片在等中心处最小投影宽度为 5mm，可以治疗小至 2cm 的小肿瘤，可实现对头颈部、前列腺等体部肿瘤进行精细剂量雕刻照射。最大照射野为 40cm×40cm，可以实现对整个盆腔淋巴结或胸部淋巴结的大范围调强治疗。其独有的 MLC 高精度动态控制系统，具备动态"滑窗"功能，到位精度 1mm，可重复性 0.5mm，保证临床投照过程中设计靶区到实际靶区的误差最小。配合动态剂量率控制可实现当时最快速精准的动态 IMRT 和 VMAT（图 6-13）。

## （二）机载质控系统 Portal Dosimetry

机载质控系统 Portal Dosimetry 进行剂量验证的方法与 Clinac EX 直线加速器一样。

## （三）呼吸门控系统（RPM）

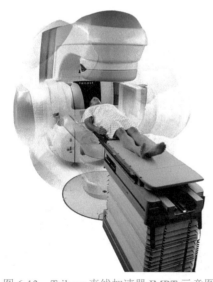

图 6-13　Trilogy 直线加速器 IMRT 示意图

呼吸门控动态治疗技术通过对患者呼吸运动的实时监测，根据呼吸运动的特定时相和空间位置来自动触发直线加速器的栅控电子枪进行动态照射，实现对肺癌等运动靶区的精准定点照射。超高的靶区适形度，可最大限度地减少照射野范围，更好地保护正常组织。呼吸门控 RapidArc 可通过追踪呼吸门控动态治疗技术及患者体表或体内的标记物，实施高剂量率快速容积旋转调强治疗，是当时支持 4D 治疗的实时动态治疗技术的主流设备（图 6-14）。

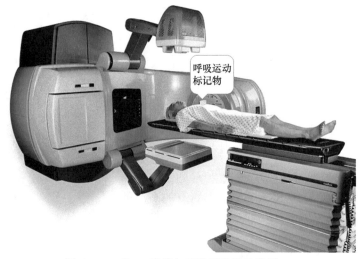

图 6-14　Trilogy 直线加速器呼吸运动监测

# 三、配合旋转调强放射治疗的治疗计划系统

Eclipse 放射治疗计划分配的设计和研发与瓦里安加速器的技术同步发展，能够支持 sliding window 动态 IMRT 和 RapidArc VMAT 等技术。

Eclipse 放射治疗计划系统采用 Windows 操作系统，界面友好，支持三维适形、静态/动态 IMRT、RapidArc VMAT、SRS/SRT 立体定向放射治疗、近距离放射治疗、质子放射治疗计划等，并具有自动计划相关功能。

## （一）放疗医生工具

**1. 影像重建配准**　Eclipse 可实现高解析度 DRR 的重建，可完成多模式影像的融合配准，包括 CT-CT、CT-CBCT、CT-MR、PET-CT 等，支持全自动或手动配准（图 6-15）。

**2. 轮廓勾画**　Eclipse 具有智能轮廓（SmartSegmentation）勾画模块。该模块中配备了基于经验知识的专家轮廓勾画数据库，包含上千个来自全球大型肿瘤中心的真实病例轮廓结构。放疗医生可以按照癌症病种及 TNM 分期，快速选取参考病例并进行靶区及 OAR 的一键勾画。同时用户可以将自己勾画的轮廓导入专家数据中，从而实现科室内勾画的一致性，并创建统一的临床治疗规范，提高放疗的安全性（图 6-16）。

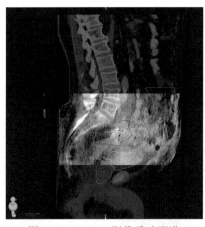

图 6-15　Eclipse 影像重建配准

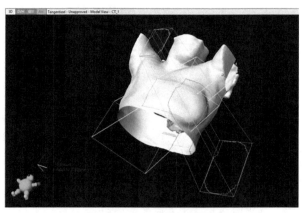

图 6-16　Eclipse 轮廓勾画

## （二）医学物理师工具

**1. 临床优化模板**　Eclipse 具备 Clinical Protocol 临床治疗规程，可以按照放疗医生和医学物理师的要求，根据不同的癌症病种，定制各自的优化条件，包括照射野数量、照射野方向、照射野权重、OAR 剂量、靶区剂量等。医学物理师在优化前可将优化参数一键导入，节省计划设计时间。

**2. 优化计算模块**　Eclipse 采用新一代 PRO Ⅲ优化算法，采用自动寻优的方式，快速得到优化通量图，然后结合各向异性高精度算法（AAA）和中间剂量计算方式，快速得到高质量的计划（图 6-17）。

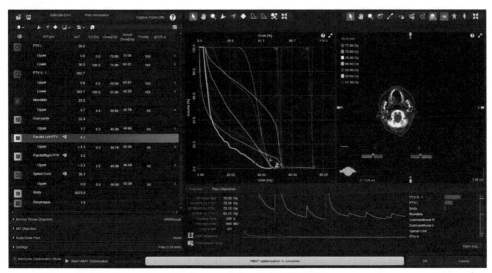

图 6-17　Eclipse 优化计算模块

## （三）其他模块

Eclipse 在线交互式 RapidArc 优化，在优化计算的过程中，可以实时对目标参数进行修改，使优化结果更趋近于医学物理师的实际需求（图 6-18）。对 RapidArc 逆向优化算法作了改进，从 5 步优化改为基于通量的 4 步优化，提高了优化速度及质量。

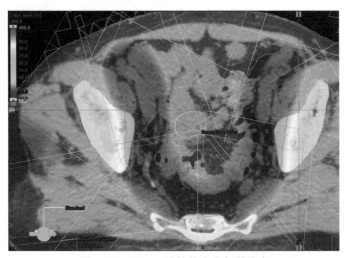

图 6-18　Eclipse 计算的患者剂量分布

形变配准算法 Smart Adapt 可以实现 CT、CBCT、MR、PET 的自动图像融合及形变配准，是自适应放疗的核心功能。

AcurosXB 高级算法具有蒙特卡洛算法相近的计算精度，同时在优化速度上较 AAA 算法有明显的提升。

4D 功能可根据四维影像序列，分析肿瘤运动范围、生成 MIP、支持四维影像电影模式、配合呼吸门控系统进行四维治疗。

# 第四节　无均整器放疗直线加速器

在传统的医用电子直线加速器中，均整器（flattening filter，FF）是一重要的组成部分。X 射线经过均整器后将原本不均匀的剂量分布修正成均匀的剂量分布，以满足常规放疗和三维适形放疗的需求。调强放射治疗中，优化产生的注量分布一般是不均匀的，通过 MLC 的运动可获得治疗所需要的注量。实际上，在这个过程中，MLC 把加速器输出的注量分布从均匀分布调制为不均匀分布。当然，MLC 也可以把加速器输出的注量从固有的不均匀分布调制为调强所需的均匀分布。

调强放疗的射束是不均匀的，为了让加速器产生固有的不均匀分布发挥最直接的作用，可以将均整器去除，形成无均整器（flattening filter free，FFF）射束。FFF 射束在临床放疗中得到越来越多的应用，与传统 FF 射束相比，FFF 射束降低了机头散射、照射野外的剂量和 MLC 之间的漏射，特别是 FFF 射束的剂量率得到显著提高，最高可达 2400MU/min，缩减了射束的投照时间，降低了患者在治疗过程中靶区运动对剂量传输剂量率的影响。

2010 年适用于放疗和放射外科手术的 TrueBeam 直线加速器系统上市。TrueBeam 直线加速器系统实现了 FFF 射束，旨在以全新速度和准确性治疗运动型肿瘤，并融合了可动态同步影像、患者定位、运动管理和治疗投照等技术创新。

# 一、设计原理和系统概述

TrueBeam 直线加速器（图 6-19）系统是一个新型加速器平台。

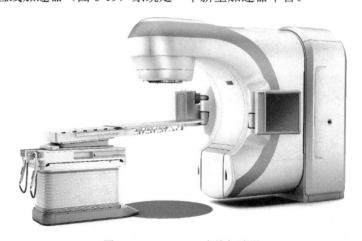

图 6-19　TrueBeam 直线加速器

TrueBeam 直线加速器系统拥有的放疗技术：颅内立体定向放射外科治疗、"一键式"非共面立体定向放射外科治疗、立体定向放疗、快速容积旋转调强放疗、门控快速容积旋转调强放疗、图像引导放疗及调强放疗等各类技术手段。

从病种上看，TrueBeam 直线加速器系统可适用于所有肿瘤放疗。

# 二、基本结构

## （一）超高速系统控制中枢

TrueBeam 直线加速器具有同步控制系统，控制响应时间小于 10ms，这意味着 TrueBeam 直线加速器对系统每秒进行 100 次节点检查、控制和同步预测（图 6-20）。这项技术为实现肿瘤追踪和实时图像引导奠定了基石。该系统可以动态引导、同步控制和监督所有集成化的功能组件（包括束流生成、机架、准直器、治疗床和影像系统），实现无缝系统操作。TrueBeam 直线加速器的同步控制系统对参与治疗实施的每个元素（包括剂量、运动和成像）进行精密协调和指挥，使其可以执行快速高效的 IGRT，其中包括门控快速容积旋转调强放疗。

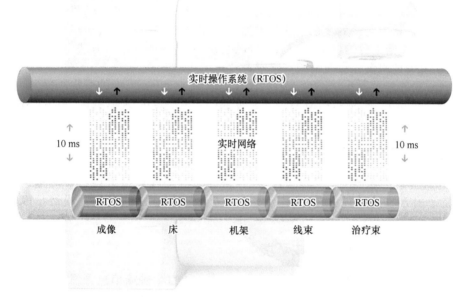

图 6-20　TrueBeam 直线加速器控制系统数据流
RTOS：实时操控系统

## （二）图像引导肿瘤靶区

TrueBeam 直线加速器系统集成多种靶区定位装置，采用机器人控制 kV 级靶区追踪成像，以及结合 3D/4D-CBCT 技术、呼吸门控技术及大尺寸高速动态 EPID 2.5MV 低能成像技术，可追踪靶区位置，并通过六自由度治疗床，沿横向、纵向和垂直三轴平移和旋转修正，精准地将靶区摆到治疗计划所指定的位置。

## （三）高剂量梯度

TrueBeam 直线加速器系统的 X 射线多达（包括 2 档高强度 FFF 射束），同时提供多种能量的电子线，可内置叶片宽度为 2.5mm 或 5mm 的 MLC（图 6-21）。TrueBeam 直线加速器的放

图 6-21　TrueBeam 直线加速器 MLC

射外科治疗包提供的锥形筒准直器可针对小病灶实施放射外科治疗，通过精准引导追踪系统、六自由度治疗床和同步控制系统的同步指挥。TrueBeam 直线加速器可以对靶区实施精准剂量雕刻，实现陡峭的剂量跌落。

### （四）高剂量率射线投照

TrueBeam 直线加速器系统采用 FFF 射束，剂量率高达 2400MU/min，是其他常规设备剂量率的数倍，结合快速容积旋转调强放疗技术，可进行高强度治疗，能够实现肿瘤消融式放疗。

### （五）高效自动化质量保证（QA）

TrueBeam 直线加速器系统内置了机器性检查（machine performance check，MPC）自动质控系统，该系统利用 TrueBeam 直线加速器系统先进的智能和自动化优势进行综合自检，可迅速、可靠地完成每日检测，为复杂治疗技术提供更高的质量保证。在机载验证系统的支持下，TrueBeam 直线加速器平台的机器 QA 工作可以在 5min 内完成（常规方法需要花费数小时）。快速 QA 可使复杂技术更容易在临床实践中普及。

TrueBeam 直线加速器系统结合放射治疗计划软件（Eclipse）中的模块，提供快速、高分辨率的治疗前调强放疗（IMRT/VMAT）质量保证，该模块也可完成治疗中患者出射剂量一致性监测。

### （六）肿瘤位置精准制导

TrueBeam 直线加速器系统配备的门控容积旋转调强放疗技术可解决肿瘤运动带来的问题，该技术将容积旋转调强的应用范围扩展至运动肿瘤，通过触发成像技术监测肿瘤位置。

### （七）硬件及软件一体化集成环境

TrueBeam 直线加速器平台与放疗计划设计软件、ARIA 肿瘤信息管理系统无缝整合，并配备了统一的数据库管理体系。统一的数据库管理体系避免了数据的多次录入、多次传输、信息不同步带来的安全风险和工作负担，降低了安全隐患，优化了临床流程，提升了工作效率。ARIA 肿瘤信息管理系统连接从 4D-CT 模拟定位到射束投照的全过程，使得放射外科团队能够高效安全地实施放疗外科手术。

### （八）基于物联网的前瞻式远程服务

TrueBeam 直线加速器系统的设计具有操作简单化、流程自动化的特点，嵌入多重安全联锁，并支持进行精准度检查。TrueBeam 直线加速器系统的设计还支持前瞻式远程服务，这种按需远程服务支持功能允许仪器公司服务代表或热线服务台代表提供即时、实时桌面共享，以协助诊断技术问题。

TrueBeam 直线加速器系统放疗精准运营保障中心运用物联网的新技术，实现用户设备（机）与远程运营数据链（数据）中心，以及资深工程师、临床专家（人）的紧密结合可实现前瞻性设备自动预警、在线故障排除、故障远程诊断与分析、保修问题全程跟踪并提供解决方案、国内专家支持及全球技术联动，可达到人—机—数据多维服务。基于物联网的前瞻式设备安全和可靠性保障，TrueBeam 直线加速器能够助力实现放疗中心大数据运营、服务效益的最大化（图 6-22）。

TrueBeam 直线加速器的前瞻预警服务有助于保障系统的开机率，提高临床放疗医生的工作效率和患者的满意度。

以 TrueBeam 直线加速器为代表的无均整器放疗直线加速器在国内外临床上应用已超过十年的时间，应用的病种范围也较为广泛，有较多的文献报道了其临床应用的实际效果。临床医生主要关注其在不同病种、不同部位上的治疗效果。另外，由于患者数量的不断增加，临床医生对该仪器治疗效率的关注度也在不断提升，尤其在身体不同部位肿瘤的 SRT 的应用中，因其精度高、速度快，发挥了非常重要的作用。

图 6-22　TrueBeam 直线加速器系统放疗精准运营保障中心

# 第五节　立体定向放射治疗专用直线加速器

立体定向放射外科最先应用 γ 刀治疗颅内病变，包括小的良/恶性肿瘤和功能性神经系统疾病，如三叉神经痛，它是瑞典神经外科放疗医生拉尔斯·莱克塞尔（Lars Leksell）发明的，由呈半球形排列的 201 个 $^{60}$Co 源产生的 γ 射线聚焦肿瘤，其目的是在不进行开颅手术的情况下，实现高剂量一次照射，消除颅内病变。

1967 年，在瑞典斯德哥尔摩索菲亚赫美（Sophiahemmet）医院完成首例颅咽管瘤患者 γ 刀立体定向放射外科治疗。γ 刀需要在头部固定金属框架，利用金属框架三维坐标定位无法直接看到颅内肿瘤。将立体定向与放射治疗相结合且达到手术切除病灶的效果的治疗模式称 SRS/SRT，从根本上改变了脑部疾病的治疗模式。

1985 年美国斯坦福大学医院神经外科放疗医生约翰·阿德勒（John Adler）师从拉尔斯·莱克塞尔（Lars Leksell）教授学习 γ 刀技术，发现了 γ 刀在治疗脑转移瘤方面的不足：治疗病灶局限于小肿瘤，而对于较大的恶性肿瘤，分次照射更符合放射治疗杀死肿瘤的生物学特点。因此，John Adler 教授设想了不使用金属头架固定，利用 X 射线图像引导技术定位肿瘤，于 1992 年研制出图像引导的颅内肿瘤放射外科设备射波刀，2001 年将其扩展到体部肿瘤放射外科治疗。射波刀的机器人手臂能够满足上百个入射方向，给予靶区大剂量照射。但机器人手臂在几千个节点间运动，导致治疗时间延长，可能导致部分老年患者或体质较差患者不能坚持完成治疗。

21 世纪初，随着直线加速器图像引导、电磁信号追踪、运动管理技术等发展，TrueBeam 和 EDGE 等型号的直线加速器在立体定向放射外科治疗中开始成熟，并广泛应用于全身肿瘤治疗，它们在治疗前和治疗中进行图像引导，精准定位肿瘤或邻近组织，保证了放疗精度，根据肿瘤的位置灵活设计共面或非共面治疗计划，从多个射束方向给予肿瘤放射性毁损剂量的同时，很好地保护了正常组织，并且提高治疗效率，将放疗时间缩短到 5～10min。

临床前研究已证实放射治疗特别是立体定向放射外科治疗除了消灭局部肿瘤，也有系统抗肿瘤效果。凋亡坏死的肿瘤细胞通过释放肿瘤抗原，激活全身免疫反应，消灭照射区域外的癌症细胞。现在，全球已有几百个有关放疗/立体定向放射外科治疗的靶向药物、免疫药物等大型临床研究。研究目标是给予癌症患者治疗的希望，特别是已发生复发转移，以及被临床宣判为癌症晚期的患者。通过积极的抗肿瘤治疗，让晚期癌症患者仍能长期高质量带瘤生存。

# 一、设计原理和系统概述

基于直线加速器的立体定向放射外科治疗经历了数次技术的迭代，起初是加速器结合锥形筒准直器开展立体定向放射外科治疗的 X 刀时代。之后，逐渐采用更加高分辨率的 MLC 取代繁重的锥形筒准直器，如经典的 Novalis Classic 系统，该系统融合了经典的 600C 系列加速器搭载 Brainlab MLC 实现立体定向放射外科治疗。近十年来推出的 Novalis Tx 系统整合了快速容积旋转调强放射治疗技术、机器人摆位影像系统等技术，打造了一款适应证广泛、高分辨率射束调制系统，能够保证亚毫米级的治疗精度。随后直线加速器突破限制，将所有立体定向外科相关设备的剂量率提高至 2400MU/min，并集成光学表面追踪技术、电磁导航技术等新型运动管理解决方案。TrueBeam/Edge 系统将放射外科技术全面带入临床，造福广大肿瘤患者，能够为患者提供舒适且高效的放疗。

类似于 TrueBeam 直线加速器的还有 Varian Edge 直线加速器（图 6-23）。

图 6-23　Varian Edge 直线加速器

# 二、基 本 结 构

在未来十年，全球放疗领域对颅内肿瘤 SRS 需求增长 108%，对体部 SRT 需求增长 255%。肿瘤运动管理、集成影像和高剂量率射线照射等技术是实施先进的立体定向放射外科治疗所必备的工具。立体定向放射外科治疗要求具备高等中心精度、高分辨率 MLC、高剂量梯度、高剂量率及高速投照技术（5H 理论）。Edge 系统融合了这些技术，并具备 5H 理论，能通过精准聚焦和精确制导，实现立体定向外科治疗（图 6-24、图 6-25）。

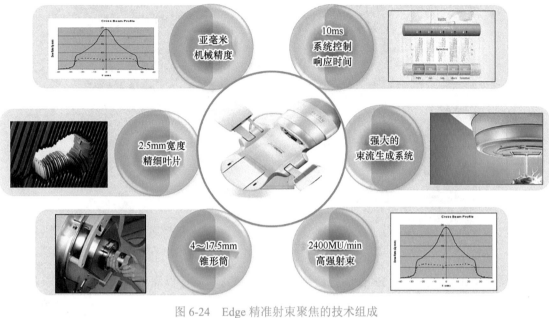

图 6-24　Edge 精准射束聚焦的技术组成

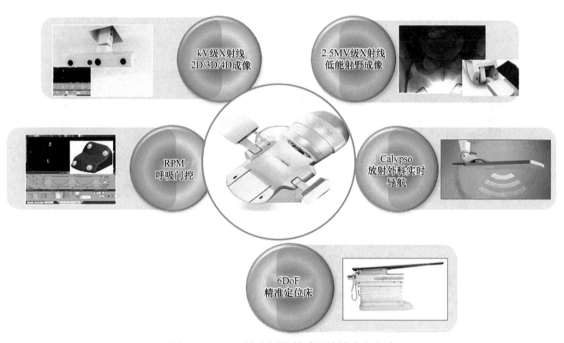

图 6-25　Edge 精确制导所采用的技术和方法

# 三、精确制导所采用的技术和方法

## （一）OBI kV 级 CBCT 图像引导系统

Edge 直线加速器的机载成像系统是一个高分辨率、低剂量图像引导系统。它让图像引导放疗更加高效和简便。OBI 系统可使临床放疗医生获取高质量的在线图像，医生可基于此调整患者的治疗位置（图 6-26）。

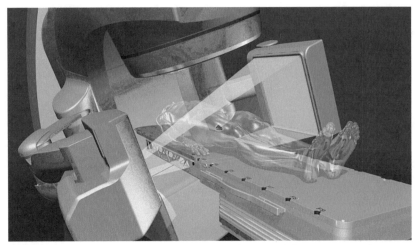

图 6-26　Edge 直线加速器 OBI 系统

除常规 CBCT 模式外，Edge 系统还可提供多种高级模式，以满足临床的特定需求。

**1. 迭代锥形线束 CT（iterative cone beam CT，iCBCT）高级成像技术**　是一项新的图像重建新技术，改进了传统的 CBCT 图像质量。使用该成像技术可以使软组织显示更好，图像质量可媲美诊断级 CT 图像，从而提高临床放疗医生管理患者和靶区定位精准度的信心（图 6-27）。

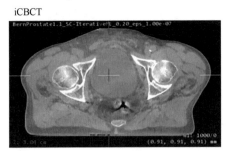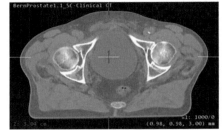

图 6-27　iCBCT 图像质量与计划（定位）CT 对比

iCBCT 的高清图像质量得益于关键技术的进步。该关键技术是采用统计重建算法优化重建体积和投影的一致性，对高保真区赋予更高的权重，从而在投影图像上提取更多信息。整合保持边界低噪声的算法，并通过图形处理器（GPU）进行加速。

瓦里安公司基于 Acuros 剂量计算技术的计算机断层算法（Acuros CTS），适配于计算机断层扫描，在 GPU 技术的驱动下，计算时间缩短到数秒，精度水平与蒙特卡洛方法相似。

Edge 系统可以通过简单的工作流程调用这项功能。在首次选择该功能后，将一直用于后续的治疗。重建参数亦可在模式编辑器中进行管理，非常方便。

**2. 门控 CBCT（gated CBCT）**　与传统 CBCT 相比，门控 CBCT（即所谓的 4D-CBCT）具有更好的图像质量。基于呼吸门控系统的信号，Edge kV 级成像系统可以根据患者呼吸时相的变化控制采集程序，在患者超过呼吸门控阈值后，停止采集。门控 CBCT 可显著减少呼吸运动引起的图像伪影（图 6-28）。

**3. 短弧（short arc）CBCT**　将采用更短的旋转角度以加快引导效率、减少剂量。短弧默认采用 140° 的扫描弧长，因此患者可以在一个屏气时间内完成扫描，有助于降低呼吸运动造成的伪影。

传统 CBCT           门控 CBCT

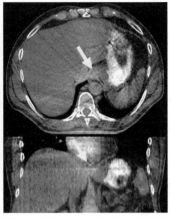

图 6-28 与传统 CBCT 相比，对于运动幅度大的部位，门控 CBCT 可显著减少呼吸运动引起的伪影

**4. 扩展长度 CBCT（extended length CBCT）** Edge 系统的 kV 级成像模块支持连续扫描多个 CBCT，并在线合成更长范围乃至全身的 CBCT 图像。

**5. 低剂量成像模式** 使用更低的 CBCT 剂量（约 0.2cGy）获得高质量的 3D 图像。

**6. 触发式 kV 成像（triggered kV imaging）** 基于 Edge 系统的 Maestro 主控系统，可以采用触发式成像（triggered imaging）在患者治疗过程中实时地进行 kV 级成像，并能够无缝整合加速器射束控制系统，进行开启和停止治疗。触发式成像为临床提供更多的临床灵活度，可以设置射束在以下任一条件下进行成像：照射 MU、机架旋转角度和治疗时间。

**7. 在线 4D-CBCT** 生成的呼吸门控 10 个时相 CBCT 容积图像、用最大密度投影、平均密度、个别相位等方式生成配比 CBCT 容积图像与参考 CBCT 容积图像配准，可在线或以回放的形式实现可视化和解剖部位运动程度的评估，确保靶区运动与放疗计划一致。

**8. 可视化呼吸训练装置** 引导和训练患者呼吸。通过向患者显示患者的呼吸模式来稳定患者的呼吸，引导患者屏息以确保治疗过程的呼吸模式可重复。

## （二）2.5MV 低能成像剂量挡

通过 2.5MV 低能低剂量的成像，EPID 可以得到更好的图像质量，更好地保护患者正常的组织（图 6-29）。

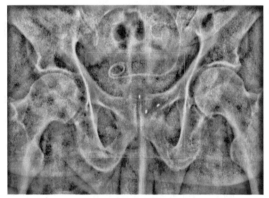

图 6-29 Edge 直线加速器 EPID 图像

## （三）呼吸门控系统

呼吸门控系统（RPM）用于模拟和追踪患者的呼吸模式，并借此追踪体内器官和肿瘤靶区的运动。在治疗过程中，根据患者呼吸的变化，在呼吸相位到达某一阶段即可开启/停止出束（图 6-30）。

例如，在 Edge 系统治疗肺部 SRT 患者时，可在患者体表放置点标记块用于监测患者位置变化和呼吸状态，在计划设计时设定射束的门控时间段，就能够在治疗出束中精准追踪肺部肿瘤的位置，使得肿瘤获得最大剂量的同时，正常肺组织获得的剂量最小。呼吸门控系统的优势在于实时性，并且可以做到无创追踪。

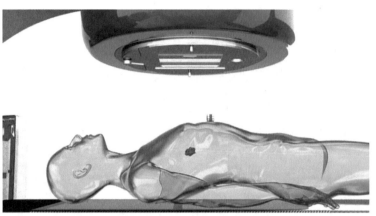

图 6-30 呼吸门控系统

# 四、HyperArc "一键式"非共面立体定向放射外科治疗技术

Edge 系统搭载了自动化技术 HyperArc，该技术被称为"一键式"非共面立体定向放射外科治疗技术，也称为高解析度放射外科（high definition radiosurgery，HDRT），是结合 Edge 系统放射外科能力，整合自动优化算法、加速硬件和机器人技术打造的自动化智能方案，以高效的自动化流程完成颅内肿瘤的放射外科治疗（图 6-31）。

## （一）自动治疗计划优化

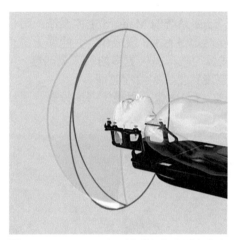

图 6-31　HyperArc "一键式"非共面立体定向放射外科治疗示意图

手动完成放射外科的计划设计存在诸多挑战。对医学物理师/剂量师的要求更高。医学物理师/剂量师通常需要考虑多个非共面野与多个脑转移靶区之间的空间关系，使得计划设计复杂、设计时间长。

自"4π"概念提出后，国内外学者一直致力将该技术应用于临床治疗。4π 技术就是在球面空间寻找到合适的射束入射轨迹。这一设想在 HyperArc 上得以实现。HyperArc 的自动布野和轨迹优化即是在 4π 空间不同非共面治疗床角度上寻找最佳的机架入射角度，从而保证最大程度照射尽可能多的靶区，而减少路径中的 OAR 受照射剂量。

同时 HyperArc 可以对准直器角度进行自动优化，进一步提升计划的质量和效率。由于 HyperArc 可以在一个等中心治疗多达数十个靶区，因此通过准直器角度的自动优化，可以最大限度地发挥 MLC 的调制能力。来自日本肿瘤中心的研究对比了准直器优化在 HyperArc 中的效果。通过 26 个病例的回顾性分析，对比经过准直器优化和未经优化的计划，并对比适形性指数（CI）、均质性指数（HI）、梯度指数（GI）及 OAR 的剂量值，同时计算调制的复杂度（MSCV）和 MU 数，最后基于 EPID 对剂量进行测量和对比。结果发现 HI、GI 及 CI 这些参数无差别，而对于多发转移瘤，基于准直器角度优化的 HyperArc 计划有更低的正常脑组织剂量（$V_4$、$V_{12}$、$V_{14}$、$V_{16}$），通过准直器优化，MLC 叶片序列更加简单，因此 MU 数更低、照射时间更短，经过 EPID 的剂量实测，可以得到一致的结果。

HyperArc 为颅内脑多发转移瘤的优化提供 SRS NTO 工具，以最大限度地保护正常脑组织，减少治疗对患者认知的影响（图 6-32）。

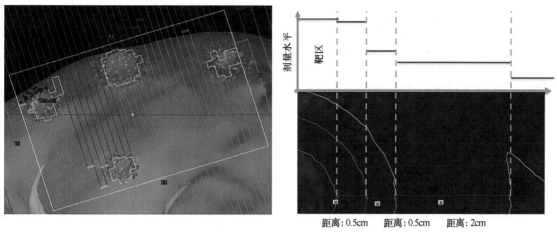

距离：0.5cm　　距离：0.5cm　　距离：2cm

图 6-32　自动准直器角度优化（左）和正常脑组织剂量目标 SRS NTO（右）使得剂量快速跌落

## （二）机器人自动实施照射

基于 Edge 系统内嵌的主控系统和机器人技术，HyperArc 能够将治疗完全自动化，让效率和安全性能得到大幅提升。

HyperArc 通过设置患者保护区和虚拟预运行保证治疗安全。具体而言，患者保护区通过定位影像生成患者轮廓区域和固定装置的虚拟 3D 图像，在计划设计时保证设备、治疗床和患者之间不会发生碰撞。HyperArc 提供虚拟运行模式，可以在计划设计完毕后，虚拟预运行整个设计方案，包括每个照射野、不同治疗床角度和图像引导序列等，通过模拟实际治疗环境的端对端验证，再次保证治疗安全。

机器性能检测（machine performance check，MPC）使得 HyperArc 可以基于模体和自动化流程完成机械到位精度、图像系统几何精度、等中心和照射野一致性等众多项目。治疗师或医学物理师仅需将 MPC 模体安装完毕，即可启动性能检查程序，一般来说仅需 5min。这些数据被统一存储在数据库中，便于统计和趋势分析（图 6-33）。

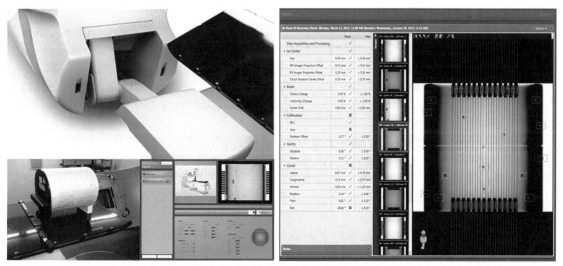

图 6-33　机器性能检测可以全自动完成多种质量控制项目，可基于数据进行趋势分析

HyperArc 治疗实施可以实现"一键式"治疗——自动化执行所有治疗野和图像引导序列。治疗师无须进入治疗室内，这无疑会节省大量治疗时间（一个典型的治疗时间约 15 分钟，

与之相比，射波刀或 γ 刀需要 40 分钟以上），而前述的机器性能检查确保了切换非共面野的过程中的治疗安全。HperArc 技术能够一定程度上缓解我国医学物理师资源较为匮乏的现状，即使缺乏丰富经验的物理师，也能够为多发脑转移瘤自动设计，并优化出高质量的治疗计划。

　　Edge 系统的临床应用覆盖全身所有肿瘤的常规分割、大分割、立体定向放射外科治疗，对颅内原发和转移瘤、肺癌、肝癌、胰腺癌、前列腺癌、椎体转移瘤等立体定向放射外科和乳腺癌大分割放疗等临床治疗优势明显，实现上述肿瘤治疗的精准有效放疗。

# 五、Edge 系统的开发者模式

　　Edge 系统提供的科研开发模式允许在非临床环境下开展各种科学试验。该扩展功能旨在为临床放疗医生和医学物理师提供高效率且有效的手段，使其可以在科研模式下利用新治疗技术和成像技术开展创新研究，允许其对机械和剂量系统进行高级别操作，从而让 Edge 系统的动态束流、成像和门控功能在科研需要中发挥最大的作用。

# 第六节　高速图像引导放射治疗直线加速器

　　尽量减少位置误差是保证高质量放疗的关键。图像引导放疗（IGRT）主要是利用影像设备采集肿瘤或邻近组织结构图像，与计划 CT 图像配准，从而纠正激光灯摆位误差，降低临床实践中（如制作的体膜、体垫重复性较差、患者体重下降或肥胖等）各种不确定因素带来的放疗误差，实现精准放疗。

　　因此，一些国际知名癌症中心开展了有关图像引导放疗临床价值的研究。MD 安德森（MD Anderson）癌症中心回顾性分析了 24 例头颈肿瘤调强放疗患者的 MVCT 图像引导放疗过程，该研究针对不同的图像引导频率：从一次都不用到隔日图像引导（0~50%），统计患者摆位误差大小。结果显示对于临床上常用的 3mm 误差外放[临床靶区-计划靶区（CTV-PTV）]，即使隔日一次图像引导放疗，仍有 9%患者放疗过程中靶区超出此误差允许范围。所以该研究作者指出每日 IGRT 能够更好保护正常组织，特别是对邻近靶区的功能器官的保护。

　　每日 IGRT 不仅能更好保护靶区邻近的正常组织，也有研究显示其能够提高肿瘤局部控制率，延长患者生存时间。

　　由于有些医疗机构放疗设备使用时间较长，有些早期的放疗设备并不具备图像引导放疗的功能，其中的部分医院也在寻求将放疗设备改造加装图像引导设备的方法。很多医院的 C 形臂直线加速器上虽然有影像系统，但是真正实现 100% IGRT 仍面临一些挑战：

　　（1）图像引导过程需要的时间较长。C 形臂直线加速器完成一次 CBCT 图像引导摆位大约需要 4 分钟，对于高负荷运行的放疗科来说，无法实现每个患者 100% IGRT，因此只在首次放疗时或者每周一次 IGRT。

　　（2）图像引导系统的成像质量不尽如人意。早期的 IGRT 技术和设备的成像性能不足，或者成像系统维护不完善，导致成像的对比度、分辨率、可靠性等不能满足精准放疗的要求，再加上 IGRT 需要消耗较多时间，最终导致 IGRT 使用率进一步降低。

　　（3）基层医院放疗技师水平参差不齐，有些技师缺少医学和影像方面的教育培训，识别和判读 IGRT 影像存在困难，这也影响 IGRT 的推广。

　　（4）有些放疗医生担心正常组织的 X 射线辐射量无法评估，因此减少了 IGRT 的使用频次。

# 一、系统概述和设计原理

　　Halcyon 精确图像引导放疗系统是新一代智慧放疗平台（图 6-34），并于 2017 年在美国放射肿瘤学会年会（ASTRO）正式面世。

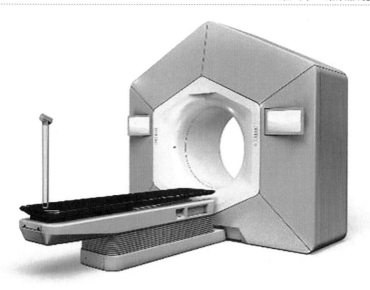

图 6-34　Halcyon 精确图像引导放疗系统

2018 年 12 月，Halcyon 获中国药品监督管理部门批准，正式面向我国用户，现已在我国大型放疗机构投入临床使用。

Halcyon 旨在将以图像引导技术为代表的精准放疗带入到每个治疗中心，确保每个患者能享受到精准放疗服务。Halcyon 简化并增强了图像引导的容积旋转调强放疗和调强放疗的每一个方面，该系统旨在扩大全球癌症高质量图像引导放疗的可及性，不增加治疗时间，实现 100% 图像引导快速精准放疗。Halcyon 的创新技术解决了上述 IGRT 临床应用中的诸多瓶颈问题。

（1）快速的图像采集、重建和配置过程：完成 kV 级 CBCT 成像仅需 17s，正交成像所需要的时间更短，极大减少了 IGRT 过程所需要的时间。

（2）成像质量得到大幅度的提升：MV 正交成像和 MV 级 CBCT 的成像质量对于患者摆位是足够的，iCBCT 技术的成像质量进一步提升至接近诊断 CT 的图像质量。

（3）自动图像配准比较功能能够给技师和放疗医生提供一个初始的配准参考，使得配准、比较的过程更加容易实现。

（4）Halcyon 能够将 MV 成像剂量优化到计划计算中，评估正常组织总照射剂量，由放疗医生来判断和选择 IGRT 的方式。

# 二、基本结构和重要参数

## （一）图像引导系统

1. 图像引导速度的提升　在临床实践中，在每一位患者治疗开始前，如果要将传统摆位改为以影像（解剖结构）为主的摆位技术，势必会延长治疗时间，因此图像引导技术普及的第一个瓶颈就是速度（图 6-35）。Halcyon 以环形机架设计、4 倍机架速度的旋转解决了这一问题。

通过提升速度，Halcyon 能够在不延长治疗时间的同时，将图像引导这一精准摆位技术应用于患者的每一次治疗。根据 2017 中国放疗设备的统计数据，目前我国图像引导放疗的应用比例仅为 24.3%，使用 Halcyon 则会普及图像引导精准摆位，有望将该比例跃升到 100%，预期将提高肿瘤控制率，减少正常组织的并发症（图 6-36）。

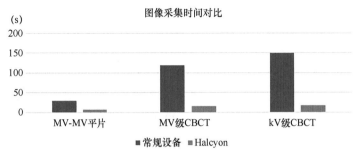

图 6-35　IGRT 中图像引导需要的时间

图 6-36　IGRT 应用比例

**2. iCBCT 高质量的 kV 级 CBCT 影像**　Halcyon 支持 iCBCT 成像，即迭代重建模式（图 6-37）。该技术采用独有的迭代优化算法（Acuros CTS）和加速硬件（即 GPU），可提供更佳的软组织显示分辨率，媲美定位 CT 的诊断级质量，从而提升对肿瘤靶区定位和 OAR 剂量优化及累加精度（图 6-38）。

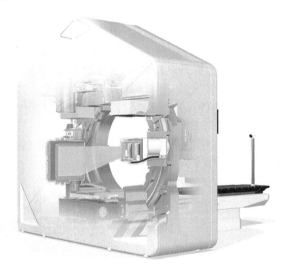

图 6-37　Halcyon 直线加速器 kV 影像系统

GPU 技术可将计算时间从数小时缩短到数秒，其精度水平媲美蒙特卡洛方法，这样可以在临床可接受的时间间隔内，减少因低射束穿透而导致的噪声和条状伪影，为放疗提供均匀性更佳的图像，如在盆腔部位，GPU 技术可以明显提升膀胱和前列腺区域的图像质量（图 6-39）。

**3. 图像引导放疗的多样化**　不仅如此，Halcyon 还可以提供多种模式，如 MV-MV 平片模式、MV 级 CBCT 模式、kV 级 CBCT 模式（图 6-40）。Halcyon 具有非常灵活的图像引导模式，临床放疗医生能够根据患者治疗部位选择最佳的模式。

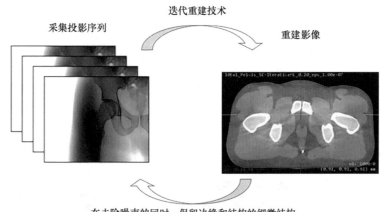

图 6-38 iCBCT 成像技术的迭代重建算法

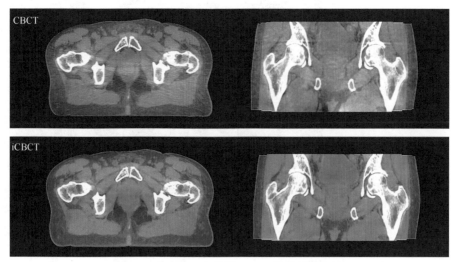

图 6-39 iCBCT 与常规 CBCT 图像质量比较

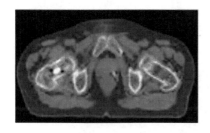

MV级CBCT

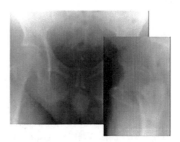

MV-MV平片

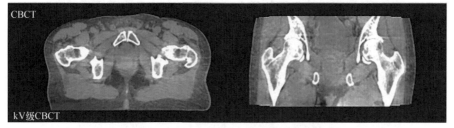

图 6-40 Halcyon 提供多种 IGRT 成像模式

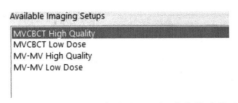

图 6-41　Halcyon 图像引导 MV 级成像模式的多
种剂量水平选择

**4. 成像剂量纳入整体计划方案**　Halcyon 第一次真正实现了"定量"地对图像引导引入的剂量进行准确的评估。与传统图像引导的方式不同，Halcyon 的图像引导把图像引导作为整个治疗的一部分，在计划设计阶段，医学物理师可将图像引导的 MV-MV、MV 级 CBCT 纳入计划优化与 DVH 评估中，从而整体上评估靶区和 OAR 的剂量-体积剂量值（图 6-41、图 6-42）。

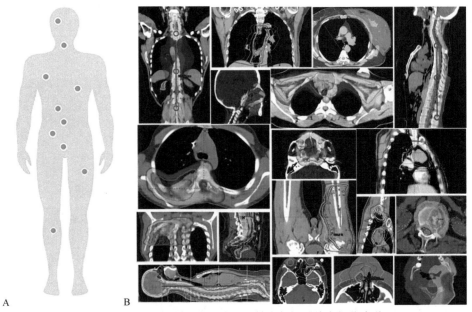

图 6-42　Halcyon 的精确图像引导技术能够覆盖大部分病种

## （二）辐射系统

**1. 第一代双层多叶光栅系统**　在保证精准摆位这一重要前提下，立足临床，第一代"双子星"双层多叶光栅系统（dual layer MLC）上市（图 6-43）。双层 MLC 的独特性如下：

图 6-43　Halcyon 双层 MLC

（1）叶片交错式设计：上层的 MLC 叶片能够遮挡下层 MLC 叶片之间的缝隙，使得平均叶片漏射率≤0.01%。

（2）独特的叶片"1 对 1"追踪：每个上层叶片都独立追踪下层叶片的位置，既遮挡了下层叶片之间的缝隙，也能够更好与肿瘤适形，提高适形度和计划质量（图 6-44）。

目前，以 IMRT、VMAT 为代表的调强放疗在我国占主导地位，这类技术的特点是高调制性，而高调制性造成的低剂量区域增加会提高正常组织并发症的风险。Halcyon 的新一代 MLC 通过极低的漏射率（0.01%，双层 MLC 叶片的高度超过 15cm）将治疗方案中对正常器官的损伤控制在极低限度，更有利于患者获得更高的生存质量。在叶片的运动过程中，传统的单层 MLC 叶片间存在间隙，MU 数量越高，则漏射的剂量越高。Halcyon 双层 MLC 的交错式设计，极大消除了射线的漏射，显著提高了治疗计划的质量（图 6-45）。

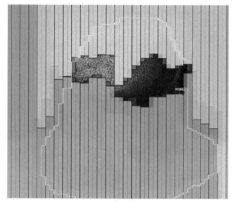
图 6-44 Halcyon 双层 MLC 形成的照射野形状

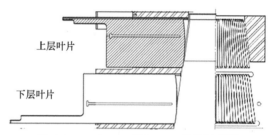
图 6-45 Halcyon 双层 MLC 结构示意图

因为 Halcyon 双层 MLC 能够实现叶片的"1 对 1"追踪，所以与常规"铅门追踪"技术相比，其射野边缘的剂量更低，靶区周边的剂量跌落更陡峭，在提高肿瘤剂量的同时，能够降低正常组织的损伤程度。

除此之外，Halcyon 双层 MLC 针对调强放疗进行了优化，独特的设计可以实现：100%叶片全野覆盖调强照射，100%叉指能力，有助于向复杂肿瘤投照精准剂量，针对不同射野或治疗弧设计不同的准直器旋转角度，提高治疗适形度；叶片层叠交错式的设计可实现单叶片追踪（有效叶片宽度达 5mm），并将平均叶片间漏射降至远低于标准 MLC 的水平（图 6-46）。

MLC 叶片的移动速度为 5cm/s，速率提升 31 倍，使得双层 MLC 具有卓越的调强能力，同时因其半影很小，较少依赖叶片位置或叶片端面的几何形状，边缘剂量跌落更迅速。双层 MLC 使 Halcyon 具备较强剂量调制能力，这是放疗质量提升的重要基石。

**2. 高速环形机架旋转** 出于对患者治疗安全的考虑，以往 C 形臂加速器受制于机架旋转速度，Halcyon 通过环形机架的重新设计，突破了这一速度的限制，因此 IMRT 治疗野、VMAT 治疗弧的到位和治疗速度得到了前所未有的提升。反过来说，这意味着在同样治疗时间内，Halcyon 可以实施更多治疗射野、更多治疗弧，这得益于机架速度带来的调制自由度的扩展，有助于提升计划质量。除了机架速度，准直器的旋转可达 2.5 圈/分（15°/s），叶片的运动速率提升 1 倍，可同步带来剂量学优势（图 6-47）。

**3. 首次将设备质量控制功能内置化** 质量控制的重要性不言而喻。作为保障治疗计划得到准确实施的关键，瓦里安公司将质量控制模块内置在加速器设备上，该模块全称为 MPC，能够在 5min 内全自动地完成日常的质量控制检查（图 6-48、图 6-49）。MPC 检查程序为 Halcyon 每日开机治疗前必备的步骤，确保设备的正常运转。

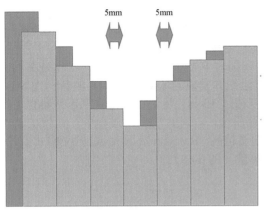

图 6-46　Halcyon 双层 MLC 的交错式设计

图 6-47　Halcyon 的高速环形机架旋转

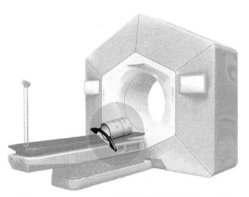

图 6-48　Halcyon 内置机器性能检查 MPC

图 6-49　Halcyon 机器性能检查 MPC 所使用的模体

　　MPC 可以检查机械性能及束流的稳定性,包括束流输出量一致性检查、束流离轴比一致性检查、束流中心偏移性检查。MPC 质控程序不仅可以通过自动化技术缩短时间,还能覆盖美国医学物理学家协会(AAPM)TG142 报告所要求的一般性日检、周检、月检和年检项目,并通过信息化技术,将测量数据自动编制成报告,供主管医学物理师进行回顾统计、趋势分析,便于科室的高效管理(图 6-50)。该质控设备可作为肿瘤中心质控体系的重要组成部分。

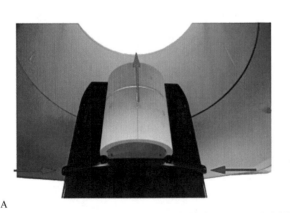

图 6-50　Halcyon 机器性能检查 MPC 测量本模拜访(A)及结果报告(B)

**4. 高效便捷的患者计划质量控制（plan QA）** 除了设备的性能检查，每一位患者的治疗计划也需要严格进行 QA。EPID 支持 Portal Dosimetry 质控技术，无须模体和摆位，就能快速地对患者计划进行 QA（图 6-51）。

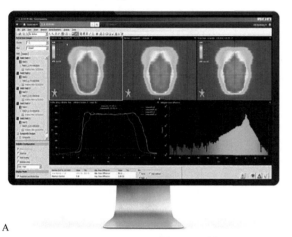
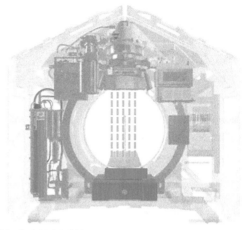

图 6-51 用 Portal Dosimetry 进行患者计划质控

Portal Dosimetry 是一种高效的端对端验证方法，它支持定义不同类型计划的分析模板，如定义 IMRT、SRT 等不同计划的通过标准（如 Gamma 2% 2mm），便于快速得到分析结果。Portal Dosimetry 在得到剂量分析结果后，可以直接将统计报告数据存储于 ARIA 肿瘤信息管理系统，方便放疗医生调取和回顾性分析。

# 三、临床应用综述

Halcyon 治疗系统在国内外已有众多用户发表文章，文章内容多聚焦在 Halcyon 物理和技术方面的特性以及临床应用等方面，包括 QA、参考剂量学、预配置射束模型、成像剂量、计划质量和治疗时间、对多病种的治疗能力等方面。本部分梳理并总结了代表性的文献，将其分为物理质控和临床应用两部分。

## （一）Halcyon 物理质控综述

### 1. 便捷设备调试

（1）Halcyon 预配置射束模型剂量计算：比利时鲁汶（Leuven）大学医院研究者在 Halcyon 上执行 AAPM MPPG 5.a 和 AAPM TG-119 规定的测试例，并且在非均匀模体上执行端到端（E2E）测试例，包括 VMAT（颅脑、直肠、脊柱和头颈）及 IMRT（肺），使用胶片和电离室测量剂量。同时进行美国影像与放射肿瘤学中心（IROC）休斯敦剂量学审计，包括射束校准，以及使用胸部体模（IMRT）和头颈体模（VMAT）的 E2E 测量。在进入实际临床治疗后，对 26 例不同部位的临床实际患者进行特定质量保证（PSQA）的比较（图 6-52）。

研究者得出结论：Halcyon 预配置数据的 TPS 完全符合 AAPM MPPG 5.a 和 AAPM TG-119 调试标准要求；非均匀模体上的 E2E 测量符合临床要求；IROC 休斯敦剂量学审计符合认证标准。

（2）Halcyon 调试经验：预配置数据与独立实测数据吻合。MD 安德森癌症中心和宾夕法尼亚大学（UPenn）的研究者联合研究了 Halcyon 预配置数据，选用合适的探测器进行了大量的束流测试、机械和影像系统测试、两个研究机构的独立测试，发现试验测量数据与 TPS 计算更符合。

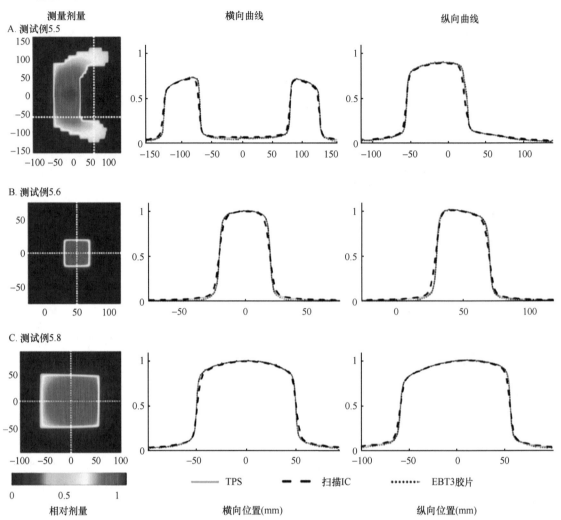

图 6-52  测试例中计算得到的剂量曲线和实测的剂量曲线之间的比较

　　这表明 Halcyon 系统与传统加速器在调试方面有较大的不同。数据验证、代替全数据调试过程，可能是 Halcyon 调试的更有效方法。

　　（3）不使用三维水箱验收和调试 Halcyon-Eclipse。安德森癌症中心的研究者测试了使用电离室矩阵平板探测器和一维水箱，而没有使用三维水箱的情况下是否能够完成 Halcyon-Eclipse 系统的验收测试和调试。研究者比较了平板探测器、一维水箱、三维水箱的测量数据和 TPS 计算的相应数据。

　　最后研究者得出结论：Halcyon-Eclipse 系统的验收和调试不需要三维水箱。

　　**2. Halcyon 参考剂量学测量**　加利福尼亚大学圣迭戈分校（UCSD）萨曼莎（Samantha）等完成了在 Halcyon 上做 TG-51 参考剂量学的工作，并且发现 Halcyon 的射束内剂量曲线更加均整，使用 Farmer 电离室测量时无须担心体积平均效应（图 6-53）。

　　研究者认为，在 Halcyon 上做参考剂量学的工作会更加简便，并且无须专门的探测器或铅滤过。Halcyon 这种便利使其非常适于物理资源有限的医院。

　　为了验证 Halcyon 设备自带的机器性能检查（MPC）探测误差的能力，MD 安德森癌症中心的研究者故意嵌入已知误差，以评价 MPC 发现剂量和几何参数误差的能力。测试的内容包括辐射输出特性和机架、床、MLC 等方面的机械特性。

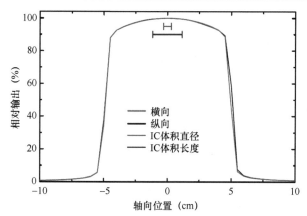

图 6-53　在等中心位置，使用带有 0.9cm 建成的 IC Profiler，测量 Halcyon 6MV FFF 射束的离轴曲线
绿色和蓝色的短线代表 Farmer 电离室灵敏体积的尺寸（宽度和长度），该电离室用于执行校准测量

Portal Dosimetry 用于 Halcyon 剂量验证效果较好：北京大学肿瘤医院的研究者比较了 Portal Dosimetry（PD）和 PTW OCTAVIUS 1500 矩阵结合 Octagonal 模体（Octl500）两种剂量验证方式在 Halcyon 加速器治疗计划剂量验证中的表现。共选取了 22 个 IMRT / VMAT 治疗计划，分别采用 Halcyon-Eclipse 系统的 Portal Dosimetry 和传统的二维矩阵对多种 γ2D 评估策略进行剂量验证（图 6-54）。

研究者认为：Portal Dosimetry 和传统的二维矩阵测量均可用于 Halcyon 治疗计划剂量验证；Portal Dosimetry 在验证效率和由空间分辨率所致的剂量验证精度方面优于矩阵测量方式。

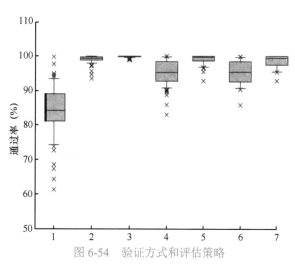

图 6-54　验证方式和评估策略

**3. 成像剂量计算**

（1）Halcyon 成像剂量计算准确：MD 安德森癌症中心研究者在非均匀胸部体模上使用 Halcyon 的 MV-MV 和 MV 级 CBCT，在 54 种成像条件组合下比较测量和计算的成像剂量（图 6-55）。

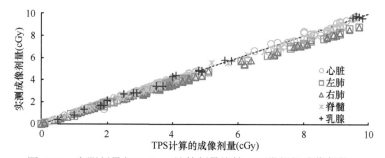

图 6-55　实测剂量与 Eclipse 计算剂量比较（正常组织成像剂量）

研究者认为：Eclipse MV 成像剂量计算误差小于治疗剂量的 0.5%，计算的累积成像剂量和治疗计划剂量准确反映了实际剂量。

（2）成像剂量计算的准确性和覆盖所有分次的可靠性。由于每个分次治疗的初始摆位不尽相同，患者实际接受的成像剂量与治疗计划中的成像剂量之间存在差异。北京大学肿瘤医院研究者回顾分析了 18 位患者，结合 513 个移床数据，重新计算剂量，与参考计划进行比较。结果发现 PTV 平均剂量差异仅为-0.61 cGy（-0.71%）（仅成像剂量）及 0.00 cGy（0.00%）（合并治疗剂量），说明了成像剂量计算的有效性，即使实际存在患者摆位的不确定性，成像剂量计算对于整个疗程仍然是有效的。

### 4. 双能量 CBCT

（1）Halcyon kV 影像系统图像质量足以用于临床。美国华盛顿大学的研究者研究了 Halcyon kV 级成像系统的技术特性和临床应用表现。

快速 kV 级成像系统可以在一次屏气中完成 CBCT 采集，并且迭代重建趋向于减低噪声，因此有潜力为正常体型的患者提高信噪比。

研究发现，影像单元符合制造商的规格并满足日常临床应用。

（2）Halcyon MV 级 CBCT 有足够的软组织对比度：宾夕法尼亚大学研究者研究了 Halcyon MV 级 CBCT 成像板的重复性、线性、FOV 相关性、软组织探测能力、金属植入物探测能力。

研究发现：Halcyon MV 级 CBCT 有足够的软组织对比度用于 IGRT，并且较少出现金属伪影。

### 5. Halcyon 实时 EPID 接收的出射面图像　为每次治疗提供评价基础。

（1）Halcyon EPID 自动接收的出射面图像能够探测治疗中的误差。加利福尼亚大学圣迭戈分校（UCSD）摩尔斯癌症中心（Moores cancer center）的研究者充分利用 Halcyon 实时 EPID 接收的出射面图像，来研究其探测治疗中误差的能力。

研究者使用如下三种方法：在固体水上增加建成以模拟体重变化、移动非均匀体模以模拟摆位差异，以及采集 6 位患者每次治疗的图像。

患者案例研究中，选择了 6 位前列腺患者。其中某些分次放疗中，观察到了体内气体的变化，研究中的参数随着这些气体的变化而变化（图 6-56）。

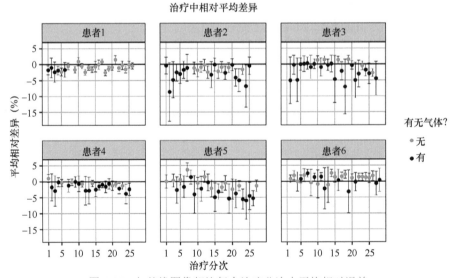

图 6-56　与基线图像相比每个治疗分次中平均相对误差

研究发现：Halcyon EPID 自动接收的出射面图像能够探测治疗中的误差。

（2）Halcyon 治疗妇科肿瘤，可监测每个分次解剖变化：匹兹堡大学医学中心（UPMC）希尔曼癌症中心（Hillman Cancer Center）和匹兹堡大学医学院（University of Pittsburgh School of Medicine）的研究者总结了 12 例妇科患者病例（3 例宫颈癌、9 例子宫内膜癌）的治疗方案。使用扩展射野双等中心治疗盆腔部位，分次内治疗，实时接收 EPID 的出射面图像。研究发现 300 个分次中有 8 个分次存在小肠充盈变化或者位置变化较大。

研究发现：Halcyon 实时出射面剂量图像，可用于每天治疗中监测器官运动、内部或外部解剖结构变化和体重变化，进而实现自适应放疗。

## （二）Halcyon 临床应用综述

### 1. VMAT /IMRT /3D-CRT 计划

（1）VMAT H&N：比利时 Leuven 大学医院研究者比较了 Halcyon 和 TrueBeam 30 例头颈部肿瘤患者的 VMAT 治疗计划，所有 30 例 VMAT 治疗计划都符合靶区/OAR 剂量目标。

研究表明，Halcyon 两弧治疗和 TrueBeam 两弧治疗的并发症发生率相当，但 Halcyon 三弧治疗与 TrueBeam 两弧治疗相比，口干（0.8%）和吞咽困难（1.0%）的发生率降低。

二者治疗效率方面区别较大，如下是体积成像+计划执行时间比较：①Halcyon 两弧治疗：1min 24s±1s；②Halcyon 三弧治疗：1min 54s±1s；③TrueBeam 两弧治疗：2min 47s±1s。

研究发现：对于 HNC 的 VMAT，快速旋转的 O 形机架加速器（Halcyon）与 C 形臂加速器相比治疗计划质量相当，但计划执行时间缩短。

（2）IMRT 治疗盆腔肿瘤：山东省肿瘤医院的研究者比较了 Halcyon 和 Trilogy 分别完成 30 例宫颈癌 IMRT 计划情况（图 6-57、图 6-58）。

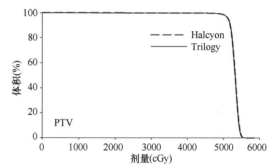

图 6-57　Halcyon 和 Trilogy 计划里面 PTV 的 DVH 比较

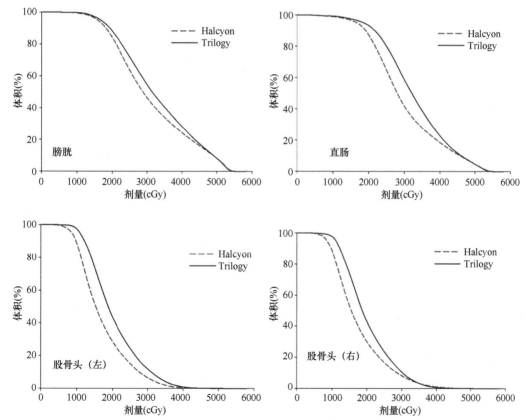

图 6-58　Halcyon 和 Trilogy 计划里面部分正常器官的 DVH 比较

二者射束投照时间如下：①Trilogy：（11.28±1.36）min；②Halcyon：（3.26±0.26）min。Halcyon 子野面积相对较大（治疗中的误差更小）。

研究发现：所有 Halcyon 计划临床可接受，并且能更好地保护正常组织；Halcyon 计划具有更高的执行效率；计划验证通过率较好。

**2. Halcyon 治疗质量和效率在多病种上表现优秀**

（1）Halcyon 治疗多发脑转移瘤，具有剂量优势和计划/治疗的高效性。宾夕法尼亚大学研究结果显示，对于直径＞1cm 的靶区，Halcyon 双层 MLC 能够提供与高分辨 MLC（HDMLC）类似的剂量适形度，并减少对正常脑组织的剂量。可能由于共面几何及较宽的 MLC，Halcyon 计划的梯度指数和 $V_{12}$ 未优于使用 HDMLC 的非共面动态适形弧或 VMAT。对于直径＜1cm 的靶区，HDMLC 保有适形指数的优势（图 6-59）。

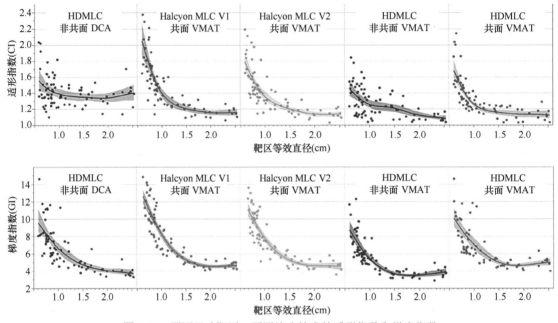

图 6-59　不同尺寸靶区、不同治疗技术的适形指数和梯度指数

（2）Halcyon 治疗头颈肿瘤，质量更高，速度更快。宾夕法尼亚大学研究者针对头颈部 9 个病例，使用 Halcyon 利用 VMAT 和 IMRT 技术重新做计划，与高性能 C 形臂加速器（TrueBeam）完成的计划比较，结果如下：①VMAT：两者计划质量相当；②IMRT：Halcyon 计划对 OAR 保护更好。

研究者分析，Halcyon 取得如上效果，主要是得益于双层 MLC 的低漏射率。另外，治疗时间方面，Halcyon 有明显的优势，Halcyon 的出束时间减少 42.8%（图 6-60）。

（3）Halcyon 双等中心扩展野治疗妇科肿瘤，计划好、效率高。匹兹堡大学医学院 12 例妇科患者病例（3 例宫颈癌+9 例子宫内膜癌）使用扩展射野（Halcyon 2.0）双等中心治疗盆腔部位，得到了较好的治疗计划质量，主靶区适形指数：0.99~1.14；治疗投照时间：5.0~6.5min。双等中心交叠的地方也未出现剂量的冷点、热点等情况（图 6-61）。

研究人员还发现 Halcyon 双等中心技术不仅能够为妇科肿瘤高效地制定扩展野 IMRT 计划，还能够带来高的治疗效率。

**3. 医疗安全评价**　Halcyon 具备更多安全优势。UCSD 的研究者采用系统理论过程分析作为安全评价工具，对 Halcyon 的临床使用进行详尽的安全评价。研究构想了 384 种理论上不安全场景，涉及治疗的全过程及所有参与的人员，因果情景被定量化映射到因果关系类别上（图 6-62）。

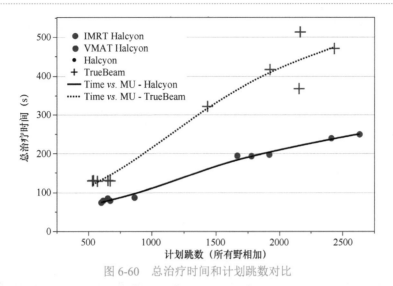

图 6-60　总治疗时间和计划跳数对比

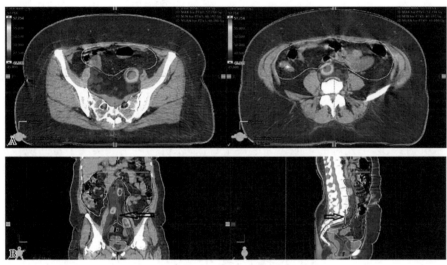

图 6-61　Halcyon 双等中心扩展野治疗妇科肿瘤治疗计划

A. 双等中心的剂量分布；B. 治疗射野交叠区域的剂量分布

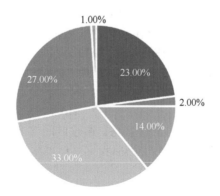

■ 流程问题　■ 患者相关　■ 人为因素　■ 组织相关　■ 技术　■ 其他

图 6-62　放疗不安全场景对应因果关系类型的比例

研究者认为，Halcyon 设备本身技术相关的风险比例较低，Halcyon 把一些技术考虑集成预设置,让用户把有限的精力投入到更容易出错的非技术问题上,从而在整体上提高临床安全。

# 第七节　模块式直线加速器

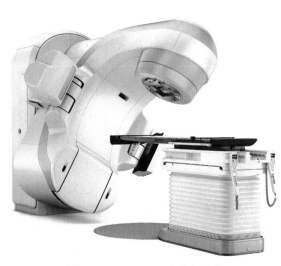

图 6-63　VitalBeam 直线加速器

不同层面的医院由于开展的放疗技术不同，如有些医院以调强放疗为主，有些医院对于 IGRT 有较多的需求，有些医院还希望开展四维动态放疗和立体定向放射外科治疗。并且医院采购放疗设备的资金也有不同的预算要求，需要合理高效地使用预算资金，为医院采购合适技术水平的放疗设备。

为了灵活应对临床治疗的各种需求，让各种临床情况和临床应用无死角，并且照顾到每个医院不同的需求，需要直线加速器制造商能够提供模块化、定制化临床治疗功能的直线加速器产品。因此满足此类功能的产品应运而生，VitalBeam 直线加速器（图 6-63）。VitalBeam 直线加速器系统功能全面而高效，可实现各类放疗技术，从经典调强放疗（包括静态调强放疗和动态调强放疗）、图像引导

放疗（基于 kV 级和 MV 级影像）到容积旋转调强放疗、四维动态放疗。

VitalBeam 直线加速器放疗系统尤其适用于希望在可扩展的平台上逐步发展前沿临床放疗技术的临床机构。其基于先进的智能化加速器平台，临床机构可用其实现丰富的现代放疗功能。该系统可提升治疗技术和治疗量，并能根据用户的特定需求轻松定制所需的技术。VitalBeam 直线加速器系统先进的智能化架构可以高效而精准地治疗患者。其 Maestro 控制系统可同步和监控所有 VitalBeam 直线加速器集成功能组件。它具备全面的放射外科和放疗能力，同时具有可扩展式架构和先进的技术升级空间，让临床机构可以根据自己的节奏发展治疗技术。

# 一、系统概述和设计原理

## （一）调强放射治疗

VitalBeam 直线加速器提供静态 IMRT 和动态 IMRT 两种治疗方式。该加速器经典的滑窗技术可以保证低漏射、大射野和高到位精度。MLC 可以达到 0.5mm 的重复到位精度，三级准直系统和双层钨门保证了低漏射，并支持自动的叶片位置验证。

## （二）图像引导放射治疗

VitalBeam 系统兼具有 MV 和 kV 级影像。通过低能 X 射线照射野成像（2.5MV），影像的对比度更高，反散射屏蔽设计有利于提高信噪比，低能射野成像支持高剂量率输出模式；kV 级机载成像系统，可让 CBCT 影像治疗达到诊断级别，OBI 系统的机器手臂收放自如、灵活操作，均可在治疗室外远程遥控完成；iCBCT 高级成像技术，改进了传统的 CBCT 图像质量，使用该成像技术可以拥有更好的软组织显示能力，从而提高临床放疗医生管理患者和靶区定位精准度的信心。

治疗中，kV/MV 可自动触发成像（triggered imaging），可以设置以 MU 数、机架角度、照射时间和呼吸时相为触发条件。

## （三）容积旋转调强放射治疗

RapidArc 是全球较早推出的容积旋转调强技术。在 Maestro 系统的控制下，机架、剂量率和 MLC 的运动可实现同步配合（图 6-64）。RapidArc 可在 1～2min 完成全部照射。基于 RapidArc 开展的科学研究层出不穷。

## （四）立体定向放射外科治疗

在未来的 10 年，全球放疗领域对颅内肿瘤 SRS 需求有 108%的增长，对体部 SRT 需求有 255%的增长。肿瘤运动管理、集成影像和高剂量率等技术是实施先进的立体定向放射外科所必备的工具。立体定向放射外科治疗要求满足 5H 理论（即高等中心精度、高分辨率 MLC、高剂量梯度、高剂量率及高速投照技术）。

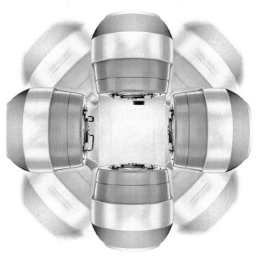

图 6-64　VitalBeam 直线加速器容积旋转调强示意图

VitalBeam 直线加速器通过精准聚焦和精确制导，实现完美的立体定向放射外科治疗。

VitalBeam 直线加速器的呼吸门控技术支持在自由呼吸下实施治疗。患者依从性好，可以有效地补偿肿瘤的运动，稳定的连续呼吸信号保证亚毫米级的精准定位。正是有了高精尖的运动管理解决方案，SRS 与 SRT 才能得到强有力的质量保证。PerfectPitch™ 六个自由度治疗床自动移动实现精准自动快速摆位及体位纠正，进一步保证了肿瘤剂量的精准覆盖和对正常器官的保护。

# 二、基本结构和重要参数

## （一）投照系统强大，配置灵活

VitalBeam 直线加速器系统可提供多达 6 档 X 射线（包括 2 挡高强度 FFF 射线）和多种能量的电子线。X 射线最大剂量率为 600MU/min（FF 模式）。

VitalBeam 直线加速器系统可提供每分钟 1400MU 或 2400MU 的 FFF 模式高剂量率，是其他放疗设备剂量率的数倍。借由 RapidArc 容积旋转调强放疗技术，高强度的射线分布瞬间给予肿瘤损毁性消融照射（图 6-65）。

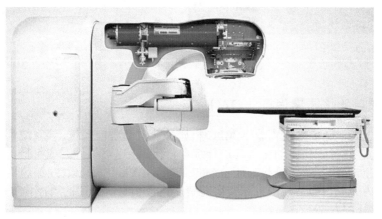

图 6-65　VitalBeam 直线加速器投照系统

VitalBeam 直线加速器的 MLC 通过滑动变阻器和红外线监控 2 种方式来确保叶片走位精度，MLC 可在开机时自动晨检，以确保叶片的精度。同时仪器可内置最小叶片宽度为 5mm 的 MLC。

VitalBeam 直线加速器系统的放射外科治疗包提供锥形筒准直器，可针对小病灶实施放射外科治疗。通过精准引导追踪系统、六自由度治疗床和 Maestro 系统的同步指挥，VitalBeam 直线加速器系统可以对靶区实施精准剂量雕刻，实现陡峭的剂量跌落。

在放疗领域，机械精度影响肿瘤定位的位置准确性。VitalBeam 直线加速器系统的机械精度可达到亚毫米级，其中机架准直器的等中心精度可达 0.5mm，加上治疗床的联合精度可达到 0.75mm。

VitalBeam 直线加速器系统的加速管和偏转系统能更好的进行束流控制，带来更稳定的束流，其数控的能量开关实现了电子能量的连续可调，更容易做到不同设备之间的束流匹配。

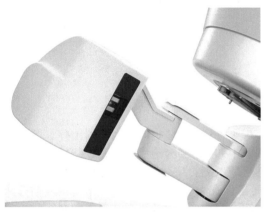

图 6-66　VitalBeam 直线加速器机器人控制 kV 级成像系统

### （二）多模态引导及定位系统

VitalBeam 直线加速器系统集成多种靶区定位装置，采用机器人控制 kV 级靶区追踪成像，3D/4D-CBCT 技术及大尺寸高速动态 EPID 2.5MV 低能成像追踪靶区位置，并通过六自由度治疗床，沿横向、纵向和垂直三轴平移和旋转修正，精准地将靶区摆到治疗计划所指定的位置（图 6-66～图 6-68）。

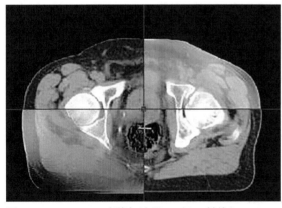

图 6-67　VitalBeam 直线加速器 kV 级 X 射线 2D/3D/4D 图像引导

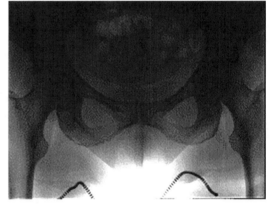

图 6-68　VitalBeam 直线加速器 2.5MV 级 X 射线低能照射野成像

### （三）高效自动化质量保证（QA）

VitalBeam 直线加速器系统内置了 MPC 机器性能自动质控系统、该系统利用 VitalBeam 直线加速器系统先进的智能和自动化优势进行综合自检，迅速可靠地完成每日检测，为复杂治疗技术提供高效的质量保证。在机载验证系统的支持下，VitalBeam 直线加速器系统的机器 QA 工作可在 5min 内完成，而常规的方法需要花费多达数小时。快速的质控让复杂技术更容易普及到临床实践中（图 6-69）。

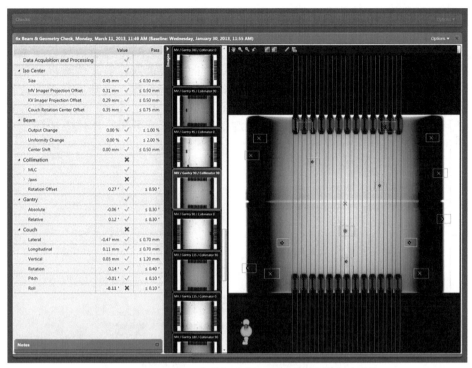

图 6-69　VitalBeam 直线加速器 MPC 机器性能自动质控

VitalBeam 直线加速器系统结合 Eclipse 放疗计划软件中的 Portal Dosimetry 模块，提供快速、高分辨率的治疗前调强放疗（IMRT/VMAT）质量保证。Portal Dosimetry 也可以完成治疗中患者出射剂量一致性监测（图 6-70）。

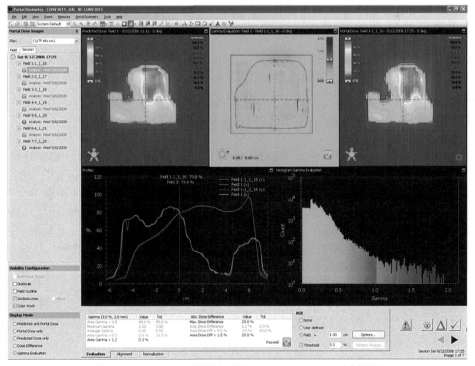

图 6-70　VitalBeam 直线加速器 Portal Dosimetry 计划质控

## （四）硬件软件一体化集成环境

VitalBeam 直线加速器系统与 Eclipse 放疗计划系统、ARIA 肿瘤信息管理系统整合有统一的数据库管理系统。统一的数据库避免了数据的多次录入、多次传输以及信息不同步带来的安全风险和工作负担，可降低安全隐患、优化临床流程、提升工作效率；ARIA 肿瘤信息管理系统连接从四维 CT 模拟到射束投照的放射外科全过程，确保放射外科治疗团队高效安全地实施放射外科手术。ARIA 肿瘤信息管理系统可在一体化集成环境中完成高速的交互（图 6-71）。

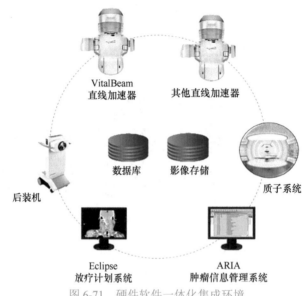

图 6-71　硬件软件一体化集成环境

## （五）基于物联网的前瞻式远程服务

VitalBeam 直线加速器系统的设计支持 SmartConnect Plus 前瞻式远程服务，这种按需远程支持功能允许工程师或医学物理师提供即时、实时桌面共享，以诊断技术问题和提供维保服务。

## （六）搭载多个功能模块的 Eclipse 肿瘤放射治疗计划系统

Eclipse 肿瘤放射治疗计划系统是基于 Windows 环境设计的（图 6-72），该界面友好操作灵活：①从临床出发，为医学物理师、肿瘤放疗医生提供便捷的计划设计工具及丰富的勾画工具，并支持快捷键操作，支持对多模态影像进行自动刚性和形变配准。②支持 4D 图像的处理，包括 MIP、平均密度投影（AIP）图像的生成、呼吸曲线及 4D 影像播放，支持定量评估体积变化和临床协议模板。③内置多种算法，如经典的 AAA 各向异性解析算法、电子蒙特卡洛算法以及提供专门针对 IMRT 和 VAMT 的快速优化算法，通过这些丰富的算法选择，医学物理师可以精准快速地优化和计算剂量分布。

Eclipse 肿瘤放射治疗计划系统的剂量评估功能除了常规并排计划分布对比、计划叠加和相减这些功能外，还可以把外照射计划、内照射计划、质子计划叠加评估，并支持鲁棒性计划评估，让所选计划更具执行力（图 6-72）。Eclipse 肿瘤放疗系统可以定制脚本功能，提高肿瘤放疗计划设计和医生审核流程的效率。

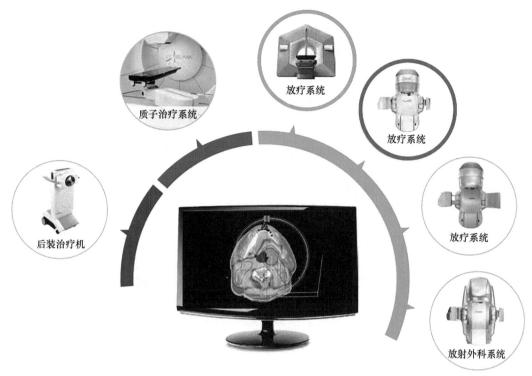

图 6-72　Eclipse 肿瘤放疗计划系统支持多种模态放射治疗

质子治疗系统

放疗系统

放疗系统

后装治疗机

放疗系统

放射外科系统

　　Eclipse 肿瘤放疗计划系统是将 VitalBeam 直线加速器平台的性能优势全部发挥的重要软件支撑。一方面，Eclipse 肿瘤放疗计划系统与 ARIA 肿瘤信息管理系统、VitalBeam 直线加速器有着集成化优势；另一方面，新版本 Eclipse（版本 15.5）能为临床带来更高质量的治疗方案。

　　以下均为模块化的可选功能。

　　**1. 多重标准优化**　制定治疗计划需要实现靶区覆盖和 OAR 保护之间的最佳平衡。Eclipse 肿瘤放疗计划系统多重标准优化（multi-criteria optimization，MCO）可以实时探索不同临床目标发生变化时产生的影响。MCO 帮助放疗医生更有把握地快速找出最优质的治疗计划，允许放疗医生结合治疗目标对治疗计划进行微调，并实时调整，且能实时显示 DVH 和剂量分布。

　　**2. RapidPlan 人工智能驱动计划设计**　RapidPlan 将人工智能技术引入到放疗计划设计领域，利用机器学习算法，RapidPlan 可将临床高质量放疗计划训练为 DVH 预测模型，而 DVH 模型可根据临床目标预测 DVH 分布，帮助医学物理师和放疗医生快速找到最佳目标优化参数。RapidPlan 预置全球著名肿瘤中心临床经验模型可供用户使用，同时支持创建和训练新的放疗模型，从而提升整个肿瘤中心的计划质量、速度和一致性。

　　**3. Smart Segmentation 智能勾画系统**　Smart Segmenetation 是成熟的自动智能勾画工具，内置多个国际专家知识库，并基于标准解剖图谱显示，辅助放疗医生进行勾画结果的确认和微调。同时，放疗医生可以将以往的高质量勾画存储到数据库中，自由定制知识库，帮助 Smart Segmentation 不断进化，使其更加智能。

　　**4. 图形处理器（GPU）运算**　GPU 可以全面提升计算机呈现图像、动画和视频的速度。充分发挥 GPU 的作用，可以大幅提升计划的效率。基于 CPU 的系统花费时间长，相比之下，Eclipse 肿瘤放射治疗计划系统基于 GPU 加速剂量的优化与运算，可以将最终剂量计算时间缩短至数秒。GPU 技术与瓦里安公司的分布式计算架构（DCF）相互协同，从而将大大提高了计划设计的速度。

### （七）ARIA 肿瘤信息管理系统

数字化医院已经成为现阶段我国医院信息化建设的重要发展目标。其最终目标是把先进的信息技术（IT）充分应用于医疗行业，围绕每一个患者，将整个社会的医疗保健资源和各种医疗保健服务连接在一起，整合为一个系统，以提高整个社会医疗保健服务的工作效率，降低运行成本，使其更好地为社会服务。

肿瘤信息管理系统是肿瘤医院和大型三甲医院数字化医院建设中最重要的组成部分。它通过整合、重建科室网络资源，将放疗所涉及的设备、网络及软件系统统一管理，把放疗全部业务及数据囊括其中，实现完整肿瘤病历数据的结构和电子化储存与管理、放疗流程优化与质控管理、综合分析，提高医护人员工作效率和工作质量，为临床、管理和科研提供全面的数据支持和分析。

ARIA 肿瘤信息管理系统将肿瘤放疗、内科治疗及手术治疗信息整合为一个完整的基于具体肿瘤的电子病历系统（EMR），便捷地管理肿瘤患者从初始就诊到治疗后随访的整个过程。ARIA 肿瘤信息管理系统可实现完善的流程管理、移动数据互动、质量控制和数据分析，并提供可选的远程云平台，实现医联体体系下的信息管理工作。ARIA 肿瘤信息管理系统统一的数据库可以降低临床风险，通过定制化的表单实现无纸化的办公流程，且治疗计划可追溯，能够提高科室内整体的质控和治疗水平，通过专业的统计工具和可视化方案，为临床管理和科研提供数据支撑。

## 第八节 螺旋体层放射治疗系统

### 一、概 述

20 世纪 80 年代晚期和 20 世纪 90 年代早期，可能是放疗领域创新力最强的几年。很多进步得益于更小、更快的计算机应用于放疗领域，包括卷积、叠加和蒙特卡洛的剂量计算算法迅速成熟。同时 CT 机器也开始应用于放疗。

断层放疗概念的出现是美国威斯康星大学人才、资源和计算机技术整合的结果。这个概念早于 IMRT 术语的形成。最早关于断层放疗的论文是由罗克韦尔·麦凯（Rockwell Mackie）教授于 1993 年发表的，该论文介绍了连续旋转的滑环机架、扇形束和时间调制准直系统（即后来的二元化 MLC）。同时该论文还介绍了几个重要的概念，每次治疗患者之前可以实现 CT 图像引导，以及可以用 CT 探测器重建患者吸收剂量进行自适应放疗等。临床应用的螺旋体层放疗系统（TomoTherapy，简称 TOMO）是由美国威斯康星大学和后来组建的 TomoTherapy 公司（现为 Accuray 公司）的 Rockwell Mackie 和保罗·雷克韦德（Paul Reckwerdt）一起研发的创新型放疗设备。

相比传统直线加速器，TOMO 有许多独特优势。TOMO 将 6MV 加速器集成在 CT 机架里，是一种在兆伏级 CT（MVCT）图像引导下，以调强放疗为主的放疗设备。具有 360°螺旋照射概念、单次照射多达数万个子野数目、薄层照射理念、气动二元化 MLC、每日 CT 图像引导和独创的自适应计划等特点（图 6-73）。

TOMO 每天都可以利用患者治疗前的 MVCT 图像进行图像引导摆位。这些日常 CT 影像确保了整个治疗过程中患者每次摆位的精度，医学物理师或放疗医生可以通过检查这些影像的位置、大小，在治疗前根据治疗计划检查患者肿瘤形状，确保放疗计划对于肿瘤靶区的精准照射。还可根据肿瘤靶区修改治疗计划，提高肿瘤治疗计划实施的精度。整个治疗中，任何一次分次间的 MVCT 影像都可用来进行治疗计划验证，并可根据当天情况进行自适应计划的设计。

举例来说，每次治疗患者实际接受的剂量可通过计算探测器采集到的出射线和当天 MVCT 影像剂量重建而获得。重建后的剂量可以直接和计划剂量比较，这样就可确定是否需要重新优化计划。

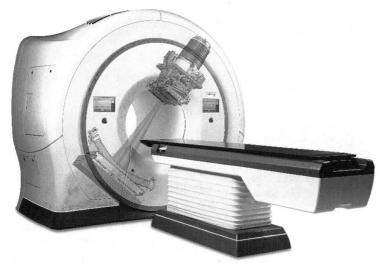

图 6-73　螺旋体层放疗系统

　　和传统加速器不同，TOMO 取消了均整器（最主要的区别），增加了 MLC 的漏射防护能力和采用窄扇形束照射等方面设计。图 6-74 显示了取消均整器后横断面锥状的注量剖面。光子射线在中心处强度可以达到射野边缘强度的两倍。采用非均匀射野的主要原因在于：①TOMO 专用于调强治疗并不需要均匀的剂量剖面，事实上均整器浪费了可以调制的光子注量；②取消均整器后极大增加了射野中心处的输出，提高了平均剂量率，减少了患者的治疗时间。

　　射线中心处独特锥形突起的光子通量可达到传统加速器 2 倍多。TOMO 独特的封闭

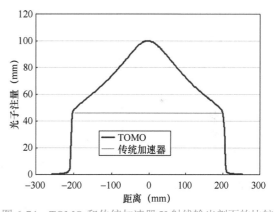

图 6-74　TOMO 和传统加速器 X 射线输出剖面的比较

式滑环机架设计，避免了加速器机头和患者碰撞的可能，提高了放疗的安全性。匀速进床的治疗方式，极大拓展了放疗设备的单次治疗范围。TOMO 的单次治疗极限可以达长 150cm、直径 40cm 的圆柱形体积。同时配合专利的气动二元化 MLC，一次可以治疗多个靶区而不增加治疗时间。

# 二、设计原理

## （一）螺旋照射方式

　　TOMO 是一种全新的治疗设备，可以对肿瘤进行高度适形照射，并最大可能对周围的正常组织进行保护。TOMO 无论是外观还是原理都更接近 CT，治疗时加速器射束围绕患者进行 360°连续照射，同时治疗床匀速进动。连续螺旋照射消除了层与层相连处可能产生的冷、热点的问题。由于采用动态螺旋照射方式，照射野的微小改变都可以导致动态剂量分布的变化。

TOMO 用 64 片二元化 MLC 调制照射野，源-轴距（SAD）为 85cm，射线束形状为窄扇形，照射野最大宽度为 40cm，最大厚度为 5cm（由次级准直器开口决定），等中心处等剂量率为 9Gy/min 左右。

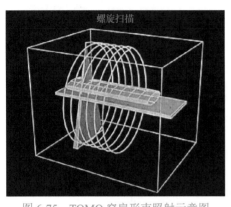

图 6-75　TOMO 窄扇形束照射示意图

在一个螺旋照射通量图中，TOMO 有几万个子野（图 6-75）。子野是照射野基本组成元素，而通常 TOMO 照射计划都会有几百个照射野（机架每旋转一圈可以产生 51 个照射野，每个照射野下包含 64 个子野）。一个子野就是通过一片 MLC 在特定机架角度调制射线，子野宽度为 0.625cm（叶片在等中心处的投影宽度），子野长度则由治疗计划决定。每个子野与相应叶片打开的时间成正比，都为总剂量分布做出最优化的贡献。TOMO 使用几万个子野分布在 360° 的螺旋照射中，所以治疗不会受到特定照射角度限制，也就是说 TOMO 可以选择任何角度对患者进行照射。子野角度多就意味着在设计治疗计划时有更多的调制能力，肿瘤剂量的适形度和均匀性更好，正常组织的受照射剂量更低。

假设有一个 5cm 长的圆柱体靶区，直径为 5cm。选择 2.5cm 照射野宽度，螺距设定为 0.2。这样一个治疗计划通常需要床运动 8cm，根据螺旋 0.2 得出需要机架旋转 16 次[8cm/（2.5cm×0.2）=16]。机架每旋转一周会有 51 个照射野，每个照射野由 MLC 分成 64 个子野，但是只有靶区位置的 5cm 长的叶片开闭参与射线调制，每个照射野约有 8 个（5 cm/0.625cm=8）有效子野，其余叶片在照射过程中始终关闭。那么此假设中子野总数为 6528 个（16×51×8=6528）。

## （二）断层径照方式

针对分布连续且体积较大的靶区 TOMO 提供了不同于螺旋照射方式（helical mode）的固定角度放疗方式。这种固定角度放疗方式称为断层径照方式（TomoDirect）。断层径照方式的设计目的在于对于特定病例，可以在保证剂量分布相当的前提下，减少治疗时间。采用断层径照方式治疗时，加速器会停留在某个计划设定的机架角度固定连续出束，同时在此机架角度下，治疗床匀速进床完成一次治疗，此次角度治疗结束后，治疗床退回到初始治疗位置等待下一个角度治疗，直到依次完成所有角度的治疗。治疗角度的数量、位置等信息，由治疗计划设定。断层径照方式主要特点如下：①使用不超过 12 个照射角度对 1～2 个靶区进行最大覆盖；②设定射线调制水平，基于组织补偿优化 3D-CRT 计划；③治疗计划的设定和优化效率得以大幅度提速；④治疗过程无须人为介入，可一次完成多次治疗过程。

## （三）气动二元化 MLC

TOMO 采用气动二元化 MLC 设计，64 片互锁设计的二元化叶片调制 40cm 宽的照射野。二元化是指在治疗过程中，叶片只有开和关两种状态，通过开关时间来调制子野强度。二元化 MLC 光栅要求叶片开关速度非常快，使用压缩空气来驱动叶片运动，叶片只需要 20ms 就可以完成打开和关闭运动。MLC 叶片厚度为 10cm，每个叶片在等中心处投影宽度为 6.25mm。64 片 MLC 组成的照射野宽度为 40cm，由次级准直器控制的照射野长度，最大为 5cm，所以最大照射野尺寸为 5cm×40cm。MLC 为互插式，分为 2 组，材质为钨合金（95%），叶片通过凹凸状结构互锁，减少片间漏射。叶片凹凸部厚度为 300μm，通常情况下有 150μm 遮挡。图 6-76 是 TOMO 的 MLC。优化程序的结果决定叶片的运动序列和开闭时间，叶片运动序列和开闭时间完成了对子野强度的调制，64 片叶片的共同作用实现放疗医生对剂量分布的要求。对于 TOMO，螺旋照射和 MLC 共同决定了照射野宽度和剂量分布的适形度，可以精细地调制剂量堆积的最终结果（做到剂量雕刻）。TOMO 可以提供极佳灵活性的剂量适形度。

图 6-76　TOMO 的 MLC 扇形束（A）和气动二元化 MLC（B）

### （四）Sinogram

Sinogram 是旋转圈数（或床的位置）与机架角度的函数所表示的射线强度图。如图 6-77，横坐标代表某一机架角度下 MLC 叶片位置，纵坐标代表机架旋转顺序（或相应的床的方向/位置）。Sinogram 是连续螺旋照射中 MLC 叶片打开时间的模式。理解 Sinogram 的最简单方法是把它看作一维图的堆栈，每一层对应特定转数、特定机架角度、每个叶片打开的时间。Sinogram 的一个元素代表着一个子野的强度，正是有这几万个子野强度组成了一个治疗计划的完整 Sinogram。

在 Sinogram 众多子野强度堆叠后，通常呈现出正弦波图样。正弦波图样的变化是因为在机架连续的螺旋照射中，需要为照射靶区而打开 MLC 特定叶片，或为保护 OAR 而关闭特定 MLC 叶片。目标靶区如果离机架的旋转中心越远，那么在 Sinogram 图表中正弦波振幅越大。

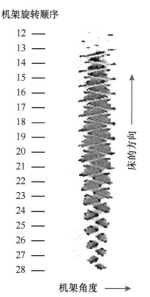

图 6-77　Sinogram 示意图

# 三、结 构 组 成

TOMO 是一套高度集成化的系统，包括计划工作站、优化服务器、数据库服务器和施照子系统（DRS）。其中施照子系统包括操作工作站、状态控制台、电源控制面板、电源控制面板、位置控制面板、旋转机架组件和患者治疗床。图 6-78 是 TOMO 的结构组成图。

### （一）计划工作站

计划工作站用来定义处方剂量，并对基于模拟定位 CT 获得的影像和轮廓勾画后的数据进行计算和优化计划。

### （二）优化服务器

剂量优化服务器是采用专门服务器来提高优化运算速度。

### （三）数据库服务器

数据库服务器用以存储数据，支持快速查找和恢复。它和优化服务器、计划工作站和操作工作站相连。运行体层放疗数据（机器数据）和治疗患者的执行数据（患者数据）也存储在数据服务器上。

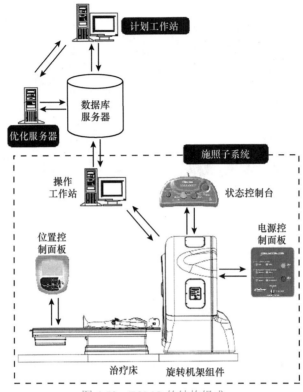

图 6-78  TOMO 的结构组成

### （四）操作工作站

在操作工作站上可进行扫描（MVCT 扫描）和患者治疗，患者的图像引导也在操作工作站上进行。

### （五）状态控制台

状态控制台上可以选择程序类型、运行、停止和紧急停止某一程序。

### （六）电源控制面板

电源控制面板安装在机架外壳的侧面，它主要用来关闭和打开系统电源，并显示系统在操作中的状态。

### （七）位置控制面板

两个位置控制面板（PCP）分别安装在机架外壳的左前侧和右前侧。操作者通过位置控制面板可以手动控制患者治疗床或基于预设程序自动调制患者治疗床。

### （八）旋转机架组件

直线加速器安装在旋转机架组件上。

## （九）患者治疗床

患者治疗床是碳纤维平板床，当机架旋转时可以将患者按照特定的速度进床。TOMO 患者治疗床板的最大承重为 200kg。

## （十）施照束流系统

图 6-79 显示了施照束流系统（RDS）的主要组成硬件，这些硬件都安装在旋转机架组件上。

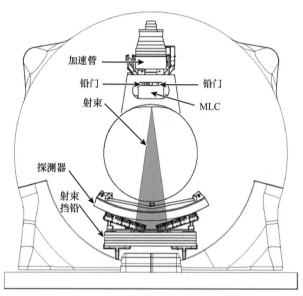

图 6-79　施照束流系统主要组成硬件

**1. 直线加速管**　由一系列真空腔组成。通过加载在真空腔的电磁场给电子束加速，直到将电子束加速到兆伏级能量范围，高能电子束打靶后产生高能光子束。

**2. 动态铅门**　其开合程度，控制着从放射源辐射到 MLC $Y$ 方向的射线宽度。动态铅门较传统铅门的优势在于：遇到靶区时，其开合程度按计划实时与肿瘤边界相匹配，并非传统铅合那样开合宽度一直不变，从而提高治疗效率，缩短治疗时间。

**3. MLC**　可单独打开和关闭任一个叶片，通过打开叶片来调制照射到患者的射线通量。打开的顺序和时间由治疗计划优化结果决定。

**4. 探测器**　测量通过患者和治疗床后的出射线数量，这些数据可用来重建 MVCT 影像。

**5. 主射野挡铅**　安装在旋转机架的加速器正对侧，提供主射野屏蔽。在机架旋转时，主射野挡铅跟随旋转，并一直位于主射野对侧（图 6-80）。

## （十一）照射执行系统软件

**1. 照射执行系统**　负责读取、解析及传输。

**2. 通信系统**　负责提供贯穿整个照射执行系统的通信服务：命令不同软件模块互相交换。这些命令用来开始和同步照射执行系统行动。

（1）数据采集系统（DAS）：①在扫描中将电离变化转化为原始探测器数据；②提供专门的机架数据单向传输；③为照射执行系统提供重要的辅助监视数据。

（2）数据接受系统（DRS）：根据应用软件转化探测器数据，将数据传输到操作工作站和数据库服务器，并与前处理计算机及后处理计算机一起工作。

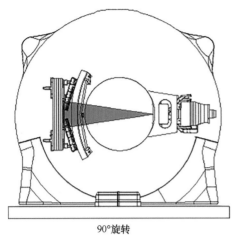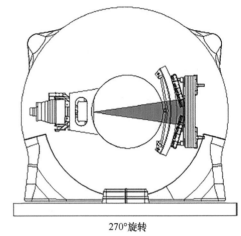

90°旋转         270°旋转

图 6-80 机架旋转时主射野挡铅位置示意图

（3）前处理计算机（OBC）：控制和监视数据采集系统、MLC 位置、加速器输出、次级准直器位置、旋转机架组件和系统时间。

（4）静止计算机（STC）：后处理计算机监视和定位机架、床和激光灯，同时与位置控制面板、温度监视器、空压机控制、状态控制台一起工作，并且还响应安全联锁系统。

## （十二）安全联锁系统

安全联锁系统包括软件和硬件部分。它在出现下列情况时提供警告、中断和中止照射等响应：①TOMO 发现软件或硬件状态可能影响系统安全运行，将提供警告；②操作者按下停止按钮或紧急停止按钮时，将中止照射；③操作者在准备中、预备阶段或照射中出现程序上的错误，将中断或终止照射。

TOMO 一共有 5 种联锁：门联锁、硬件联锁、高压联锁、电源联锁和软件联锁。紧急停止按钮可以切断机架执行系统的电源。例如，在停止按钮不能中断照射程序时或患者发生特殊情况时，可以用紧急停止按钮中止系统。紧急关闭按钮在患者需要立即从治疗室中离开时使用，这种特殊情况可能由自然因素或环境因素造成，如治疗室有烟雾或明火，或相邻房间发生火灾。

## （十三）坐标系和等中心

**1. 固定坐标系（IEC f）** TOMO 使用的坐标系是固定的，依据国际组织-国际电工委员会（标准号：IEC 61217）关于放疗设备坐标、移动和刻度的要求建立。这个坐标系是以机架的等中心为原点的一个三维坐标系（图 6-81）。

（1）侧向轴（X）：机器的等中心为横向 X 轴坐标原点，从设备正面看，右侧为正（+Xf）。

（2）纵向轴（Y）：机器的等中心为纵向 Y 轴坐标原点，从设备正面看，从等中心出孔径为负（−Yf）。TOMO 机架围绕 Y 轴旋转，Y 轴是穿越等中心的轴。

（3）垂直方向轴（Z）：机器的等中心为上下方向 Z 轴坐标的原点，从设备正面看，往上为正（+Zf）。

**2. 机架等中心和虚拟等中心**

（1）机架等中心：定义在 TOMO 扇形束照射路径中机架孔径中心点。为了和固定坐标系系统一致，机架等中心点定义在空间点。

（2）虚拟等中心：位于机架等中心−700mm IEC Yf 处（床上方），高度和机架等中心一致。如图 6-81 所示，蓝线是符合 IEC 的 Yf、Zf 和 Xf 轴，所标位置是机架等中心位置。绿线标出虚拟等中心位置，红线标出 70cm 的空间距离。

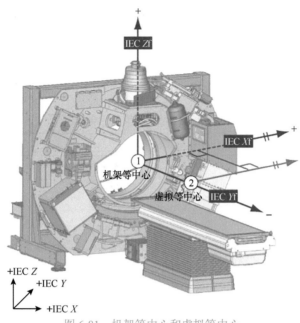

图 6-81 机架等中心和虚拟等中心

### 3. TOMO 激光定位系统

（1）固定激光灯定位系统：标示机架等中心的空间坐标系。该系统投射绿色激光线，其激光灯位置固定，投影平面也是固定的，并和机架等中心坐标轴相关。

1）机架等中心激光定位系统：安装在机架孔后面的墙上，这个激光定位系统的绿色激光线可以在孔径内标示出冠状面和矢状面。这套激光定位系统是专用于医学物理师做质量控制和研究用的。

2）虚拟等中心激光定位系统：安装在治疗室顶上，床的正上方。这套激光定位系统投射的绿色激光线标示出横断面和矢状面（表 6-2）。

表 6-2 虚拟等中心激光定位系统

| 固定激光灯 | 描述 |
| --- | --- |
| 机架等中心 | 坐标：0.0 IEC $Xf$、$Yf$、$Zf$ |
| 虚拟等中心 | 坐标：0.0 IEC $Xf$、$Zf$，−700.0mm IEC $Yf$ |
| 横断面 | 横断面（激光线）在从机架等中心−700.0mm IEC $Y$ 处 |
| 矢状面 | 矢状面（激光线）在与机架等中心侧向方向中心的位置 |

（2）可移动激光灯定位系统：其投影的红色激光线和固定坐标系有偏离的坐标系。其激光灯可移动，具体位置根据患者计划参数或根据图像引导后的修正误差位置进行设置（表 6-3）。

表 6-3 可移动激光灯定位系统

| 可移动激光灯 | 描述 |
| --- | --- |
| 矢状面 | 治疗室顶安装一个可移动激光灯，该激光灯投射出的激光线标示出矢状面，并且可以沿 $X$ 轴方向移动 |
| 横断面 | 2 个激光灯分别安装在左、右侧的墙面上部。它们分别投射出红色可移动激光线，共同构成横断面，并且可以沿 $Y$ 轴方向移动 |
| 冠状面 | 2 个激光灯分别安装在左、右侧的墙面中部。它们分别投射出红色可移动激光线，共同构成冠状面，并且可以沿 $Z$ 轴方向移动 |

# 四、重要机械参数及剂量学特点

## （一）重要机械参数

TOMO 重要机械参数见表 6-4。

表6-4　TOMO 重要机械参数

| TOMO 重要机械参数 | 描述 |
| --- | --- |
| 治疗 X 射线能量 | 6MV，单能 |
| 成像 X 射线能量 | 3.5MV |
| 射线源-轴距（SAD） | 85cm |
| 机架孔径（患者空间） | 85cm 直径 |
| 最大单次治疗体积 | 直径 40cm，长 135cm 圆柱体积 |
| 治疗剂量率（常规） | 850cGy/min（最低可调至 800cGy/min） |
| 成像剂量率（常规） | 45cGy/min（Jaws 在等中心投影 1mm） |
| 成像时等中心处测得患者吸收剂量 | 0.5~3 cGy，取决于分辨率和身体厚度 |
| 等中心点相对水平地面高度 | 113cm |
| 铅门在等中心处投影宽度（头脚方向） | 1cm、2.5cm、5cm（治疗）；1mm（CT 成像） |
| MLC 材质及厚度 | 钨合金（含钨量>90%），厚度为 10cm |
| MLC 数量及排列方式 | 64 片；凸凹槽式设计交叉排列 |
| 每片 MLC 叶片在等中心投影宽度（左右方向） | 0.625cm |
| MLC 平均漏射率 | 0.25%（常规） |
| 系统等中心处最大照射尺寸 | 5cm×40cm |
| 系统自带主束挡铅厚度 | 12.5cm |

## （二）剂量学特点

　　评判一个放疗系统或平台先进与否，取决于它所能达到目标的高与低，即是否能减少放疗的并发症，提高患者的治愈率。是否能达到减少放疗并发症，提高患者治愈率的目标，取决于放疗系统能否产生放疗医生想要达到的剂量分布，且该剂量分布是否能和肿瘤的形状高度一致（剂量的适形性），中度靶区内的剂量是否均匀（剂量的均匀性），OAR 受照射剂量是否足够低。另外，要判断系统所治疗肿瘤种类、复杂程度及能够治疗的肿瘤范围和大小。因为这些因素将直接关系放疗效果和患者最终的治愈率。

　　多位研究者根据上述标准，将多系统（常规加速器的静态 IMRT 和动态 IMRT、VMAT 等）与 TOMO 相比较，TOMO 所产生的剂量分布较为接近理想的剂量分布要求（图 6-82）。

　　从肿瘤治疗的大小和范围上看，TOMO 能够治疗小至 1cm 左右的中枢神经系统单发或多发肿瘤，大至全身范围内（40cm×150cm）多发和大范围的病灶，如全身骨髓调强治疗。对于如此大范围内的调强放疗，常规加速器根本无法做到（图 6-83）。由于 TOMO 这一先进功能，改变了许多病种的放疗指南。以前难于治疗或无法治疗的类型，在 TOMO 上可顺利完成。TOMO 使放射治疗不再受制于肿瘤形状与大小。

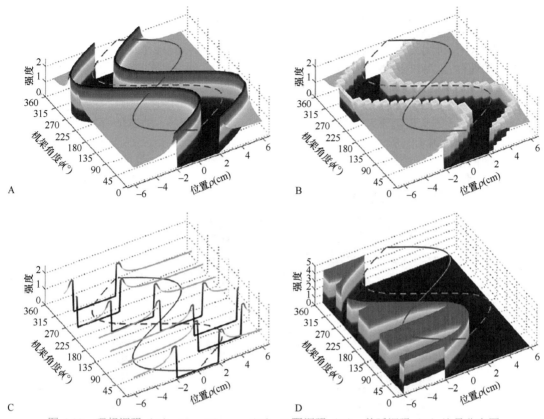

图 6-82　理想调强（A）、TomoTherapy（B）、7 野调强（C）、单弧调强（D）注量分布图

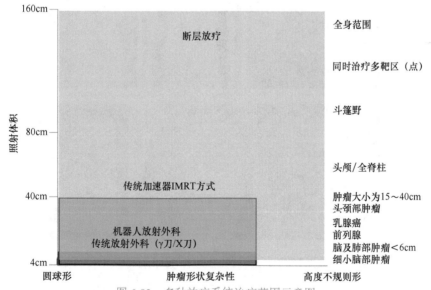

图 6-83　多种放疗系统治疗范围示意图

# 五、临床应用综述

TOMO 于 2003 年正式应用于临床，在许多方面超越已有放疗设备，操作和实施极为简单。TOMO 也适合做颅内及颅外（体部）的放射手术治疗，其效率和剂量学效果可比拟或优于 γ

刀和 X 刀。MVCT 扫描改善了靶区定位的精准度从而使放疗医生在充分保护正常器官的前提下，可以提高靶区照射剂量。

　　TOMO 不仅可用来治疗多种类型的常规肿瘤，如脑、头颈部、胸部、腹部和盆腔等这些可在传统加速器上治疗的肿瘤，还可治疗不适合用传统加速器完成的复杂几何体积的肿瘤。由于有数以万计的调制照射野，可以给复杂肿瘤靶区以非常均匀并且高度适形的剂量分布，甚至可以实现凹形剂量分布。例如，TOMO 在治疗腹部肿瘤时，可以在给肿瘤有效剂量同时，完全避让肾器官（"C"形器官）。又例，因前列腺紧邻膀胱和直肠，TOMO 可在保护膀胱和直肠情况下安全地照射前列腺。

　　目前国内治疗病例统计显示，TOMO 治疗病例中复杂病例和传统加速器无法完成的病例占多数。例如骨髓移植前的全身全骨髓照射、胸膜间皮瘤、双侧乳腺癌的方式治疗等（图 6-84）。TOMO 适应证几乎覆盖所有适合放疗的病种，特别适合调强治疗的患者（图 6-85）。

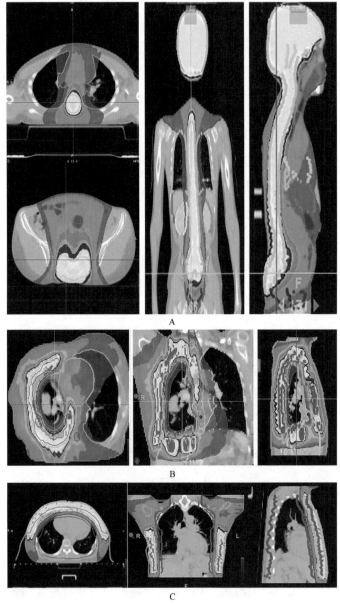

图 6-84　全脑全脊髓（A）、胸膜间皮瘤（B）和双侧乳腺癌照射（C）

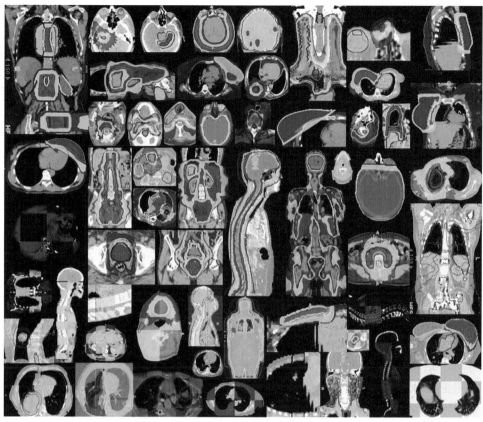

图 6-85　TOMO 治疗常见肿瘤剂量分布、图像配准的组合示意图

　　TOMO 突破了传统肿瘤放疗的诸多局限，将当代图像引导逆向调强技术推进到一个新高度。螺旋体层放疗除了能在治疗疗效上有大幅度的提升，其还首先倡导和实施了自适应放疗或剂量引导放疗。TOMO 上 CT 探测器可以在每天的影像扫描上发挥作用，还负责对患者照射剂量检测和实时剂量重建的任务。

　　断层放疗从一个研究理念发展成为高端临床应用设备，至今已有 20 多年的历史，从其开发至今，在硬、软件方面都进行了整合并实现了性能提升。

（郭　刚　史斌斌）

## 第九节　射波刀放射治疗系统

　　射波刀（Cyberknife）放疗系统由美国斯坦福大学医学中心脑外科及放射肿瘤学教授约翰·阿德勒（John Adler）于 1987 年设计研发。于 1999 年获得美国 FDA 批准上市，用于头部及颅底肿瘤的治疗，是首台整合图像引导和机器人控制于一体的放疗外科手术系统。由此诞生了新一代智能机器人放疗外科手术系统。

　　2001 年射波刀再次获得美国 FDA 批准，允许治疗患者全身范围的肿瘤，至此彻底打破了传统以 γ 刀为代表的放疗外科手术系统只能治疗头颈部肿瘤的局限，将精准放疗的运用推广至全身各部位肿瘤，同时开创了立体定向放疗无创治疗新时代。

　　2004～2006 年，随着 Synchrony 呼吸追踪系统、Xsight® Spine 追踪系统、Xsight Lung 追踪系统等几大追踪技术先后获美国 FDA 批准，射波刀解决了困扰现代放疗的两大难题：①用

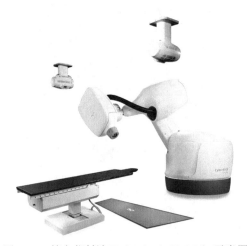

图像引导系统解决患者摆位精度和重合度的问题；②用呼吸追踪系统解决患者治疗中器官运动问题。这几种追踪系统的临床应用可以让医护人员在治疗过程中持续探测、追踪和校准肿瘤位置，确保精准放疗的开展。图 6-86 为第六代射波刀（Cyberknife M6）示意图。

# 一、结　构　组　成

射波刀是将直线加速器小型化后安装在机器人控制臂上，利用机器人手臂的全方位投照能力对肿瘤进行精准、非共面和多中心的放疗，主要由机器人治疗照射系统、图像引导系统、靶区追踪系统、治疗计划系统和数据管理系统及机电配套系统等组成。

图 6-86　第六代射波刀（Cyberknife M6）示意图

## （一）机器人治疗照射系统

机器人治疗照射系统由机器人治疗臂、加速器照射系统、标准治疗床和操作控制台组成。

1. 机器人治疗臂　是一套具有 6 个运动自由度的机器人，可以针对治疗区域任意指定位置进行灵活、准确的聚焦照射（图 6-87）。以 Cyberknife M6 系统为例，其采用 KR300 型号机器人，工作空间 41m³，机械运动精度误差≤0.06mm。机器人治疗臂有两种控制模式，机器人控制系统和手动控制计算机（图 6-88），方便操作人员在物理质控、机器故障排除等特殊情况下进行手动操作。

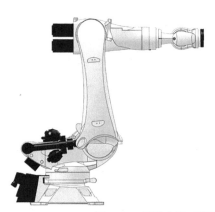

图 6-87　机器人治疗臂示意图　　　　图 6-88　机器人治疗臂手动控制计算机

2. 加速器照射系统　由高度集成化的紧凑型直线加速器、次级准直器系统及其他控制部件组成。

直线加速器位于治疗头内，主要部件包括电子枪、驻波加速管、磁控管、微波波导管组件、脉冲转换器、水循环连接管及波导管气体增压连接管等（图 6-89）。射波刀的磁控管采用 X 波段，频率 9.3GHz，直线加速器产生 X 射线能量为 6MV，剂量率为 1000MU/min（第五代射波刀和第六代射波刀）。

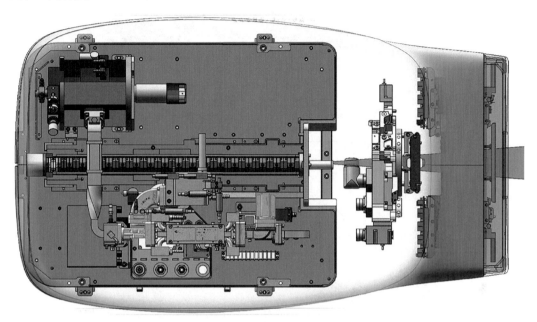

图 6-89　加速器治疗头示意图

　　射波刀的次级准直器系统有 3 种，分别是固定孔径准直器、可变孔径准直器和 MLC（图 6-90～图 6-92）。固定孔径准直器是应用在射波刀上最早的一种次级准直器，为一组钨制限光筒，共 12 个，孔径分别为 5mm、7.5mm、10mm、12.5mm、15mm、20mm、25mm、30mm、35mm、40mm、50mm 和 60mm。通过调节，可以像固定孔径准直器一样，实现 12 个尺寸孔径的自由变换，既实现与固定孔径准直器一样的调制效果，又大幅度提高工作效率。可变孔径准直器的结构是由双层的 6 块钨板组成，每层的 6 块钨板都形成一个六边形，双层钨板相互偏移 30°，则可在照射野层面形成一个十二边形的形状（无限接近圆形射野的射束特性）。但是，由于可变孔径准直器是通过十二边形来模拟固定孔径准直器的圆形射野，最小尺寸 5mm 孔径与圆形相似度略差，因此不推荐使用可变孔径准直器模式下的 5mm 孔径。Cyberknife M6 系统首次配置了 MLC，相较于前两种准直器，MLC 在射线调制能力和照射效率上均有很大的提升。目前应用在 Cyberknife M6 系统的 MLC 最大照射野为 10cm×11.5cm，有 26 对叶片，每个叶片厚度为 0.385cm，高度为 9cm。

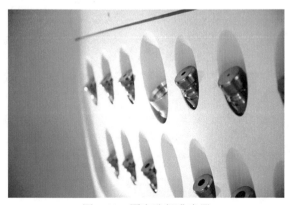

图 6-90　固定孔径准直器

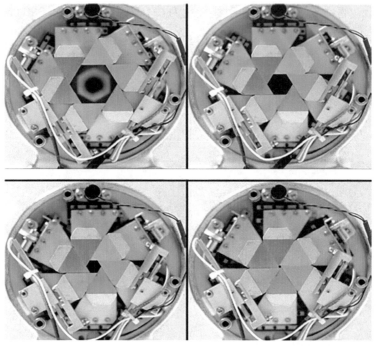

图 6-91　可变孔径准直器

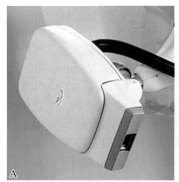

图 6-92　MLC

为了实现三套次级准直器系统之间的自动转换和集中储存，射波刀配备了 X-change 准直器转换平台（图 6-93）。该平台安装在治疗室内，根据治疗计划需求，与机械手臂配合完成三套准直器之间的自动切换。

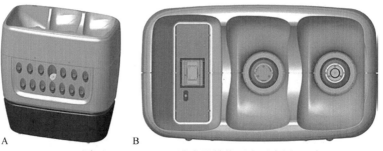

图 6-93　X-change 准直器转换平台示意图

加速器照射系统还包含一些调节控制部件，包括调制器（MOD）、调制器控制架（MCC）、水冷机、目标定位系统（TLS）计算机、目标定位系统控制台（TLSCC）、接口控制架（IFCC）等，用于加速器照射系统的控制、调节及与其他系统部件之间的连接沟通等。

3. 标准治疗床　用于安置患者以便进行治疗（图 6-94），具体组件包括标准治疗床台面、标准治疗床头部基座板和用于治疗床手动操作的手持控制器和读数显示屏。标准治疗床可以将患者进行 3 个方向（上/下、左/右、前/后）的平移和 2 个方向（左/右和前/后）的旋转，治疗过程中如需水平方向旋转则需要治疗师进入治疗室，手动微调患者体位固定装置。标准治疗床最大承重约 159kg。

图 6-94　标准治疗床

4. 操作控制台　位于控制室内，用于治疗师对患者的日常治疗。操作控制台包括以下内容：①操作员控制面板，用于接通直线加速器高压电源并监视治疗辐射射束的状态，且控制面板上还包含成像 X 射线源发光二极管指示灯和紧急停止（EMERGENCY STOP）按钮（图 6-95）；②治疗输出计算机的显示器（图 6-96）、键盘和鼠标；③治疗室监视设备，包括闭路电视系统和对讲系统等。

图 6-95　操作员控制面板

图 6-96　治疗输出计算机双屏显示器

## （二）图像引导系统

射波刀图像引导系统又称目标定位系统（TLS），用于在治疗过程中获取治疗目标的位置信息。它由 X 射线源、X 射线发生器和 X 射线图像探测器共同构成（图 6-97）。

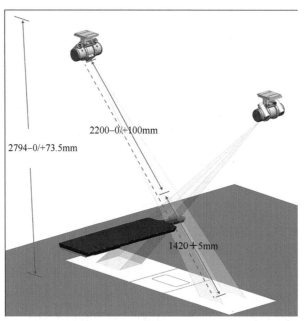

图 6-97　射波刀图像引导系统

X 射线源安装在治疗床左右两侧天花板上，并装配 2.5mm 以上铝当量过滤层。额定球管焦点分大焦点（1.2mm）和小焦点（0.6mm）两种。X 射线发生器又称高频（HF）发生器，为 X 射线源提供高压电源。X 射线发生器位于治疗室或设备室内，额定功率为 50kW，射线能量范围 40～150kV。X 射线图像探测器是由两块安装在地面下的非晶硅影像探测器构成，像素为 1024×1024。低能 X 射线源和平板探测器在治疗过程中产生高分辨率解剖影像，这些影像可以和计划系统产生的数字重建影像（DRR）进行连续比对，确定靶区的实时位置。

## （三）靶区追踪系统

靶区追踪系统可使射束连续追踪运动的肿瘤，可以不使用门控或屏气技术而明显减少外放边界。射波刀根据人体不同组织结构特点及运动特点，开发了 6 种靶区追踪系统，分别是 6D 颅骨追踪系统、标记点追踪系统、脊椎追踪系统、呼吸追踪系统、肺追踪系统和自适应影像系统。

**1. 6D 颅骨追踪系统**　可以在治疗颅内病变时直接追踪颅骨解剖结构。通过匹配骨骼特征，对 DRR 与实时影像之间的图像密度和亮度差异进行分析以引导机器人治疗系统实现精准的追踪照射。

**2. 标记点追踪系统**　又称金属标记物（金标）追踪系统，针对非颅内病变，可以通过在软组织内植入金标作为标记点来进行追踪照射，金标为常规标准直径为 0.7～1.2mm、长度为 3～6mm 的金粒或金球。在这种追踪方式下，靶区及周围至少有三颗的有效标记点，通过对 DRR 与实时影像之间金标位置差异的分析来实现对靶区六个维度（$X$ 轴、$Y$ 轴、$Z$ 轴、旋转、俯仰和偏航）上的精准追踪。

**3. 脊椎追踪系统**　可以直接追踪脊柱椎体及附近骨骼结构。无须植入金标即可对包括颈、胸、腰、骶椎在内的全脊柱区域，以及周边组织内的肿瘤靶区进行精准追踪照射。

**4. 呼吸追踪系统** 又称同步呼吸追踪系统，用于解决呼吸运动带来的靶区运动问题。可保持射束始终与随呼吸而运动的靶区同步，实现自由呼吸情况下精准追踪照射。同步呼吸追踪系统原理是通过使用体表光学标记（基于发光二极管，跟踪频率>25Hz 的光纤追踪标记）对呼吸周期运动进行实时追踪和监测，再通过 X 射线成像确定呼吸周期内追踪的目标位置，将患者呼吸周期运动（实时监控）与追踪目标在呼吸周期内各个点精确位置（X 射线成像）之间建立一个关联模型，且实时更新，即在治疗全程准确判断靶区实时位置，实现同步呼吸追踪照射。呼吸追踪系统可以与标记点追踪系统、脊椎追踪系统、肺追踪系统结合使用，使人体不同部位上由呼吸带来的靶区位置不确定性均有同步解决方案。

**5. 肺追踪系统** 针对肺部肿瘤，无须植入金标，而是通过病变组织和周围肺部组织之间图像密度差异来有效识别肿瘤并进行追踪照射。应用该追踪系统治疗时，首先使用脊椎追踪系统对患者进行配准定位，再跳转到肺追踪系统，将已识别到的肺部肿瘤组织作为追踪目标，结合呼吸追踪系统建立同步呼吸模型，实现肺肿瘤追踪精准照射。

**6. 自适应影像系统** 是一种基于时间的技术，用于补偿分次内无规律的肿瘤运动，是针对前列腺这类不规则运动的组织开发的一种运动解决方案，可以与 6D 颅骨追踪系统、标记点追踪系统、脊椎追踪系统 3 种追踪方式联合使用。

### （四）治疗计划系统

在 Cyberknife M6 大范围推广之前肿瘤放疗计划使用 Multiplan 治疗计划系统。该系统是针对射波刀技术特点开发的专用计划系统，可提供完成整个治疗计划任务所有必要的工具，从影像获取、靶区和 OAR 的定义，到剂量优化、计算和计划评估整个过程。自 Cyberknife M6 起，射波刀系统启用了全新开发的 Precision 治疗计划系统，该系统将射波刀和 TOMO 各自独立的计划系统进行整合和改进，使 Precision 治疗计划系统中的射波刀模块在继承 Multiplan 治疗计划系统优点的同时，还集合了 TOMO 计划系统中的优势，如 Volo 算法等，使其更加快速、高效。

### （五）数据管理系统

数据管理系统主管射波刀的数据、处理治疗计划系统的计划运算要求、照射执行系统和管理工作站。在 Cyberknife M6 之前，射波刀使用的数据管理系统，包含数据服务器和管理工作站两个组件，仅能实现对射波刀数据的管理。自 Cyberknife M6 起，采用 iDMS 数据管理系统，兼容更多系统，在同一局域网内提供集成的数据管理解决方案，即提供存储、检索和数据处理、数据备份和突发事件恢复功能。

### （六）机电配套子系统

射波刀除上述几部分外，还包括若干机电配套子系统，如电源分配单元（PDU）、不间断电源（UPS）、紧急停止（EMERGENCY STOP）、联锁控制柜（ELCC）、治疗机械手控制器机柜等，以上系统均安装在设备间。

## 二、工作流程

放疗是一种多工种协作、多环节配合的复杂治疗方式，要实现精准放疗效果，治疗全流程质控尤为重要。射波刀采用分次少、单次剂量高的 SRT 模式，对流程质控的要求高于常规放疗，具体到临床工作流程的环节上也与常规放疗有明显不同。

射波刀的临床工作流程如图 6-98 所示。首先，患者先进行基本信息登记，了解患者姓名、性别、年龄、原发部位、治疗部位、病理诊断及分期等信息。如果患者是肝、胰腺等部位肿瘤需要金标植入的，则需要安排金标植入术，且在术后等待 7～10 天，待金标位置固定后再进行后续体位固定及 CT 定位；若无须植入金标，在基本信息登记后即可进行体位固定及 CT 定位。射波刀体位固定装置有两种，分别为头部采用热塑面罩固定及体部采用真空垫固定。在相应体位装置固定好后，患者需在定位 CT 下获取 CT 图像，以平扫序列为基准图像，根据不同部位需求，可增加 CT 增强或 4D-CT 序列作为辅助图像；CT 定位之后，将图像传至计划系统中，由放疗医生进行靶区勾画；靶区勾画结束后，由医学物理师根据放疗医生勾画的靶区和处方进行放疗计划的设计，并由放疗医生最终审核确认；审核通过的计划进行授权即可发送到治疗设备上，由放疗师执行放疗。

在上述工作流程中，射波刀与常规放疗有明显区别的环节主要是金标植入和最终的治疗执行。

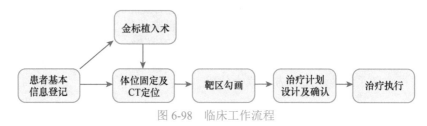

图 6-98　临床工作流程

## （一）金标植入

对体部软组织肿瘤，如肝、胰腺、前列腺等部位肿瘤的射波刀治疗时，需要植入金标作为追踪标记点。这种金标植入术通常在 CT 或 B 超下完成，由于需保证有不少于 3 颗的有效金标用于治疗，因此金标植入时，初始植入数量应在 3 颗以上。金标间空间位置也有严格要求，具体如下：①每 2 颗金标间距离要超过 20mm；②每 2 颗金标在 45° 方向（图像引导系统 X 射线照射方向）上不能共线，防止在追踪影像时无法区分；③两两金标连线的夹角不能小于 15°，否则计算误差较大；④金标与肿瘤距离不能过远，否则会影响追踪精度。

要做好术前准备和术后观察护理工作，穿刺术前要详细询问病史，了解有无胸部慢性病、心脏病及高血压等病史。术前禁食 4h，常规检测血常规、出/凝血时间、血小板计数、心/肝功能，检测生命体征。穿刺术后需卧床 4～6h，防止金标游走移位。对发生气胸或出血的患者要给予止血处理，必要时进行止咳、化痰、吸氧等对症处理，卧床期间定时检测生命体征（呼吸、脉搏、心率、血氧饱和度等）。密切观察患者情况变化，随时对症处理。酌情复查胸部 X 射线平片、CT，观察气胸及金标位置变化情况。

## （二）治疗执行

射波刀治疗全程需实时图像引导和靶区追踪，因此治疗操作比常规放疗复杂。要根据不同部位对应的追踪方式实施不同操作。

对于静态肿瘤如颅内肿瘤 SRS，在照射过程中患者头颅在面罩内有可能有轻微的移动，因此在照射治疗中，可用预设或手动启动 X 射线摄影，对比新旧影像，找出 $X$、$Y$、$Z$ 线移和旋转 6 个动度的差异值，差异值以 0.1mm 和 0.1° 为单位，以数字和连续曲线实时显示在控制电脑的荧光幕上。当差异值超过预设容忍的范围时，即可及时修正 X 射线射束方向，以补偿体位移动。Beam off、X 射线摄影、新旧影像对比、找出 6 个体位移动值、电脑运算、机械臂和射束调整、Beam on 等操作只要 4s，所以可监控治疗中的患者和肿瘤的移动并加以补偿调整，同时使用机械迅速精准定位。

对于随呼吸而移动的肿瘤，采用同步呼吸追踪方式，需为患者穿上同步背心，在治疗床上摆位固定，将 3 个红外光学标记贴于患者胸廓呼吸位移最大处的同步马甲上。治疗前建立呼吸模型，治疗床尾部的天花板上的红外线信号接收系统，可连续记录与监控患者胸部摆放的红外线标志移动，采集呼吸周期内的时间相位信息，其与图像引导系统获取的呼吸周期内靶区或金标的对应位置信息发生关联，建立可靠的呼吸模型开始进行治疗。在接下来的治疗中，模型实时更新，电脑可连续监控肿瘤随呼吸的线性移动或旋转，回馈至机械臂，控制加速器射束随患者呼吸，对肿瘤作同步移动照射治疗。

# 三、临床应用

相对于传统外科手术而言，放射外科具有创伤小的优势，对于不能手术的患者或不适合手术的患者，射波刀都是一个更有效的选择。射波刀作为立体定向放射治疗专用设备，适用于需要亚毫米定位精度的神经外科放疗患者和传统放疗患者，治疗范围涵盖从颅内至胸腹部绝大部分良性和恶性肿瘤；治疗技术手段包含了图像引导调强放疗、大分割治疗技术和独有的实时追踪技术。

射波刀的临床应用范围广泛，适合不同部位肿瘤，举例如下。

1. 颅内病变　如脑膜瘤、听神经瘤、垂体瘤、转移瘤和其他的病变，如动静脉畸形、三叉神经痛等。射波刀应用图像引导系统，在治疗时提供连续的肿瘤影像和位置分析，并实时修正。因此治疗时无须安装有创的金属定位架（如γ刀），仅用普通热塑膜等无创定位装置即可实现精准摆位，且治疗方式可以根据临床需要灵活选择单次立体定向放疗或多次大分割放疗（图 6-99）。

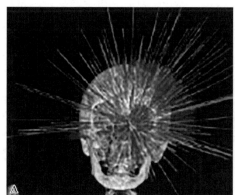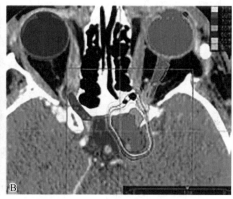

图 6-99　射波刀颅内病变应用

以三叉神经痛为例，斯坦福大学的研究表明，10 例接受射波刀治疗患者，有 7 例疼痛症状改善，5 例在治疗后 24～72 小时疼痛获得快速缓解。扩大研究样本数进一步证明，3 年间在斯坦福大学接受治疗 41 例的原发性三叉神经痛患者，有 38 例（92.7%）在 7 天（中位数）疼痛获得缓解，36 例（87.8%）疼痛获得极好的控制，2 例（4.9%）疼痛获得中等控制，只有 3 例（7.3%）疼痛没有改善。

该校针对 34 例眼球周围病灶（20 例脑膜瘤、14 例垂体瘤）的治疗报告表明：在平均 29 个月的随访中，治疗前与治疗后视力有明显变化的有 20 例，视力改善 10 例，视力变差 3 例，其中 1 例病患在随访期内因心脏疾病死亡，肿瘤控制率及视力保存率高达 91%。

对 45 例鼻咽癌患者在传统外照射治疗后再接受立体定向放射外科的加量治疗。其中 7 例为 T1 期，16 例为 T2 期，4 例为 T3 期，18 例为 T4 期。中间随访期为 31 个月，无失败及局部复发状况。3 年局部控制率达 100%，无远处距转移率为 69%，无进展存活率为 71%，总存活率为 75%。体外放疗后加上立体定向放射外科推量，为鼻咽癌患者提供良好的局部控制。

**2. 脊椎病灶** 对于脊椎肿瘤病灶，射波刀使用脊柱追踪方式，一次治疗中可自动完成几百个角度的照射，拓展了具有剂量学分布优势的非共面治疗范围，而不再局限于颅内。同时具备等中心治疗和非中心治疗模式的射波刀剂量雕刻能力精度高，可以围绕脊髓或其他敏感的 OAR 投照剂量（图 6-100）。

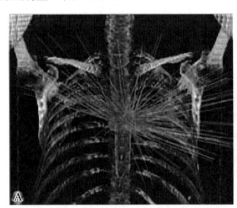
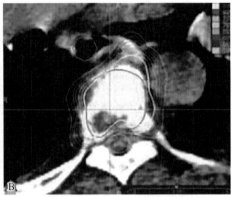

图 6-100 射波刀脊椎病灶治疗应用

匹兹堡大学应用射波刀治疗了 125 例脊椎病变患者（45 例颈椎病变患者，30 例胸椎病变患者，36 例腰椎病变患者和 14 例骶椎病变患者），其中有 17 例良性肿瘤患者和 108 例转移病变患者。肿瘤体积为 0.3～232cm³（平均为 27.8cm³）。有 78 例病变患者曾经接受过体外射线照射。肿瘤剂量维持在等剂量线 80%，即 12～20Gy（平均为 14Gy），接受>8Gy 照射剂量的脊椎管体积在 0.0～1.7cm³（平均为 0.2cm³）。在随访期内（期限为 9～30 个月，平均为 18 个月）没有发生急性放射线毒性反应和新的神经系统缺陷。79 例治疗前有症状患者中有 74 例患者的神经轴和神经根的疼痛得到改善。

在斯坦福大学的研究中，共有 16 例患者（成血管细胞瘤、血管畸形、转移癌、神经鞘瘤、脑膜瘤和脊索瘤）使用图像引导无框架放射外科设备，进行了 1～5 次分次治疗，试验证明射波刀治疗计划系统能使靶点区域治疗剂量定位的精度在±1mm 之内。对肿瘤患者 6 个月以上的随访观察表明疾病进展缓慢，对其他患者的随访正在进行中。到目前为止，还没有患者因为使用该设备而产生并发症。

**3. 体部肿瘤** 对于肺部、肝、胰腺等部位的肿瘤，治疗时受呼吸运动影响很大，射波刀在治疗这类肿瘤时，不采用传统呼吸门控技术或屏气技术，而是对肿瘤的三维运动进行同步呼吸追踪，可在正常呼吸运动中给予肿瘤高度精准的治疗剂量。采用此技术后，其他传统放疗技术摆位和治疗需扩放的边界明显缩小（图 6-101）。

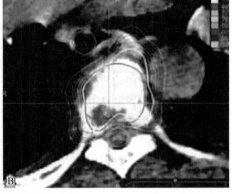

图 6-101 射波刀体部肿瘤应用

乔治城大学对局部晚期胰腺癌患者定向放射外科手术Ⅰ期临床试验表明，以3种剂量对15例患者进行治疗（3例患者剂量为15Gy，5例患者剂量为20Gy，7例患者剂量为25Gy）。在以上剂量的临床试验中，没有观察到3级及以上急性胃肠道毒性反应。因为可评估的6例接受25Gy治疗的患者都达到了局部控制（1例患者无法评估）。该临床试验表明对局部晚期胰腺癌患者实施定向放射外科手术可行，能够实现病变局部控制，无明显急性胃肠道毒性反应。

斯坦福大学对23例肺癌患者进行射波刀Ⅰ期临床试验，患者年龄在28～73岁，肿瘤体积为1～5cm，没有发现3～5级的放射性并发症，在1～26个月随访中（平均7个月），91%的患者的病情得到了良好控制。

在前列腺肿瘤放疗中，由于前列腺位置变化迅速而且不可预测，立体定向放疗必须在治疗中多次重复地进行图像引导，以确保治疗过程中的精准性。因此，应用射波刀进行前列腺治疗时，可根据患者实际情况采用自适应追踪技术，灵活调整图像引导的间隔，保证治疗准确性（图6-102）。

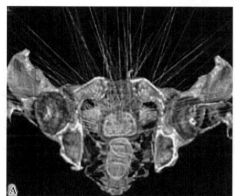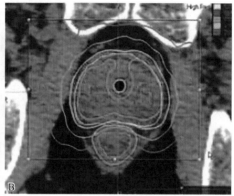

图6-102 患者使用自适应技术

# 第十节 MR引导直线加速器

过去十几年，放射治疗取得了突飞猛进的进展。从二维放疗（2D-RT）到三维适形放疗（3D-CRT）、逆向调强放疗（IMRT），到图像引导放疗（IGRT）、剂量引导放疗（DGRT）的自适应放疗（ART），再到生物响应自适应放疗（biological image-guided adaptive radiotherapy，BIGART）。诞生的每一种技术在减少肿瘤并发症的同时，也在不断提高放射治疗的精准度和肿瘤治愈率。每种新技术的发展也在改变着我们原有的临床治疗途径和治疗流程。

目前，定义肿瘤照射范围和治疗中对肿瘤的追踪定位是精准放疗最关键的环节。图像引导放疗技术可对肿瘤实时精准成像，是目前开展各种放疗新技术的基础，也是实现肿瘤精准放疗的前提。

图像引导的方式从过去电子照射野图像引导，逐渐发展成正交X射线引导、超声引导，目前主流的是锥形线束CT、兆伏级CT等三维图像引导方式。其中锥形线束CT是图像引导的标准手段，它是对患者成像并精准照射的良好方法，但不具备治疗过程中实时监控的能力，无法完全的看清软组织细节。目前兴起的MRI引导放疗之所以被人们所关注，是因为MRI有良好的软组织分辨率，可以精准的确定肿瘤和OAR的边界，而且磁共振具有无电离辐射和无创扫描的特点，用磁共振进行图像引导更能减少不必要的辐射损伤。同时，通过定量磁共振成像（quantitative MRI，qMRI）扫描获得关键的组织生物学特征，不仅可以更精准的确定生物靶区的范围，提高肿瘤放射总剂量，降低周围正常组织剂量，还可以对疗效和毒性反应进行预测。

MR的优势，让磁共振引导放疗（MR-guided radiotherapy，MRgRT）成为放疗领域的新方向。图 6-103 为基于 CT 和 MR 图像放疗的流程示意图的对比。表 6-5 总结了 MRgRT 与 IMRT、质子放疗的重要技术特点及对肿瘤治疗的作用。

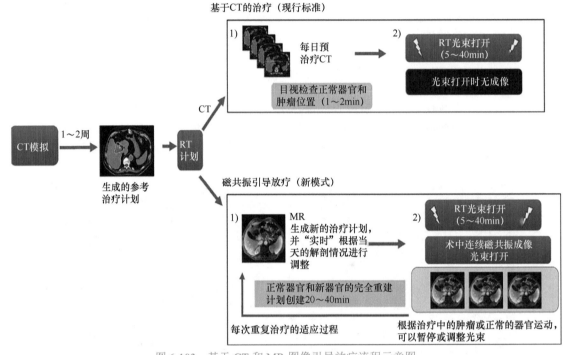

图 6-103　基于 CT 和 MR 图像引导放疗流程示意图

**表 6-5　CT 引导 IMRT、质子放疗与 MRgRT 的重要技术特点及对肿瘤治疗的作用**

| 技术类别 | 对肿瘤治疗所进行的改变 | 对应的临床试验 | 技术发展的限制性 |
| --- | --- | --- | --- |
| CT 引导 IMRT | 提高剂量均匀性，降低正常组织剂量 | 减少对关键 OAR 的辐射剂量（头颈部肿瘤中腮腺）<br>可制定更高的处方剂量策略 | 昂贵<br>软组织对比度不足，限制了适用性<br>缺少肿瘤放疗的实时监测 |
| 质子放疗 | 能够避免或减少照射到相邻组织结构<br>减少辐射剂量对正常结构的影响<br>具有完全消除对某些正常结构剂量的能力 | 实验的重点是通过减少对正常组织的辐射剂量来实现临床改进 | 非常昂贵<br>图像引导中软组织对比度不足，无法降低对正常器官的最高辐射剂量<br>局限的治疗适应证 |
| MRgRT | 治疗过程中明显改善软组织成像<br>基于当日采集的 MR 图像实时 ART<br>MR 图像采集无辐射损伤<br>可检测肿瘤和正常组织对放疗的疗效 | 解剖学和生物信息 ART，基于治疗过程中每日 MRI 所看到的的变化<br>分次间放疗或者实时放疗检测肿瘤和正常器官运动<br>邻近肿瘤的正常组织器官辐射剂量的减少，正常组织并发症概率（NTCP）随之减少 | 昂贵<br>加速器与 MRI 设备组合的相关风险和复杂性<br>MRI 对辐射剂量分布的影响<br>有些患者不适合做 MRI |

通过把高场强磁共振和直线加速器两种先进技术整合在一起，即可实现磁共振成像实时监控下的放疗，磁共振成像引导直线加速器（magnetic resonance imaging linear accelerator，MR-Linac）应运而生。在以前放疗中看不到或者看不清的区域，应用 MR-Linac 可以实时获取 MR 图像，并确定治疗中是否准确照射。如果脏器间有不确定运动，临床上会扩大放疗靶区，防止由于内脏运动导致治疗失败。现在通过实时磁共振成像技术，可以精准监控肿瘤运动，从而缩小照射范围，减少正常组织受照，降低放疗损伤和减少不良反应。而且针对不同需要，利

用不同扫描序列，可以得到不同生物信息，为靶区的精准勾画和放疗提供依据，使 BIGART 成为可能。

## （一）MR-Linac 设计原理

MR-Linac 由磁共振系统和加速器系统组合而成，放疗的同时可采集到高质量的 MR 图像。目前主要有两种设计方案：一种是射线方向平行于主磁场，另一种是射线方向垂直于主磁场。

在强磁场的环境中运行加速器，射线剂量分布和磁共振图像质量都会受到干扰。想要保证两个系统能相互独立运行，就面临着解决磁场干扰、射频脉冲干扰和射线穿过磁场后还能精准照射等技术难题。如需实现调强放疗，加速器还需配备 MLC 系统，这就更增加了 MR-Linac 的设计难度。

**1. 磁场对直线加速器的影响**　临床用直线加速器的磁场耐受性仅为 1G（0.0001T），所以直线加速器和一个 1.5T 磁共振相结合并能正常工作是一项复杂的工程。

首先，直线加速器最接近磁体的是 MLC，其用于控制驱动叶片马达到位精准度的磁性编码器，在高磁场作用下性能会降低。研究表明，450G（0.0045T）的磁场足以使编码器停止工作或出错，所以防止加速器部件被磁场干扰是 MR-Linac 面临的一个主要问题。

其次，磁场大小与方向都会对加速器波导管中加速的电子产生较大影响。磁场可以引起电子偏离和聚焦/散焦，在许多情况下导致束流损失。在磁场和电子加速方向垂直系统中，磁场在 14G（0.0014T）时遭受的总波束损失最严重。在磁场和电子加速方向平行的系统中，在 600G（0.0006T）下束流强度会降低 79%。在大多数情况下，可以通过被动屏蔽设备或主动屏蔽磁体来减少磁场的干扰。

在照射过程中，X 射线束与物质相互作用释放的次级电子会受到洛伦兹力的影响。当射线和磁场方向垂直时，电子在远离磁场的环形路径上发生弯曲，称为电子回转效应（electron return effect，ERE）。ERE 会增加半影宽度，电子束受磁场的作用在传播路径上发生弯曲，导致电子重新进入人体。在不同电子密度的交界处，形成剂量不对称分布，使空腔部位剂量增加。研究表明，在磁场中接受全乳腺照射（whole-breast irradiation，WBI）治疗的患者，皮肤剂量会因此增加。研究表明，两照射野 WBI 的平均皮肤剂量从 0T 时的 29.5Gy 增加到 0.35T 时的 32.3Gy 和 1.5T 时的 33.2Gy。图 6-104 为 ERE 在全乳腺放疗中所造成的皮肤剂量升高示意图。对于照射野照射的 WBI，平均皮肤剂量从 0T 时的 27.9Gy 增加到 0.35T 时的 30.2Gy 和 1.5T 时的 29.8Gy。由于 ERE 也存在于肺-组织界面，因此精准计算肺和胸壁的剂量非常重要。

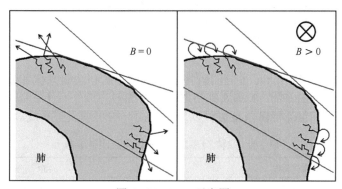

图 6-104　ERE 示意图

通过两个切向场表示左胸 WBI，B 为磁场强度。光子束边缘由蓝线描绘。穿过被照射乳房出口两侧的皮肤 - 空气边界的次级电子的轨迹由箭头表示。定向到平面的非零磁场（右）的情况时，ERE 可能导致更高的皮肤剂量

当射线和磁场方向平行时，存在电子聚焦效应（electron focusing effect，EFE），它沿着磁场的中心轴集中电子。在光束进入患者之前会显著增加皮肤剂量。图 6-105 为 ERE 和 EFE 概念示意图。

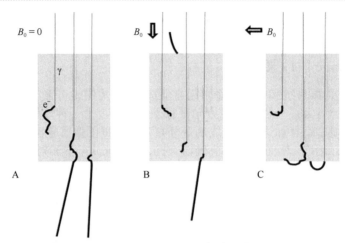

图 6-105  ERE 及 ETE 概念示意图

磁场（$B_0$）对光子剂量测定的影响说明：A. 无磁场的正常情况；B. 磁场和射线方向平行，会产生 EFE；C. 磁场和射线方向垂直会产生 ERE

**2. 直线加速器对 MR 系统的影响**  直线加速器对 MR 系统的影响可能不太明显，但同样具有挑战性。任何 MR 系统最基本的要求是确保它位于电磁屏蔽环境中，这通常是通过将装置置于法拉第笼中来实现。任何外来的射频（RF）噪声都会对图像造成严重干扰，因此直线加速器必须放置在该环境外或成为射频屏蔽的组成部分。另一个挑战是保持主磁场（$B_0$）的均匀性。已经证明，加速器和 MLC 的接近会增加扫描成像体积内的磁场不均匀性。这可以通过将 MLC 作为磁铁的组件部分来保证磁场的均匀性。当 MLC 放置在距磁铁等中心至少 1m（标准 SID）的地方时，MLC 的影响最小。在诊断成像中，RF 线圈与患者治疗部位紧密贴合，以最大限度地减少噪声和提高图像质量。MR-Linac 系统中，该线圈不可避免地放置在射束路径中，这不仅会衰减辐射剂量，而且产生的次级电子还增加了不必要的皮肤剂量。此外，射线束会导致导体或电子设备中的电子不平衡（辐射感应电流），从而造成图像伪影。目前可以通过研发完全开放式的 RF 线圈，或耐射线干扰的线圈减少此类现象的影响，以配合 MR-Linac 成像的需要。

## （二）MR-Linac 基本结构

磁场强度越高，图像质量会越好，但对加速器束流影响也越大。基于图像质量和加速器束流影响的考虑，每种 MR-Linac 系统都采取了截然不同的设计方式，每种设计都有其独特的优势。目前世界上有四种主流的 MR-Linac 系统：①医科达磁共振加速器；②澳大利亚磁共振加速器；③加拿大磁共振加速器；④美国磁共振加速器。

表 6-6 中列出四种 MR-Linac 系统的硬件参数，其中医科达磁共振加速器和美国磁共振加速器的照射方向垂直于主磁场。加拿大磁共振加速器照射方向平行于主磁场，澳大利亚磁共振系统照射方向和磁场方向既可以垂直也可以平行，是一种可调设置系统。

**表 6-6  四种 MR-Linac 系统主要硬件参数**

| 类型 | 商业名称 | 制造商 | MR 场强 | 孔径 | 能量强度 |
|---|---|---|---|---|---|
| 美国磁共振加速器 | ViewRay -$^{60}$Co -Linac | ViewRay Technologies Inc Oakwood Village，Ohio | 0.35T | 70cm | $^{60}$Co 源 6MV |
| 医科达磁共振加速器 | Elekta Unity | Elekta AB，Stockholm，Sweden | 1.5T | 70cm | 7MV |
| 澳大利亚磁共振加速器 | Australian MR Linac System | Australian MR-Linac Program | 1.0T | 82cm | 6MV |
| 加拿大磁共振加速器 | Aurora-RT System | MagnetTx，Edmonton，Alberta，Canada | 0.5T | 60cm | 6MV |

## （三）MR-Linac 的重要机械参数

下面以四种主流的 MR-Linac 系统说明其重要的机械参数。

**1. 医科达磁共振加速器（Elekta Unity）**
MR 部分由飞利浦公司提供，场强为 1.5T，孔径为 70cm。直线加速器能量为 7MV（无均整器）。加速器部件安装在核磁外部的导轨上，源-轴距（SAD）较长（143.5cm），剂量率为 425 MU/min。经过复杂精巧的工程学设计，达到严格的磁场兼容性与均匀性的要求。图 6-106 为 Elekta Unity 外观图。

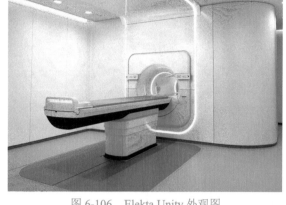

图 6-106 Elekta Unity 外观图

（1）磁场与射野：Elekta Unity 主磁场的方向指向床尾，射线方向和磁场方向总是垂直的。射线产生的次级电子，在磁场洛伦兹力的作用下，产生电子回转效应，扰乱了剂量分布。这在射束内和外的影响较小，但是在射束边缘明显可见。与传统医用电子直线加速器 40cm×40cm 的最大照射野不同，Elekta Unity 纵向上最大射野 22cm，横向 57cm。这是因为低温恒温器在纵向上是分开的，中间用较薄的环带连通，用来允许射束通过。如果拉得太开，磁场均匀度下降，这就限制了 Y（IEC61217）方向射束的大小。此外，在机架 13° 方向有一个超导线管道，这个管道禁止直接照射，因此这也限制了机架 9°～17° 照射野大小。

（2）治疗床和射线等中心：平板治疗床在机架孔径外可以升降，一旦进入机架孔，床的高度和左右方向将不能改变（磁共振不能在不同高度进行扫描），仅支持患者进出床运动。因此，有些实时计划无法调整患者的位置，只能选择优化现有计划或重新做计划。Unity 是一种图像引导的放疗系统，必须基于患者在其当前治疗位置获得的图像来优化剂量，这也意味着射野等中心点通常不在靶区内。等中心点在治疗床上方 14cm 的位置。由于 MRI 的阻挡，Unity 没有光野指示器（图 6-107）。

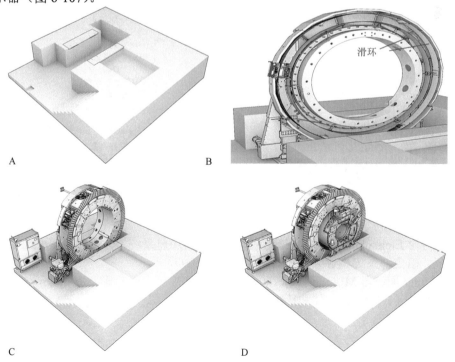

A     B

滑环

C     D

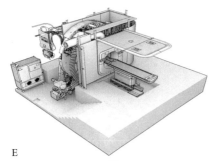
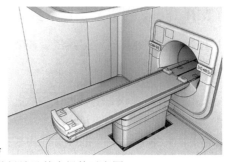

图 6-107　Elekta Unity 的场地及基本组件示意图

A. Elekta Unity 场地设计示意图；B. 电力和数据滑环系统；C. 黄色部分为加速器组件；D. 粉红色部分为磁共振组件；E、F. 彩色部分为加速器治疗床组件

（3）治疗模式：MLC 以 Elekta Unity 加速器为基础，有 160 个叶片。MLC 在等中心处具有 7.2mm 的投影宽度，准直器不能旋转，加速器机架不能倾斜，治疗床不能旋转，因此所有 Unity 治疗只能实施共面治疗。现有版本 Unity 只支持 IMRT，预计未来会开启 VMAT 模式。

（4）Elekta Unity 旋转机架组件：由三部分组成。第一部分（Segment1）为束流系统及 MLC 组件；第二部分为（Segment2）MV 成像系统；第三部分（Segment3）为水冷却和控制系统（图 6-108）。

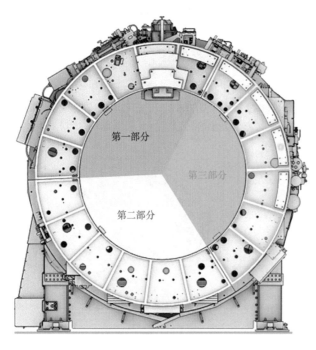

第一部分：
1. 辐射机头（含电离室）
2. 电子枪、加速管波导系统和离子泵
3. 束流整形驱动装置
4. 循环系统
5. 束流产生传感器接口和SF6传感器
6. 自动频率控制识别器
7. 磁控管
8. 调谐驱动器组件
9. Swing-In-Swing-Out组装（SISO）系统
10. 射频调制器
第二部分：
1. 网络分配单元
2. 信号环接口
3. 实时计算机
4. MV成像控制系统
5. MV探测器
6. MV探测器电源
7. 机架电源分配装置
8. 束流发生电源分配装置
第三部分：
1. 水调节系统
2. 离子泵控制器
3. 束流生成控制器
4. 枪调制器
5. 束流整形控制器
6. 19英寸机架

图 6-108　Elekta Unity 旋转机架组件示意图

第一部分由 Elekta Unity 束流系统组成，包括束流加速系统、传感控制器、SISO 系统、射频通道系统、磁控管系统和射频调制器系统（图 6-109）。

Elekta Unity 加速器 MLC 部分有 160 片 MLC，叶片等中心投影宽度 7.12mm，MLC 叶片移动方向沿孔轴（$Y$-IEC）、磁体和等中心之间没有光野（图 6-110）。

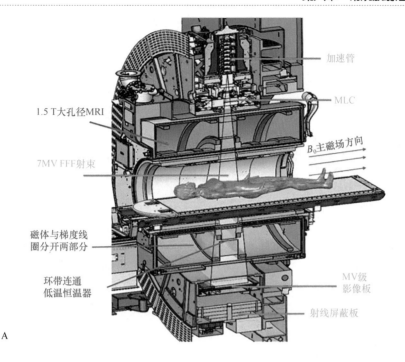

第一部分 束流系统

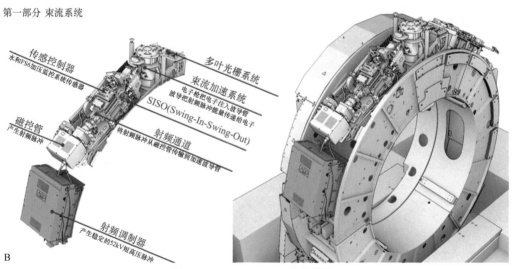

图 6-109　Elekta Unity 束流系统
A. 横断面；B. 束流系统示意图

Elekta Unity 第二部分由 Unity MV 成像系统组成，包括 MV 成像控制器、实时控制器、MV 成像板、电源供电系统（MV PSU）、束流发射电源适配系统（PDU）和机架 PDU 系统（图 6-111）。

Unity MV 影像系统中图像探测板距靶约 265mm，探测板大小为 41cm×41cm，成像面积为 22（IEC $X$）cm×11（IEC $Y$）cm，图像分辨率为 1024 像素×1024 像素，探测器像素尺寸为 0.4mm，等中心像素尺寸约为 0.21mm，探测板处磁场强度＜3mT（图 6-112）。

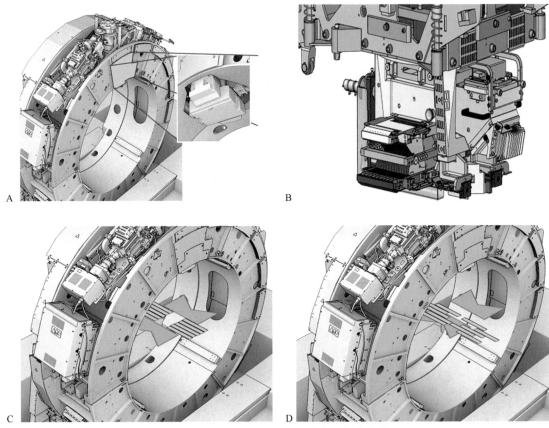

图 6-110　Elekta Unity MLC 示意图（绿色部分）

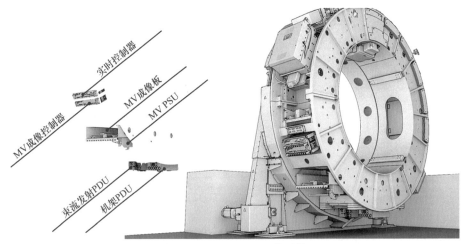

图 6-111　Unity MV 影像系统

　　Elekta Unity 第三部分由束流控制器、枪调制器、束流发生控制器、以太网交换机和水冷却系统组成（图 6-113）。

　　Elekta Unity 治疗床及扫描线圈配有可重复摆位系统的治疗床，图 6-114A 为治疗床示意图，图 6-114B 中不同彩色区域由不同材质构成，可兼容 MRI 与 CT，进出床方向为纵向，承重为227kg。

- 探测板距靶≈265mm

- 探测板直径：41cm × 41cm

- 成像面积：22 (IEC $X$) × 11 (IEC $Y$) cm

- 图像分辨率：1024像素 × 1024像素

- 探测器像素尺寸：0.4mm

- 等中心像素尺寸≈0.21mm

- 探测板处磁场强度：<3mT

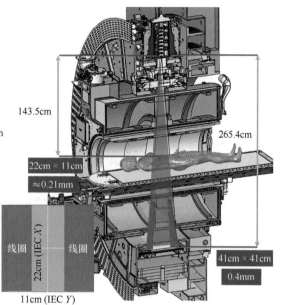

图 6-112　Unity MV 影像系统横断面示意图

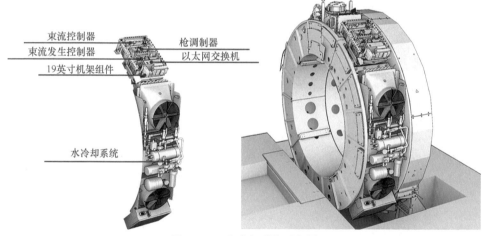

图 6-113　水冷却系统示意图

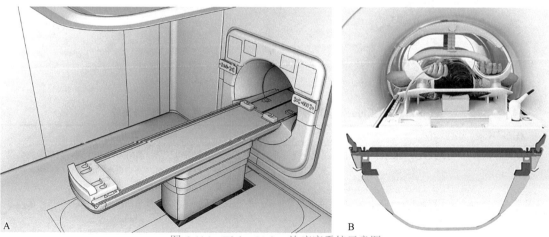

图 6-114　Elekta Unity 治疗床系统示意图

（5）Unity 放疗计划系统：Monaco 放疗计划系统为 Unity 建立了射束模型，在剂量计算中考虑磁体、接收线圈及治疗床对射束的衰减。计划系统具备在线勾画肿瘤、正常组织器官及在线优化治疗计划功能，按照不同的临床需求提供定制化的计划优化流程。计划系统使用蒙特卡洛算法计算剂量，模拟粒子束流在患者体内能量递送的过程，能够精准地计算磁场中的剂量分布，计算速度快，可实现在线治疗计划优化。

Unity 放疗计划系统的临床流程分为离线和在线两个部分。离线部分与当前常规加速器治疗的准备过程基本相同，主要步骤包括患者体位固定、获取模拟治疗的 CT 定位影像和创建治疗计划。在准备过程中创建的治疗计划称参考计划，目的是设定一个符合处方要求的计划模板。在线流程是每个治疗分次必须完成的。这个过程有三步，第一步是完成患者的摆位和三维磁共振定位影像的扫描；第二步是在 Monaco 放疗计划系统上完成磁共振定位影像与模拟定位影像的配准，根据在线影像确定治疗靶区和 OAR 的位置，在参考计划的基础上制定当次治疗的自适应放疗计划，根据治疗靶区和 OAR 的变化情况，可选择进行"按位置修正"或"按轮廓修正"两种自适应放疗方式；第三步是在磁共振放疗系统上执行自适应计划，治疗中可以用磁共振影像来监控肿瘤的位置和运动，验证治疗中肿瘤位置是否发生偏移。

**2. 澳大利亚磁共振加速器（MR-Linac）**　　MR-Linac 是政府资助项目，该项目的核心是一个专门设计的 1T 磁共振和 6MV 直线加速器系统。磁共振部分基于 Magnetom Avanto 技术，孔径为 82cm，用 50cm 的磁屏蔽间隙来放置加速器的 MLC 部件。配备 50cm 孔径的高性能梯度线圈和 8 通道射频线圈。加速器部分配备了具有 120 个叶片，并可实时控制的 MLC 系统。目前研究包括 MRI 元件的工程设计、MRI 和直线加速器相互作用的量化及图像引导和适应策略的开发。

如图 6-115 所示，MR-Linac 研究方向是磁场和束流平行方向和垂直方向的各自特点。表 6-7 显示了两种方式的特点比较。如果是平行方式，由于 MRI 对运动的敏感性，需要解决如何旋转的问题；当旋转加速器时，成本更高、风险更大；当旋转患者时，会让患者感到不适。

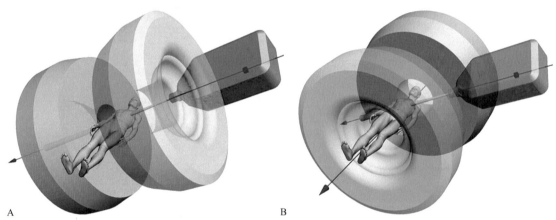

图 6-115　MR-Linac 束流平行方向（A）与重复方向（B）
A. 磁场和束流平行；B. 磁场和束流垂直

**表 6-7　MR-Linac 磁场和束流在平行方向和垂直方向的优势比较**

| 测试项目 | 平行方向 | 垂直方向 |
| --- | --- | --- |
| 对电子枪的效应 | 电子被聚集到阳极，可致 80% 束流损失 | 电子枪未屏蔽时电子获得侧向力，0.01T 则可致束流完全损失；电子枪穿透合金（高导磁率的镍铁合金）时，需约 0.1T 即可致束流完全消失 |
| 对波导（加速管）的效应 | 电子被聚集在一起，可代替而无须使用聚焦螺线管 | 作用在电子的侧向力可致束流降能和（或）损失，侧向力随 $B_0$ 增大而增大，可达 1mm/MeV |

续表

| 测试项目 | 平行方向 | 垂直方向 |
|---|---|---|
| 对治疗头（机头）的作用 | 聚焦电子，减少电子束击靶的散度 | 作用在电子的侧向力使电子束击靶偏向，导致束度和对称性降低 |
| 患者体表的 ERE | 污染电子被聚集在束流区域内患者体表。可采用轭流磁体消除该影响 | 污染电子从治疗区被消除 |
| 患者体内的 ERE | 无侧向传递，束流半影减少，随着 $B_0$ 增大束流半影减少 | 随着 $B_0$ 增大，非对称束流半影增大；回转效应增强进而增加了束流的不均匀性 |
| 光子散射剂量 | 可忽略 | 闭孔磁体时衰减 0～60%（0～8cm 等效铝厚度），射野外的光子散射部分的衰减 4～19%（0～8cm 等效铝厚度） |
| 最大 $B_0$ 场强 | 保守选择 1T | 至少 1.5T |
| 现有 MR 系统的转换 | 少数 MR 系统需修改，特别是旋转 MR 系统 | 类似于常规 MR 系统，因此非常容易应用现有的设计、硬件和软件 |
| 粒子放疗的潜在和长期应用 | 可忽略 | 导致能量选择，并使束流扩散出 $B_0$ 方向（幅度可被量化） |

图 6-116 显示了磁场和束流方向平行时，在水平和垂直平面内旋转 MR-Linac 或患者的设计方案。直线加速器束流方向与磁场平行的情况下，可以在水平平面或直立平面上旋转患者，或者患者仰卧不动，机架和磁体围绕患者旋转。

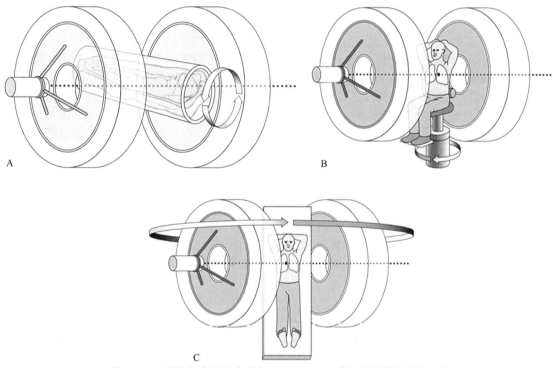

图 6-116　磁场和束流方向平行，MR-Linac 或患者旋转的设计方案
A. 患者仰卧，旋转患者；B. 患者坐位，在垂直方向上旋转；C. 患者仰卧，旋转磁体

**3. 加拿大磁共振加速器（MagnetTx Aurora-RT）**　Aurora-RT 系统由阿尔伯塔大学研发小组开发，该小组提供了 MR-Linac 领域一些最早的实验和技术。他们的研究始于 2008 年，当时只有一个头部原型机，目前已转化为使用 0.5T 磁铁可治疗全身的版本。

该系统射束方向和磁场方向平行，但与 MR-Linac 相比，它由双平面磁铁和加速器旋转机架组合而成。磁体部分是一种高温超导体，可以相对容易地打开和关闭。阿尔伯塔大学开发的

Aurora-RT 系统和澳大利亚磁共振加速器系统都可以拆卸成组件并放置在传统的放疗机房中。

4. 美国磁共振加速器（ViewRay）    ViewRay 公司生产了 2 种不同配置的产品，第一种为 ViewRay MRI-cobalt，由一个 0.35T 磁共振和 3 个 $^{60}$Co 源组成（目前不再生产），第二种为 ViewRay MRIdian，由 0.35T 磁共振和 6MV 光子加速器组成（图 6-117）。

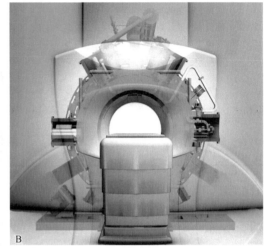

图 6-117    ViewRay MRI-cobalt 及 ViewRay MRIdian
A. ViewRay MRI-cobalt 在机架 90°时的剖面图，系统治疗孔径为 28cm；B. ViewRay MRIdian

（1）ViewRay MRI-cobalt：由 3 个主要部件组成：①可用于全身扫描的 0.35T 磁共振，双圆环设计，成像 FOV 为 50cm。②放疗系统采用 3 个 $^{60}$Co 源，等中心最大剂量率为 550cGy/min，同时从 3 个相隔 120°的机架角度进行投照。等中心处可形成 10.5cm×10.5cm 的照射野。在治疗过程中，通过跟踪目标关键结构，实时采集 MR 图像：1 个矢状面上以 4 帧/s 或在 3 个平行矢状面上以 2 帧/s 的速度扫描。考虑到实时 MRI 采集会有 300ms 的延迟，仅当被追踪的感兴趣结构进入设定区域内，束流控制系统可被启动。③在线自适应放疗（ART）的 TPS。利用基于蒙特卡洛的剂量计算算法设计三维适形和逆向调强放射治疗计划。TPS 基于每天在线扫描 MR 图像，根据患者和肿瘤解剖结构的变化来重新优化计划。

（2）ViewRay MRIdian：此系统包含一个 0.35T 超导磁体。束流系统是一台紧凑的 S 波段驻波 6MV 加速器，采用无均整器的设计，输出剂量率是 600cGy/min。系统的机架孔径为 70cm。两块磁体之间有 28cm 的间隙，环形机架被放置在两个磁铁之间的间隙处，治疗射束垂直于磁场平面发射。从 33°开始，机架角度沿顺时针方向可以任意设置。由于技术限制，在 30°与 33°之间不可以设置机架角度（图 6-118）。

ViewRay MRIdian 的整体 MR 成像单元与 MRI-cobalt 系统相比基本没有变化。ViewRay MRIdian 系统的设计亮点是专利性的磁共振屏蔽和微波射频 RF 屏蔽，这能让磁共振和加速器系统相互独立的工作而不干涉对方。一般情况下，加速器发出的微波射频会干扰 MR 影像采集，从而降低成像质量。MRIdian 系统使用带有碳纤维的铜屏蔽物来阻挡微波射频。碳纤维和铜的组合使得漏射的加速器微波射频趋于零，从而保证加速器对磁共振成像的干扰趋于零。ViewRay 专门开发了一套同轴的钢屏蔽系统，能在中央间隔处创造一个无磁区域，可使加速器机架位于分离式超导磁场的中央间隔处。

MRI 和直线加速器共用一个等中心。激光灯投射到机架外的虚拟等中心，该等中心通常位于距治疗等中心 155cm 的位置。在孔径限制范围内，患者治疗床可在所有三维方向上移动，垂直移动范围为等中心处向下 20cm，横向移动取决于治疗床的实际高度。在足够的高度下，最大横向移动量为±7cm，高度越低，横向可移动距离越小。在治疗计划期间，显示可实现的位置，并记录等中心位置。

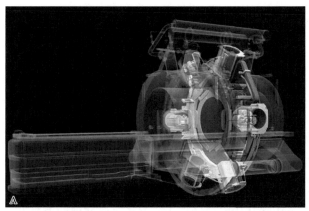
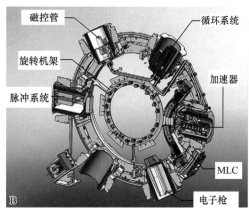

图 6-118　ViewRay MRIdian

A. 系统示意图，主要硬件组件：超导双圆环磁体，圆形辐射架和患者治疗床；B. 带有直线加速器组件和 MLC 的辐射机架示意图

加速器配有一套 138 片的双层双聚焦 MLC，所形成的射束半影很小，能支持非常精准的放疗方式。它的 138 片双层双聚焦 MLC 有 34 对在上层，35 对在下层。每片叶片在 90cm 等中心（源-轴距）的宽度是 8.3mm。双层双聚焦 MLC 采用上下两层相互补偿的方式来达到 90cm 等中心（SAD）处的有效叶片宽度是 4.15mm。MLC 在等中心处的最大照射野尺寸是 27.4cm×24.1cm。每片叶片宽 4mm，最小可形成 2mm×4mm 子野，有效减少半影和叶片间漏射。表 6-8 列举了传统直线加速器、射波刀、螺旋体层放疗、MRIdian、Unity 的 SAD、MLC 和剂量率对比信息。

表 6-8　加速器等中心、MLC 剂量率参数表

| 放疗设备 | SAD（cm） | MLC（cm） | 剂量率（MU/min） |
| --- | --- | --- | --- |
| 传统直线加速器 | 100 | ≈0.5 | 600～2400 |
| 射波刀 | 80 | 0.385 | 1000 |
| 螺旋体层放疗 | 85 | 0.625 | 850～1000 |
| MRIdian | 90 | 0.42 | ＞600 |
| Unity | 143.5 | 0.72 | 450 |

### （四）MR-Linac 剂量学特点

射线经过人体产生次级电子，磁场与次级电子相互作用，其强度由磁场强度和射束相对于磁场的入射方向决定。对于垂直束流的磁场，将缩短建成距离并产生不对称半影。最引人关注的是组织-空气界面处的效应：没有磁场电子会从界面上散射出去；在磁场的作用下，由于洛伦兹力，这些电子将返回到出射表面，从而产生局部剂量增加。对于不同辐射场大小、磁场强度和表面取向，这种所谓的电子返回效应表现不同。为此，必须在剂量计算中考虑磁场，目前在磁场中的剂量计算采用蒙特卡洛算法。磁场也会影响电离室的测量，例如使用电离室时，对于相对剂量的测量，必须应用额外的磁场校正因子（图 6-119）。

无磁场　　$D_w^Q = M \cdot N_{D,w}^{^{60}Co} \cdot k_Q$

有磁场　　$D_w^Q = M \cdot N_{D,w}^{^{60}Co} \cdot \boxed{k_Q \cdot k_B}$

图 6-119　磁场校正因子公式示意图

$k_B$ 为磁场校正因子。该值与磁场强度、探头型号、摆放方向、射线质等参数有关

磁场下的剂量偏差：每个计划中点剂量误差≤2%，每个照射野中点剂量误差≤10%。

由于磁场对次级电子洛伦兹力的影响，导致横断面剂量分布出现明显偏差。图 6-120 中所

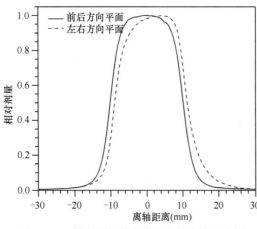

图 6-120　横断面剂量在磁场中的变化示意图

示数据均为使用宝石探头在 Elekta Unity 机架角度为 0°、1.3cm 深度、2.0 cm×2.0 cm 照射野下的采集。

## （五）MR-Linac 临床应用

**1. 可视化 MR-Linac 呼吸门控系统**　首尔国立大学医院的团队创造性地研发了患者自主控制的视觉引导 [Visual Guidance Patient Controlled（VG-PC）] 呼吸门控系统。将一台投影仪放入 ViewRay 磁共振放疗系统的治疗室内，让患者在出束过程中，同步看到体内的实时 MR 解剖图像，患者可根据图像信息自主地控制其呼吸运动幅度，使体内肿瘤处于照射靶区内，保证精准放疗。图 6-121 为使用 VG-PC 在 ViewRay 系统治疗时的投影图像。投影仪的分辨率和亮度分别为 4K 和 50 流明[美国国家标准化协会（ANSI）]，因此即使在房间灯亮着的情况下，投影图像的可见性也足以让患者清晰地看到实时的 MR 图像。

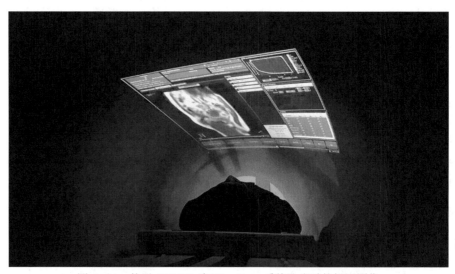

图 6-121　使用 VG-PC 在 ViewRay 系统治疗时的投影图像

**2. 利用 MR-Linac 治疗的临床实验研究**　2017 年来自乌得勒支大学医学中心（UMCU）的科研人员发表了首次实现 Elekta Unity 1.5T MR-Linac 治疗患者的临床研究文章。在这项研究中，医生在治疗 4 名腰椎骨转移肿瘤患者时，通过 Elekta Unity 获得在线磁共振图像，分别对其制定实时 IMRT 放疗计划并给予治疗。经研究人员确认，患者接受的辐射剂量精准，且等中心点的剂量偏差范围仅 0～1.7%。MR 图像的几何精度误差小于 0.5mm，范围在 0.2～0.4mm。

利用 MRI 图像进行肿瘤疗效的研究，大多都是通过一次或两次磁共振扫描图像进行分析，对每位患者进行多次测量的研究数量很少，然而 MR 系统提供治疗实时采集 MR 图像的机会。每次治疗，MR 系统上均可获取 MR 图像。迄今为止也进行了少数 qMRI 的研究，qMRI 在 MR 系统上的可行性，在一项 DWI 试点研究中得到证实。在这项研究中，纵向 DWI 图像是从一组头颈癌和肉瘤患者中获得，观察到具有不同 ADC 变化模式的治疗过程。以类似的方式，在 3 例直肠癌患者的治疗中显示了 DWI 用于反应评估的可行性；4 例脑肿瘤患者的实验表明在治疗过程中可以检测到 T1、R2 和质子密度图的变化。此外，一些研究评估了影像组学特征监测治疗期间反应的可行性。对于肉瘤患者，研究表明源自纵向 DWI 的影像组学特征可用于预测放疗后的术后肿瘤坏死评价。有研究表明治疗期间影像学特征的变化有可能能预测直肠癌的临床完全反应。放射组学特征可以预测在 MR 系统上接受立体定向消融体放疗的胰腺癌患者的结果。基于每日功能 MR 图像引导下的生物自适应放疗将成为主流方式之一。

## 第十一节　质子放射治疗系统

### 一、质子放疗系统基本原理

质子放疗是外照射放疗的一种，不同于传统光子，质子束在人体内有特殊深度剂量分布特征——布拉格峰（Bragg peak）。质子射线到达要治疗肿瘤的深度时，就会停下来，集中释放能量杀死肿瘤细胞，肿瘤后方剂量几乎为 0，肿瘤前方剂量也远低于光子。通过调节质子束能量来改变布拉格峰的位置，对靶区肿瘤细胞造成最大打击（图 6-122）。通过改变质子束形状和能量，可使质子束与肿瘤形状和位置相适形，并保护 OAR。

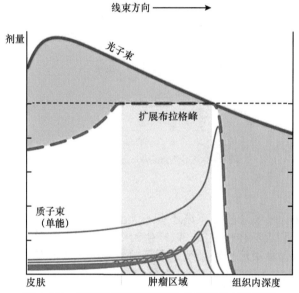

图 6-122　不同射束随深度变化的剂量分布示意图

质子束产生机制和过程如下：

（1）质子加速始于离子源。质子放疗系统离子源是由氢气或者甲烷内的氢原子被电离成带负电的电子和带正电的质子提供。

（2）质子经由真空管注入回旋加速器加速，其能量会增至 7000 万～2.5 亿电子伏，可将束流布拉格峰置于患者体内任一深度。

（3）质子离开回旋加速器后，会经过由磁铁组成的一系列束流传输系统，适形、聚集引导到相应治疗室。

（4）为了确保每个患者安全高效地接受放疗医生处方剂量，治疗设施由计算机和安全系统组成的网络控制。机架可 360°旋转，从任意角度发射质子束。

（5）对于散射技术或均匀扫描技术，质子通过机头时，经特制装置（准直器）对质子束进行塑形后，再经另一特制装置（补偿器）对质子进行三维塑形并传输至肿瘤所在深度。

（6）对于调制扫描技术，质子通过机头时，扫描磁铁将质子束在肿瘤区域内扫描，而区域外无质子束扫描，以此进行剂量塑形，同样通过调节质子束能量将剂量传输至肿瘤所在深度。

（7）能量最大时，质子束每秒可移动 125000 mile（约 201168km），相当于光速的 2/3。

由于不同质子装置结构、技术特征各异，本节将主要以瓦里安 ProBeam 质子放疗系统为例进行介绍。

### （一）ProBeam 质子放疗系统基本结构

常规放疗设备，如医用电子直线加速器，安装在一个治疗室内，是有独立电源连接的大型医疗器械。与轻离子束设备（包括质子和碳离子治疗设备）相比，医用电子直线加速器仅相当于轻离子束设备的一个治疗室，其体积也仅为一个轻离子治疗室的1/3。典型的质子或碳离子治疗系统具备 3～5 个治疗室。如图 6-123 为具备 3 个治疗室的 ProBeam 质子放疗系统示意图。

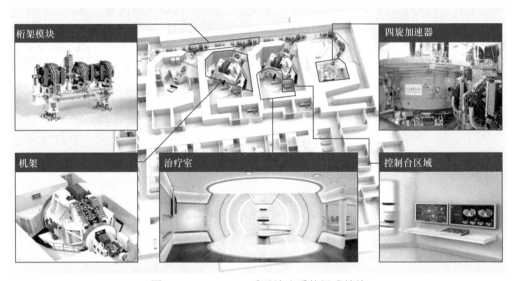

图 6-123　ProBeam 质子放疗系统组成结构

除了治疗室，ProBeam 质子放疗系统还有一大部分是患者无法进入的限制区域。在这些区域内，主要放置加速器和束流传输系统，以产生治疗所需的高能质子束或碳离子束，并将束流传输到治疗室内。加速器和束流传输系统是质子放疗系统的核心部分，是整个系统运行的发动机和变速器，其体积和占地面积十分庞大（图 6-124）。

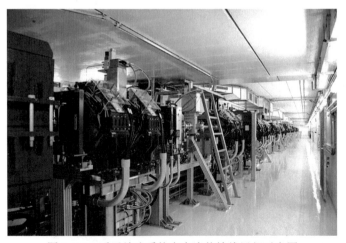

图 6-124　质子放疗系统中束流传输线局部示意图

除了治疗室、加速器和束流传输系统，ProBeam 质子放疗系统还有众多辅助支持系统。支持系统为各种设备的供电电源、控制系统运行的中央控制中心和各治疗室控制台、数据存储设备和患者数据中心和服务器、放疗计划系统、放疗记录与验证系统。外围辅助系统包括为系统运行提供必要冷却的内循环和外循环水系统、供气系统、人员防护系统、辐射安全测量和监控系统等。所有上述系统都位于一个独立的庞大建筑内，该建筑具有很厚的混凝土结构，以提供良好的电离辐射屏蔽（图 6-125）。ProBeam 质子放疗系统是以医院为载体的超大型医疗器械。

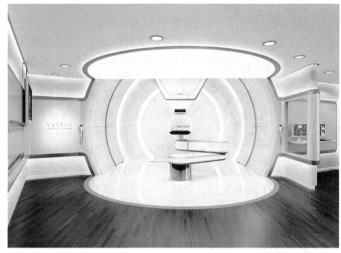

图 6-125　ProBeam 质子放疗系统治疗室内部

ProBeam 质子放疗系统是"类直线加速器"的简洁治疗系统，可以使用快速笔形线束进行质子调强治疗，增加治疗适应证，未来可升级为质子容积调强弧形治疗终端，用户体验同直线加速器极为相似。

ProBeam 质子放疗系统组成如下。

（1）超导回旋加速器系统，输出电流强度和剂量率较高（图 6-126）。

（2）全旋转机架，固定束室及实验室。

（3）质子调强适形放疗（IMRT），每间治疗室有高强度、高精准放疗方式。

（4）全集成影像系统，使用相同影像成像链（X 射线板及射线源），并用于 2D 正交影像、3D-CBCT 影像（全部机架室）。双板特殊成像能以任意角度随时成像。

（5）6D 机械臂患者定位系统，保证患者快速摆位。

（6）提供多样化信息工具，保证适应质子放疗模式。所有工具均兼容瓦里安集成影像管理系统。

图 6-126　ProBeam 质子放疗系统回旋加速器系统

（7）小光斑，更快速实现束流/层转换，允许在全能量范围（70～230MeV）时，不需要增加范围移相器。

## （二）ProBeam 质子放疗系统重要技术参数

（1）ProBeam 质子放疗系统采用超导回旋加速器系统，最大输出流强 800nA，是目前所有

图 6-127　ProBeam 质子放疗系统旋转机架

质子放疗系统中最高的流强输出，该流强使得"Flash"闪疗超高剂量率放疗成为可能。超导回旋加速器系统能耗低，应用螺旋线型设计，使其直径仅有 3.2m，占地面积小。

（2）ProBeam 质子放疗系统采用先进高速笔形线束扫描技术，剂量率高达 2Gy/min，治疗深度达 4～30cm。治疗室可采用 360°旋转机架进行多角度治疗（图 6-127）。

（3）ProBeam 质子放疗系统机载双源等中心影像系统被整合到旋转机架中。影像系统能够提供 2D、CBCT 和透视成像，高精度 iCBCT 迭代算法为自适应放疗提供优质影像。

（4）瓦里安公司可提供全面的解决方案，包括 ARIA 肿瘤信息管理系统来管理质子中心的患者数据，使用 Eclipse 肿瘤放疗计划系统制定质子放疗计划。以先验知识为基础的质子 RapidPlan 自动辅助计划功能，为放疗医生提供额外临床支持。该质子放疗系统充分优化的工作流程可显著提高治疗通量。用户界面操作简单，提供"类 TrueBeam"工作流程及治疗效果（图 6-128），同时与 ARIA 肿瘤信息管理系统平台集成，完善治疗自动化及远程控制能力。允许核心功能[自动射野排序（AFS）功能]在治疗室外进行操作。

创建治疗计划　计划批准　计划和成像排程　治疗批准　成像　分析位移　自动位移　治疗　保存

图 6-128　ProBeam 质子放疗系统治疗流程示意图

1）Eclipse 肿瘤放疗计划系统模块，支持多样照射治疗形式。例如，光子（包括 FFF 束流）质子及电子外照射治疗选项、低剂量率短程疗法、Cobalt 及 Eclipse Ocular 计划单元。

同时配套了智能优化功能及基于蒙特卡洛模型的剂量计算，为创建、导出及优化治疗计划提供了高效率途径（图 6-129）。

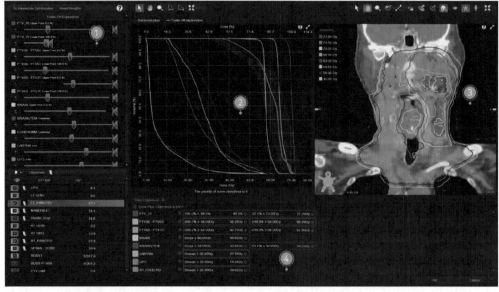

图 6-129　Eclipse 肿瘤放疗计划系统多重标准优化界面

2）ARIA 肿瘤信息管理系统提供了综合信息及影像管理方案，可以全方位监控患者肿瘤治疗流程。ARIA 肿瘤信息管理系统将肿瘤放疗及手术信息整合为肿瘤特定 EMR，从最初诊断至术后随访全程对患者信息进行管理。通过 ARIA 肿瘤信息管理系统与 ProBeam 质子放疗系统可以与不同厂家直线加速器匹配实现肿瘤放疗的全流程信息管理。

# 二、质子放疗中心介绍

## （一）美国纽约质子中心

纽约质子中心是纽约州第一所质子放疗中心，配备了 ProBeam 质子放疗系统，包括了三间 360°旋转机架治疗室、1 间水平固定机架治疗室和 1 间水平固定机架科研室。每间治疗室都支持瓦里安公司笔形线束扫描调强质子放疗，所有旋转机架治疗室内都配备了高精准的 3D-CBCT 在线定位系统。ProBeam 质子放疗系统使用一台 250MeV 超导回旋加速器，流强为 800nA，引出效率高达 80%。

该中心由纪念斯隆·凯特琳癌症中心、蒙特费洛医疗系统和西奈山医疗系统合作筹建，总投资 3.6 亿美元。中心由 ProHealth 负责管理，汇集了多名拥有质子放疗经验的顶尖放射肿瘤学专家及临床治疗团队和研究人员，旨在改善癌症治疗并发展质子放疗的临床依据。纽约质子中心预计每年可为 1400 名患者提供目前领先的癌症放射治疗。在纽约质子中心开设之前，需要接受质子放疗的纽约地区患者需要转移到州外医疗机构接受治疗。2021 年纽约质子中心治疗的病例中，头颈部癌占 42%，儿童癌症占 11%，乳腺癌占 10%，胸、肺癌占 8%。

## （二）美国 MD 安德森癌症中心

位于美国得克萨斯州休斯敦的 MD 安德森癌症中心自 1990 年以来，一直居美国最佳医院排行榜肿瘤科的前两位，连续 5 年在美国癌症研究医院评比中排名第一。其质子中心于 2006 年开业，已为近 10000 例患者提供治疗，选用日本日立的质子放疗装置。一台 7MeV 的直线加速器可将质子注入 250MeV 的最高能量中，通过束流输运线分别送入 5 个治疗室，分别为 2 个旋转散射束治疗室、1 个旋转扫描束治疗室和 2 个固定散射束治疗室。加速器的主要技术参数如下：能量 70～250MeV；能量分辨率 0.4MeV；每脉冲质子数 $>8\times10^{10}$，脉冲宽度在 0.5～5s；束流慢引出长度达 2～6.5s；对于 14cm×14cm×16cm 的照射体积，剂量率为 2Gy/min。

除了日立公司供应的主系统，MD 安德森癌症中心质子中心还配备了瓦里安公司的放疗计划系统（TPS）、PTS 公司的 IMPAC 数据管理系统软件和 GE Healthcare 公司的影像系统。

## （三）中国台湾长庚医院质子中心

2014 年，中国台湾林口长庚医院质子中心位于台湾长庚医院，是东南亚最大的质子放疗中心。其地上、地下各三层，总面积达 10 000m²。质子放疗又可分成 2 种治疗技术，依据肿瘤特性提供笔形线束扫描（pencil beam scanning，PBS）技术及摆动式（wobbling）扫描技术，长庚医院质子中心目前有 4 个质子放疗室，分别是两个笔形线束扫描技术与两个摆动式扫描技术治疗室。长庚医院质子中心配备日本住友重机械工业的质子放疗系统。这是用一台 235MeV 能量的质子回旋加速器，通过一个 70～235MeV 能量选择器，再通过束流输运线分别送至 4 个旋转束流治疗室。

2018 年，中国台湾高雄长庚纪念医院质子放疗中心即永庆尖端癌症医疗中心正式开业拥有 4 个质子治疗室，每年可为 1.5 万例患者提供质子放疗。该质子中心总投资 50 亿元新台币（约合 11.7 亿元人民币），安装住友的质子放疗系统，共拥有 3 间旋转机架治疗室，是继林口长庚质子放疗中心后台湾地区第二家质子放疗中心。该质子放疗中心设备的能量转换时间仅为 0.25s（林口长庚医院质子中心为 2s），对于需要分 40 层照射的肿瘤，能量转换时间可由 80s

缩短至 10s。

### （四）中国山东省肿瘤医院临床研究质子中心

山东省肿瘤医院质子临床研究中心位于济南国际医学科学中心核心区，占地面积 37417 平方米，总投资约 14.7 亿元。

该中心安装 ProBeam 质子放疗系统、ARIA 肿瘤信息管理系统和 Eclipse 治疗计划软件，配备 3 间 360°旋转机架的治疗室和 1 间固定束研究室。ProBeam 质子放疗系统拥有超导回旋加速器，配备 RapidScan 快速笔形线束扫描技术，并采用高分辨率 CBCT 影像扫描技术和 iCBCT 算法提供诊断级 CT 影像质量。与常规回旋加速器相比，ProBeam 质子放疗系统的超导回旋加速器体积更小、重量更轻、能耗更小，束流品质更加稳定。

系统配备的高速笔形线束扫描技术使放疗医生能够将剂量精准投射在肿瘤靶区内，尽量减少对健康组织的照射剂量。系统集成的 CBCT 能够在整个治疗过程中提供更精准的自适应质子放疗。ProBeam 质子放疗系统与 ARIA 肿瘤信息管理系统和 Eclipse 治疗计划系统结合应用可实现更高效的自适应工作流程。

该中心专门配置了儿童质子放疗设施，为中国首家进行儿童癌症质子放疗和研究的中心。除质子放疗外，该中心还提供多学科联合诊疗服务，包括手术、光子放疗、化疗、免疫疗法等。此外，除承担患者治疗任务外，该中心也已开展利用质子设备进行相关的科研探索，如质子调强放射治疗鲁棒性评估和 Flash 辐射生物效应模型等。

# 三、质子放射治疗临床应用

## （一）儿童神经母细胞瘤

随着现代医学发展，儿童恶性肿瘤的治愈率也在逐渐提高。放疗是一种非常重要的治疗手段，由于儿童肿瘤对放射线的敏感性更高，质子放疗更能显示其显著的治疗效果。大量临床结果表明质子束放射治疗为儿童肿瘤提供了一个全新的安全有效治疗手段，儿童肿瘤治疗已经成为全球各质子放疗中心的一个主要治疗病种。

在 5 岁以下死于癌症的幼儿中，神经母细胞瘤（neuroblastoma，NB）是头号杀手，其特点为恶性程度高、治疗难度大，几乎占全部儿童癌症死亡率的 15%，被称为儿童肿瘤之王。NB 属于放射敏感或中等敏感类肿瘤，在原发病灶和转移病灶区均可实施放疗。因此在患儿的治疗中，放疗是重要手段之一。

美国宾夕法尼亚大学儿童医院的质子中心在 2010～2015 年采用包括质子进行放疗的系统性治疗方法治疗儿童神经母细胞瘤高危组患儿共计 45 例，效果显著。患儿对治疗的耐受良好，所有患儿放疗中的毒性为 1 级。患儿自确诊起中位随访时间为 48.7 个月（11～90 个月）；有 37 位（82%）患儿存活，有 32 位（71%）没有进展。一名患儿在放疗 23 个月后肿瘤发生腹部复发并合并远处转移，12 位患儿（27%）在远处、未接受放疗处发生复发，但没有原发灶部位复发，这些患儿仍然存活，中位随访时间为 57.4 个月（24～85 个月）。没有一例患儿发生明显的与辐射相关的晚期或长期毒副作用，没有患儿发生肝功能障碍，高血尿素氮和（或）肌酐，以及肾脏损伤。没有患儿出现肠梗阻症状（图 6-130）。

宾夕法尼亚大学儿童医院的研究表明，儿童神经母细胞瘤患儿采用质子放疗后，取得了明显控制结果，超过 5 年的观察显示 97%患儿没有发生照射区域的复发。这些数据优于基于 X 射线放射疗法产生的复发率（7%～8%）。

尤其随着质子笔形线束扫描（PBS）技术的应用，通过窄质子束的喷涂剂量方式，在给予肿瘤足够剂量同时，尽可能减少正常组织剂量（图 6-131）。基于 PBS 技术的质子放疗神经母细胞瘤，没有患儿发生肝肾功能损坏，最大限度地保护正常组织，保证其发育等功能，减少对患儿肌肉、骨骼、身高、内分泌系统等方面的影响。

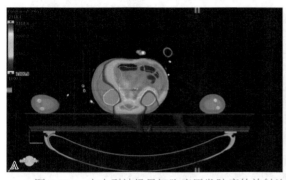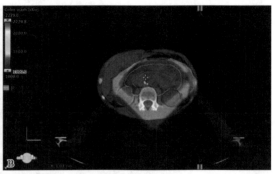

图 6-130　中央型神经母细胞瘤原发肿瘤的放射治疗计划（包括笔形线束扫描和双散射质子计划）

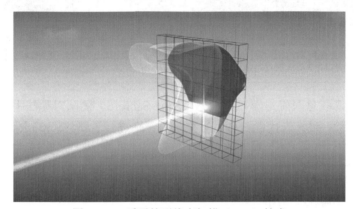

图 6-131　质子笔形线束扫描（PBS）技术

　　总体而言，质子放疗对于治疗神经母细胞瘤的效果是极好的，不仅可以实现出色的肿瘤控制，而且不会限制患者接受后续的有效治疗。

## （二）肝癌

　　我国是肝癌大国，国家癌症中心数据显示，每年新发和死于肝癌的人数都接近 40 万，占了全世界肝癌新发和死亡人数的 1/2 以上，高居我国恶性肿瘤死亡率第二位、发病率第四位。肝癌有多种治疗方式，分为局部治疗和全身治疗。局部治疗方法主要包括外科手术（肝切除术、肝移植和姑息治疗手术）、动脉栓塞化疗、射频消融治疗、放疗等；全身治疗包括化学治疗、靶向治疗和免疫治疗等。目前外科手术依然是肝癌的首选治疗方法，肝癌患者大多伴有肝硬化，或在确诊时已达中晚期，能获得手术切除机会的患者不到 25%。

　　质子放疗的迅速发展，亦备受医患人员关注。研究表明，肝癌质子放疗的两年生存率相比于传统治疗显著提高。对于不能手术的患者，质子放疗可以作为潜在的最终治疗选择。

　　与传统光子放疗相比，质子放疗在杀死肝癌细胞的同时，后方的正常肝组织几乎不会受到任何剂量的照射，肝癌的质子放疗在保障肿瘤控制率的同时，减少了不良反应并且提高了生存率（图 6-132、图 6-133）。

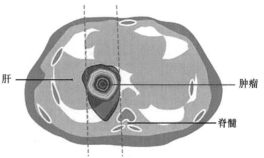

图 6-132　质子放疗剂量分布

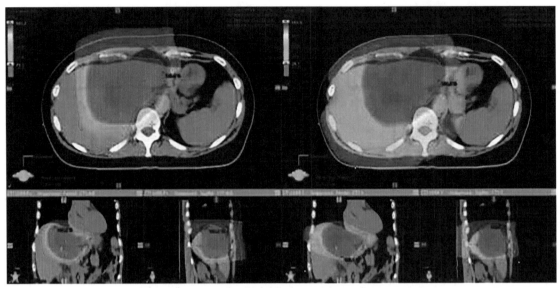

图 6-133　肝癌质子/光子放疗临床剂量比较示意图

美国哈佛大学麻省总医院尼娜·桑福德（Nina Sanford）团队对无法手术的肝癌患者进行质子放疗和光子放疗，对肝失代偿和总体生存率的差别进行了研究，133 例患者中位年龄为 68 岁，75%为男性，49 例（37%）患者接受质子放疗，中位随访时间为 14 个月。结果显示：质子和光子的中位生存期分别为 31 个月和 24 个月；质子放疗 24 个月总体生存率为 59.1%，光子放疗为 28.6%。质子放疗可使发生非典型放射性诱导肝病的风险降低，提高生存率，这与治疗后肝失代偿发生率降低密切相关。

美国 MD 安德森癌症中心的研究团队对于局部无法手术的肝癌患者质子放疗的疗效进行了研究，46 例质子放疗肝癌患者的局部肿瘤控制率和总体生存率分析的结果显示：2 年肿瘤局部控制率和总体生存率分别为 81%和 62%，中位生存期为 30.7 个月，较高的生物等效剂量（BED，≥90 GyE vs <90 GyE 进行比较）能够显著提高总体生存率（49.9 个月 vs 15.8 个月），及 2 年肿瘤局部控制率（92% vs 63%，$P=0.096$），质子放疗的独特优势是可以治疗无法接受其他类型的放疗先天性肝功能受损者，对于不可手术切除的肝癌患者，质子放疗可以作为最终治疗潜在的选择。

大量的临床研究表明，肝癌质子放疗相对于光子可达到更好的疗效，实现对正常组织更好的保护，降低副作用，提高总体生存率和肿瘤局部控制率。

总而言之，随着计算机放疗设备技术的发展，高度集成化的紧凑型质子放疗系统将成为肿瘤放疗的重要工具，而 Flash 技术的发展与应用将进一步提升质子放疗的生物学效应。

# 第十二节　重离子放射治疗系统

重离子放疗的基本目标是使得重离子束能够在患者身体内部任意位置处沉积能量，从而使得其能够用于治疗三维形状不规则的肿瘤靶区，并同时保证正常组织受照射剂量控制在可控水平。射程为 30cm 的重离子束即可用于治疗 95%以上的肿瘤靶区。重离子放疗系统一般需满足以下基本要求：①对于 25cm×25cm 照射野，平均剂量率≥1Gy/min；②重离子束流时间结构具备点扫描调制能力；③剂量传输准确性控制在 2%以内；④射程调制能力从最大 30cm 至体表；⑤重离子束流射程精度<1mm；⑥最小照射野不低于 20cm×20cm；⑦纵向剂量跌落半影<1mm；⑧横向剂量跌落半影<2mm。

重离子放疗系统是实施重离子治疗的技术平台，是集加速器物理、加速器技术、束流输运、束流诊断、辐射防护、精密机械、自动控制、医学物理等多学科尖端技术于一体的肿瘤治疗装置。

本节主要对重离子放疗设备的结构和工作原理作简单的介绍,旨在使读者初步了解重离子放疗设备的一般概念。由于不同重离子放疗装置的结构和技术特征各异,本节将主要以首台国产医用重离子加速器示范装置 HIMM-WW 为例对相关子系统加以介绍。

HIMM-WW 是由中国科学院近代物理研究所自主研发,于甘肃省武威市建成的首台国产医用重离子加速器示范装置,包含:离子源系统、束流注入和引出系统、主加速器系统、治疗终端系统、治疗计划系统等(图 6-134)。

图 6-134　HIMM-WW 装置模型图

## (一)离子源系统

离子源是重离子束流产生的源头,主要为注入器提供可供加速的离子。离子源是重离子加速器的束流起点,束流强度、束流发射度、束流的稳定性和本身的可靠性对整个加速器都是非常重要的。不同的加速器需要不同的离子源设计,以满足上述指标的要求,但对于不同加速器,其关注的方面略有不同。除了离子源的源体设计很重要之外,其引出过程也很重要,对于提高流强来讲,降低束流发射度是很关键的。常见的离子源有电子回旋共振(electron cyclotron resonance,ECR)离子源、双等离子体源、彭宁离子源(Penning ion source,PIS),RF 体源、磁控管(magnetron)源等。

HIMM-WW 采用 ECR 离子源产生初始重离子束,向 ECR 离子源腔体中通入甲烷气体,在特定场型的约束下,ECR 吸收微波能量,并将 C 原子逐级电离成等离子体,等离子体在 23.07kV 的高压作用下引出,进而利用分析磁铁筛选,得到所需要的 $C^{5+}$ 重离子束,流强为 $100\sim120e\mu A$。

## (二)束流注入/引出系统

束流注入系统的功能是将从离子源引出的重离子加速至一定能量,从而使其能够被注入主加速器当中。HIMM-WW 采用回旋加速器做注入器,从离子源产生的 $C^{5+}$ 重离子束经源束流线传输至回旋加速器入口,然后通过静电偏转板轴向注入回旋加速器内。注入的重离子束在高频腔的作用下逐步加速到最大半径后通过引出原件引出。引出能量约为 6.8MeV/u,流强为 10μA。随后,由回旋加速器引出的低能重离子束经传输到达主加速器入口,束流经注入切割磁铁到达剥离膜,通过剥离膜后,$C^{5+}$ 变为 $C^{6+}$,并将该重离子束顺利引入主加速器中进行储存或加速。

束流引出系统的功能在于将主加速器中达到一定能量的束流引出至高能传输线,用于肿瘤治疗。HIMM-WW 采用射频击出(RF-KO)方法进行束流非线性共振慢引出;HIMM-WW 同步加速器上对称分布着 8 个六极磁铁，其中 4 个用于消色品，其余 4 个六级磁铁则被用于提供三阶共振条件。

### （三）主加速器系统

重离子放疗装置的主加速器可采用回旋加速器或同步加速器。回旋加速器的主要特点是体积小，引出的束流能量固定不变，需要将束流加速至最高能量后再进行降能，回旋加速器束流稳定连续，且平均流强高。同步加速器的主要特点在于半径较大，但重量轻，脉冲式束流，引出能量可变，无须外置能量选择装置。HIMM-WW 采用同步加速器做主加速器，该同步加速器周长 56.2 米，低能重离子束注入同步加速器中后，由高频腔提供能量将其加速至 80～400MeV/u，然后由束流引出系统引出至高能束流传输线上。HIMM-WW 主加速器最高能量400MeV/u，对应最大射程27cm，重离子束射程间隔 2.0mm，最大照射野 20cm×20cm，束流强度 $2.0×10^6$～$4.0×10^8$pps，对应剂量率 0.001～1.0Gy/s，束斑大小≤12.0mm。同步加速器注入能量 6.8MeV/u，注入流强 10μmA（$C^{5+}$），注入束流发射度 25pi.mm.mrad（H/V），注入束流动量分散 $5.0×10^{-3}$，磁刚度 0.76～6.62Tm，工作点 1.68/1.23（H/V），接收度：水平方向 200 pi.mm.mrad，垂直方向 50 pi.mm.mrad，纵向±1%。

### （四）高频系统

高频系统是加速器的心脏，其主要作用类似汽车发动机。电能转换成微波功率，微波功率反馈入高频腔，并在其中激励起电磁场，传递给带电粒子，使之得到加速和能量补充。高频系统还有压缩束长、维持束流寿命等作用。因此，加速器高频系统是重离子加速器众多子系统中与束流关系最为密切、设计最为复杂的一个系统。

一般来说，重离子加速器高频系统由三大子系统组成：高频功率源系统、加速腔系统和低电平控制系统。高频功率源系统的作用是产生所需频率的高频功率，该高频功率通过功率传输线馈送到加速腔内。加速腔在高频功率的作用下建立起加速电场，以加速带电粒子，将高频功率转化成粒子能量。低电平控制系统主要用来提供反馈控制，以保证加速腔始终获得稳定的加速腔压、加速相位和谐振频率。

### （五）低温超导

超导技术在重离子加速器中的应用主要在两个方面，分别是超导高频腔和超导磁体。超导高频腔可以用很小的功率建立极高的电场，超导磁体亦可以在很小的励磁功率下产生强大的约束磁场，超导设备的使用可以极大缩小加速器的尺寸和造价，这些技术代表了当今重离子加速器的最高水平。

尽管制造超导腔的材料比较贵，工艺技术也比加工常温加速腔复杂许多，还需要专门的低温系统为它提供超导环境，但它具有许多常温腔无法比拟的巨大优势，再加上低温超导技术的成熟与稳定，使射频超导技术成为目前重离子加速器，特别是小型化重离子装置的首选技术。其优点主要包括：减少腔的数目、提高参数优化空间、通过腔型优化可以降低束流的损失、提高束流稳定性、低损耗。

### （六）真空系统

真空系统是重离子加速器建设的基础工程，束流只有在真空环境中运行，才能保持足够的寿命，并且不断地被积累和加速，达到设计的能量和流强。对于加速器来说束流寿命和稳定性十分重要，被加速的粒子与真空中的残余气体相互作用导致束流寿命下降，并且引起束流不稳定性和探测器本底。因此在设计加速器真空系统时必须考虑当束流存在时所要求的真空度，以便满足束流寿命和其他一些电真空器件的需要。采用特殊的真空结构设计，在弯转段利用弯转磁铁的磁场制造成分布式离子泵或采用线性吸气剂泵以及大抽速的钛升华泵等抽气方式,可提高真空系统中的抽气效率,以满足束流寿命对真空度的要求。

## （七）束流配送系统

经回旋加速器或同步加速器加速的高能重离子束通过重离子输运系统传送到束流配送系统。从加速器中引出的尺寸较小且未经调制的束流,一般称为"笔形线束",这些横向狭窄的笔形线束需要通过束流配送系统才能够应用于肿瘤治疗。束流配送系统的作用是对从重离子加速器引出重离子束进行调制,从而使束流能够适用于对一定体积和形状的肿瘤进行照射。当前,束流配送系统主要分为被动式束流配送系统（passive beam-delivery system）和主动式束流配送系统（active beam-delivery system）。

1. 被动式束流配送系统（二维适形）　　能够将笔形线束进行统一的横向扩展,并通过调制使其纵向得到展宽,从而满足临床上对肿瘤靶区进行一定剂量照射的基本要求,这种方式称为被动式束流配送,有时也被称为宽束（broad beam）。HIMM-WW 有 3 间采用被动式束流配送系统的治疗室,分别为水平头加垂直头治疗室、垂直头治疗室、倾斜 45°头治疗室。图 6-135 为 HIMM-WW 二号室水平治疗头的被动式束流配送系统示意图,被动式束流配送系统主要包括：扫描磁铁、脊形过滤器（range filter，RF）、射程移位器（range shifter，RS）、MLC、补偿器（compensator）,以下是对上述设备的详细说明。由于其他治疗室,或其他角度治疗头设备情况均与之类似,本节不再重复讲述。

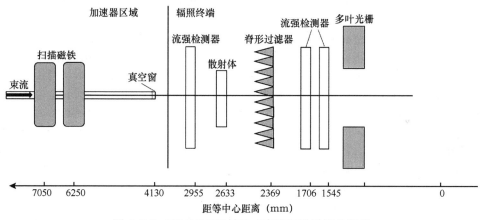

图 6-135　HIMM-WW 被动式束流配送系统示意图

脊形过滤器的作用是将单能 Bragg 峰展宽为具有一定纵向宽度的展宽 Bragg 峰（spread-out Bragg peak，SOBP）。SOBP 是由多个单能布拉格峰叠加而成的。调制重离子束能量和权重的方法主要有两种：一种是采用脊形过滤器进行调制,另一种是采用旋转盘式射程调制装置进行调制。脊形过滤器由许多相互平行且均匀分布的条脊组成,每个条脊的斜面微观上均由阶梯结构构成。通过对阶梯的宽度和高度进行精准调节,即可实现对单能峰能量和权重的调制,进而通过高精度加工工艺的加工,即可得到能够对重离子束流纵向调制的脊形过滤器。对于重离子治疗来说,SOBP 是由一系列在每个深度具有不同权重因子的线性能量传递（LET）组分构成的。该脊形过滤器的微观设计需要引入描述 LET 或辐射品质与生物效应关系的离子束生物效应模型,目前已有的重离子辐射作用生物物理模型主要有混合束模型、微剂量动力学（MKM）、局部效应模型（LEM）、纳剂量学模型（LNDM）等。旋转盘式射程调制装置与脊形过滤器的作用和原理一致,具体实现方法不同。旋转盘式射程调制装置通过采用"阶梯"结构来实现单能重离子束射程的调制,以及可变的"阶梯"宽度来实现相应单能峰对展开布拉格峰的剂量贡献权重。治疗时,旋转盘式射程调制装置通过高速旋转,从而实现对重离子束的纵向调制。

MLC 的作用是调节照射野的横向尺寸，使得其与肿瘤靶区的横向轮廓相吻合。重离子束经过横向和纵向的调制后，需要在束流射束方向视图（BEV）方向形成与肿瘤靶区形状相一致的束流构型。对于被动式束流配送系统，这一过程需要采用患者特制准直器、MLC 或它们的组合来实现这一功能。患者特制准直器是一个具有与肿瘤 BEV 方向投影相一致的孔状挡块。挡块的厚度需要大于所采用重离子束的最大射程，材料通常采用黄铜，以便易于切割。虽然对于每个方向的照射野均需定制患者特制准直器，使得治疗过程略显烦琐，但该方法的优势在于患者特制准直器通常可以放置在患者皮肤表面附近，因而能够实现十分锐利的射野边缘。MLC 是一种由许多对足够宽叶片构成的束流构型设备，通过灵活调控 MLC 叶片的位置，能够形成与肿瘤 BEV 方向投影相一致构型。由于无需定制患者特制准直器，采用 MLC 设备能够显著降低治疗流程的复杂度，并提高治疗效率，减少治疗准备时间，节约成本。在某些情况下，MLC 设备不能移动到十分靠近患者体表的位置，因此其形成的照射野无法与特制挡块所形成的锐利射野边缘相匹敌。因此，患者专用挡块和 MLC 各具优势，需要结合具体情况酌情使用。

射程移位器的作用是对展宽 Bragg 峰整体进行深度上的调制，从而使得展宽 Bragg 峰的峰区与肿瘤靶区相吻合。射程移位器由一套具有若干不同厚度的降能器组成，由于治疗过程中会遇到各种不同深度的肿瘤靶区，因此对射程移位器的要求是能够通过不同厚度降能器的组合得到任意深度的射程调制。一种经典的做法是采用二进制方法，设置射程移位器中一系列降能器的厚度，从而实现任意深度射程的调制。射程移位器可采用聚甲基丙烯酸甲酯（PMMA）板制成。

患者补偿器的作用是使照射野的后方轮廓与肿瘤的后方轮廓形状一致。患者补偿器的结构是具有与肿瘤靶区后缘形状相关的刻有凹陷的补偿块。患者补偿器通常由高密度聚乙烯制成，这是一种易于雕刻的低原子序数材料，能够在实现射程补偿作用的同时，尽可能减少重离子束的散射。与患者特制准直器一样，每个照射野方向均需定制相应的患者补偿器。

除上述经典的被动式束流配送系统外，还有一种称之为摇摆散射（wobbler-scattering）的方法。摇摆散射方法使用 wobbler 扫描磁铁系统，结合散射体产生横向均匀的辐射场。wobbler 扫描磁铁系统是一对弯转磁铁，它们的磁场方向相互正交。通过在其上面施加具有固定相位差的交变电流，能够使从加速器引出的笔形线束作圆圈运动，通过改变施加在 wobbler 扫描磁铁系统上的有效电流，即可改变其圆圈半径。经过 wobbler 扫描磁铁系统的重离子束横向上得到了展宽，但仍需进一步通过其下游的散射体来改良其均匀性，散射体通常由具有不同厚度的金属片制作而成。通过调节 wobbler 扫描磁铁系统的电流和散射体的厚度，可以非常容易地得到不同尺寸的均匀辐照场。日本 HIMAC 的重离子治疗装置上实现了这一束流配送方式，得到了均匀性较好的辐射场。需要注意的是，该方法的束流利用率较低，需要较高流强的重离子束或较长的照射时间。

被动式束流配送系统需要采用剂量控制系统实施剂量控制。与传统的 X 射线治疗装置一样，重离子治疗的束流剂量控制系统需要两个相互独立的监测电离室，以确保对治疗剂量安全可靠地控制。监测电离室中充满空气，通过施加高压，能够实现电离信号的获取。通过信号传导能够实现精准的实时剂量获取和灵活的调控。

**2. 被动式束流配送系统（二维分层适形）**　采用二维适形的被动式束流配送系统能够实现在肿瘤靶区横向以及肿瘤靶区后缘的剂量适形，但肿瘤靶区前缘并未实现相应的适形，因此仍有部分正常组织接收到了与肿瘤靶区同量级的剂量照射。为改良这一方法，尽量减少肿瘤靶区前方正常组织的受照区域，可采用基于被动式束流配送系统的二维分层适形方法，该方法介于二维适形和三维点扫描方式的过渡区间，有时也称之为 2.5 维适形方式。该方法是一种沿着深度方向，对多个微小 SOBP 进行叠加，同时改变 MLC 构型，从而降低肿瘤靶区前方正常组织受照区域的方法。该方法通过改变射程移位器的厚度，以大小约 10mm 的步进长度，使微小 SOBP 的辐照场从肿瘤靶体远端向其浅端逐步移动，同时调整 MLC 使其随时对肿瘤靶区 BEV 方向适形，从而在束流方向上实现对肿瘤靶区的分层照射。一旦相应靶区层面所需剂量传送完毕，重离子束流立即被切断，MLC 和射程移位器作相应调整，以便对下一个靶区层面进行照射，此后不断重复上述过程直到完成最后一层靶区的照射。为实现在临床可接受的时间内完成照射，MLC 运动、射程移位器的运动和重离子束开/关的响应速度十分重要。上述方法采用被动式束流配送系统明显降低了肿瘤靶区前端正常组织的剂量，得到的靶区适形度优于基于被动式束流配送系统的二维适形方式，但治疗时间有所延长。

3. 主动式束流配送系统（三维适形，适形调强）　通过对横向偏转磁铁、纵向偏转磁铁以及重离子束能量的调制实现重离子束位置的三维控制。对于主动式束流配送系统，无须对其进行大范围横向和纵向的扩展，仅需对其进行纵向上的毫米量级的微小展宽，即可通过治疗计划系统进行优化，从而确定相应笔形线束的扫描点位置及其权重；通过调节重离子束在这些扫描点上的剂量权重，即可实现对肿瘤靶区或均匀，或强度调制的照射野；通过偏转磁铁，即可实现重离子束横向上任意角度的偏转；通过加速器主动变能或插入适当厚度的射程移位器，即可调节笔形线束束斑的纵向位置；通过监控束流脉冲离子束以及束流出束时间，即可调节相应位置处束流的权重。HIMM-WW 装置的一号治疗室即可实现基于主动式束流配送系统的照射方式，该方法适形度高、调制灵活、靶区边缘剂量跌落锐利，但缺点是对束流配送过程中的各种运动变化较为敏感，需要采用相应方法予以处理。

主动式束流配送主要包括三种扫描方法：点扫描、栅扫描、连续栅扫描。点扫描和栅扫描有时又称为"离散点扫描"和"连续点扫描"，这两种扫描方式都采用对扫描磁铁进行点阵控制的方法。在点扫描照射中，对于每个点，当其剂量达到预设阈值时，束流即停止，从而转向后一个点继续开启束流传递剂量。在栅扫描照射中，在一个等能量层内，当预设剂量投递完毕时，重离子束流并不停止，而是边出束边移动到下一个栅格点继续投递剂量。当切换等能量层时，需要切断重离子束流，待下一个等能量层参数配置完毕后，重新开启束流投递能量。连续栅扫描则不采用点阵控制方法，并且重离子束流一直处于出束状态，从而进行横向上的扫描。

## （八）放疗计划系统

放疗计划系统是肿瘤放疗的核心所在，其功能是为放疗医生和医学物理师提供放疗计划设计的平台。与常规光子放疗类似，重离子放疗计划系统需要包含以下几个基本模块：医学影像数据读取与存储、肿瘤靶区和 OAR 勾画、等中心参考点的确定、配置照射野方向、剂量计算与优化、计划评估和计划报告生成等。其中，剂量计算与优化是重离子放疗计划系统的关键所在。HIMM-WW 装置上配备了由中国科学院近代物理研究所医学物理研究团队自主研发的重离子放疗计划系统 ciPlan 1.0 版本。该放疗计划系统能够实现二维适形、二维分层适形、三维点扫描重离子放疗计划的设计。通过放疗计划系统的设计过程，能够得到 MLC 叶片位置的相关控制参数，从而实现束流对肿瘤靶区的横向适形。放疗计划中包含的脊形过滤器控制信息能够根据需要选择合适规格的脊形过滤器；剂量监测系统可根据每个照射野的剂量以及标定因子确定电离室计数，从而控制束流的开启或中断；放疗计划系统还会输出患者补偿器的相关制作参数，从而能够在后续流程中由精密车床对其进行加工。此外放疗计划系统会选择合适型号的射程移位器，这些信息传递给治疗控制系统，从而对射程移位器进行设置。另外，患者的各项摆位信息也均可由放疗计划系统输出。应当说，国产重离子放疗计划系统 ciPlan 具备重离子放疗计划设计的各项功能，并且通过了国家相关部门的检测，当前正在重离子治疗中发挥着重要的作用，是国产重离子治疗发展进程的一大亮点。

目前，商业重离子放疗计划系统发展依然较快，如 RaySearch 公司的 RayStation 治疗计划系统即可实现重离子放疗计划的相关功能。此外，日本 NIRS、德国 GSI 公司也都开发了其各自的放疗计划系统，并均在重离子治疗的发展和临床应用中起到了非常重要的作用。当然，重离子放疗计划系统中尚存较多不足和困难，需要在日后的发展中进一步予以解决。

综上所述，重离子放疗作为当前放疗中工程技术最复杂的技术，已在不同的肿瘤中发挥了重要的作用，而未来小型化旋转治疗系统，带图像引导功能的重离子放疗计划系统将成为肿瘤放疗的重要方式。

## 第十三节　伽马刀立体定向放射治疗系统

"伽马刀"（γ刀）是 Leksell Gamma Knife 的中文注册商标，亦称头部γ射线立体定向放疗系统，专用于颅内疾病的治疗。

## 一、γ刀诞生过程

γ刀的发明人是瑞典卡罗林斯卡学院的神经外科教授拉尔斯·莱克塞尔（Lars Leksell），他被誉为20世纪最有创造力的神经外科放疗医生之一。他毕生致力于微创/无创立体定向神经外科和放射神经外科的研究，为神经外科提供精准实用的治疗设备，将手术创伤降至最低。他在其专著 Stereotaxis and Radiosurgery 中指出："外科放疗医生使用的工具必须适应其任务的需求，就人脑而言，任何更精细的器械都不为过。"

神经外科研究最早的雏形可追溯到史前钻孔术，直至19世纪末20世纪初，神经外科学仍然面临着种种困难，如手术器械短缺、手术经验不足、术前术后处理不严密、术后严重脑水肿及颅内感染，神经外科手术死亡率居高不下。Leksell 教授为解决上述问题，从19世纪30年代末就立志于通过微创手术治疗颅内疾病，以期降低术后感染率和死亡率。1949年推出 Leksell 立体定向头架，开启了微创立体定向神经外科的先河。而在此之前的立体定向装置主要作为一种实验工具，Leksell 系统巧妙地结合了笛卡尔坐标和弧中心原理，优点是操作相对简单和适用广泛，通过 Leksell 立体定位头架系统，可以以最小的创伤方式进入任意颅内区域，因此很快获得临床认可和推广。直至目前，Leksell 已经成为立体定向头架的代名词。然而，Leksell 教授试图最小化手术创伤的努力并没有随着临床立体定向系统的设计和进一步发展而停止。

1951年 Leksell 教授发表题为 "The Stereotaxic Method and Radiosurgery of the Brain" 的论文，首次创造性地提出立体定向放射外科的概念。在经历了20世纪50年代的缓慢起步后，立体定向技术现在已成为神经外科和放射肿瘤学中常用的技术。

之后 Leksell 教授将这一设想付诸实践，他将一个中电压牙科用 X 射线球管接到立体定向装置上，使 X 射线球管沿着立体定向头架的弧弓移动，从而使 X 射线聚焦于颅内靶点。1953年4月和6月，分别治疗了两例三叉神经痛患者，通过照射半月神经节来替代传统的开颅手术。第1例患者疼痛逐渐减轻，5个月后疼痛缓解，治疗后18年未复发。第2例患者治疗数天后疼痛缓解，此后17年未再发作。这是立体定向放射外科的首次应用。但固定在立体定向装置上的 X 射线球管笨重且能量太低（仅有280kV），治疗费时且烦琐，Leksell 教授开始与放射生物物理学家伯耶·拉松（Börje Larsson）教授合作寻找更好的放射源。1961年起他们先后尝试用回旋加速器产生的质子束及早期的直线加速器作为放射外科的工具。虽然质子束是非常好的射线源，但在当时，由于设备笨重且昂贵、治疗过程繁琐以及需要充分的物理技术支持，导致回旋加速器在临床上并不实用，同时受限于当时技术发展水平，加速器摆动还会造成治疗精度上的误差。Leksell 教授希望立体定向放射外科设备能够有足够的精度和可靠性，能被神经外科放疗医生操作，而且不需要太多的物理技术支持。在尝试并比较了电子束、中子束、高能 X 射线及各类放射性同位素的优缺点后，最终他采用了产生γ射线的钴-60（$^{60}$Co）作为放射源。

1963 年，Leksell 和 Larsson 设计出第一台采用 $^{60}$Co 作为放射源的 γ 刀原型机。$^{60}$Co 是一种放射性同位素，性能稳定，半衰期 5.27 年，能产生 2 种高能γ射线，能量分别为 1.17MeV 和 1.33MeV，平均能量为 1.25MeV。它的优点是射线穿透力强、射线散射小、皮肤剂量低、在骨头和软组织中吸收剂量基本相同，能更好地保护正常组织。钴源产生的射线经过准直器校准聚焦于球心，形成盘状照射野，可以在不开颅的情况下，利用高剂量的照射，在脑内白质传导束或脑内核团毁损病灶。这一新技术最终成为众所周知的 γ 刀。

# 二、γ 刀原理

γ 刀手术也被称为立体定向放射外科治疗（SRST），是一种非侵入性治疗颅脑疾病的方法。尽管它的名字称为"刀"，它却与放疗医生手中的手术刀不同。它的原理就像用放大镜聚焦阳光一样，由约 200 颗钴源发出的γ射线以亚毫米级的精度聚焦于靶点，对颅内深部的病变靶区进行单次、多角度、大剂量照射，达到靶区病灶损毁的不可逆生物效应，以治疗多种脑部疾患。每一束射线能量均很低，尽可能地降低对射束路径上健康组织的损害。它虽然不是真正的"刀"，却同样锋利，可以悄无声息地进入大脑深部，精准地切除病灶，其照射治疗的范围与正常组织界限非常明显，边缘如刀割一样，所以才被形象地称为"立体定向放射外科"。

Leksell γ 刀平均放射精度高达 0.15mm，临床治疗精度在 0.5mm 之内，是业内专家公认的精准立体定向放射外科的金标准。约 200 颗钴源的多源设计和静态聚焦是 Leksell γ 刀的两大特色，加之γ射线本身的物理特性，使其剂量非常陡峭，表现出极佳的适形性和选择性。

头部是一个坚硬的空腔，约 90%的内容物是脑组织，这种组织不可发生收缩和移位。此外，例如进入基底神经节，可能会对这些神经节表面或附近的功能区造成不可避免或不可接受的损害。因此，不管现代显微外科技术有多先进，传统的开放式外科技术基本上不适用于大脑深处的手术。因此，γ 刀是神经外科重要的辅助治疗手段之一。

# 三、γ 刀的发展

## （一）第一台 γ 刀

1967年，Lars Leksell教授和他的同事们研制出世界上第一台γ刀，它由呈半球形排列的179颗钴源和固定准直器、可调换的2级准直器头盔（collimator helmet）及治疗床组成，其主体外形酷似球体（图6-136）。2级准直器附着在头盔内侧，其截面为矩形，大小分为3mm×5mm和3mm×7mm两种。钴源呈列阵分布在半球形固定准直器弧形面上，发出纤细的γ射线束经过准直器的校正后，聚焦照射到颅内预选的靶点上，从而产生一个局限性的盘状射野。

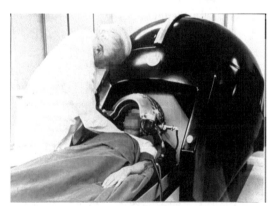

图 6-136　第一台 γ 刀

1968年初，第一台γ刀被安装在由瑞典王室家族建立的私立医院，Leksell教授最初的设想是将γ刀用于功能神经外科，如帕金森病、恶性疼痛等。但由于左旋多巴等药物的广泛应用，用手术治疗帕金森病明显减少，因此使用γ刀治疗的第1例患者为颅咽管瘤。Leksell教授当时是囊内注入钇-90治疗颅咽管瘤的先驱，该患者使用钇-90治疗后仍有实体部分残留，给予肿瘤中心20Gy照射，后续无明显放射外科相关并发症。但和许多颅咽管瘤患者一样，该患者脑脊液通路被闭塞，分流术后脑压不正常。不幸的是，该患者由于分流管突然堵塞导致死亡。

第一台γ刀的准直器头盔太小以至于不能容纳立体定向头架，患者在利用头架定位确定靶点后需要去除头架，然后利用带耳轴的石膏面罩来重新固定患者头部，再进行γ刀治疗。采用头颅X射线、气脑造影、脑血管造影等平面影像进行图像定位，没有治疗计划系统（直到1975年才出现计算机化的治疗计划系统），剂量的设计和靶点位置的计算依靠训练有素的医学物理师手动完成，常需要耗费数小时。1968~1986年，在斯德哥尔摩接受γ刀治疗的患者平均每个月不到3例。

瑞典语中球体被称为"KULA"，因此第一台γ刀又被称为KULA，该名称仅为内部名，未在斯德哥尔摩以外地区被认可。1962年在给政府的一篇报告中提到了"stralkniven"，即瑞典语中的γ刀。Lars Leksell教授将这种机器称为"gamma enhet"或"gamma unit"。1987年匹兹堡伦斯福德（Lunsford）发表的第一篇论文仍称之为"gamma unit"。1988年Lunsford发表在 *JAMA* 上的文章再次提及"Gamma Knife"这一术语，从此使用至今。Elekta公司生产的这类机器被称为"Leksell Gamma Knife"。

### （二）第二台 γ 刀

第一台 γ 刀设计初衷是为了治疗功能性疾病，因为功能性疾病的靶点都靠近中线。为了缩短治疗时间，放射源到焦点的距离比较近，因而准直器头盔的直径也比较小。2级准直器的横截面是矩形的，可以形成盘状损毁。随着治疗应用的开展，发现功能性疾病治疗的数量并不多，更多的是脑动静脉畸形和脑肿瘤。这些疾病的靶点位置范围比较广，需要更大的头盔，同时病灶的形状更接近于球形，因此圆形准直器优于矩形准直器。

1975年，Leksell及其同事设计制造了第二台 γ 刀，安装在斯德哥尔摩卡罗琳斯卡（Karolinska）医院的地下室，通过隧道与神经外科连通。其头盔的内部半径从120mm增加到145mm，而且2级准直器的横截面从矩形改为圆形，孔径分别为4mm、8mm、14mm，能产生一个近似球形的照射野，从而更好地适应颅内病灶的病理学和形态学特点，治疗的适应证也逐步扩展到脑动静脉畸形（CAVM）、听神经瘤、垂体瘤和颅咽管瘤。

最初的这两台 γ 刀都是安装在瑞典的医院，在当时，由于现代影像学技术的缺乏，适合治疗的患者数量一直保持在低位，而且 γ 刀治疗需要高水平的神经外科放疗医生、放射影像科放疗医生和医学物理学工作人员，当时能达到这个条件的医疗中心很少。因此，他认为三台 γ 刀就能满足全世界的需求。

1984年和1985年医科达公司分别在阿根廷的布宜诺斯艾利斯、英国的谢菲尔德安装了世界上的第三、第四台 γ 刀。这两台 γ 刀最初的设计是希望能够实现治疗时患者的自动摆位，但受限于当时的计算机和自动化技术水平，这一美好的设想并没有成功。但从这两台 γ 刀开始，治疗计划系统（KULA剂量计划系统）开始得到应用。如前所述，KULA是 γ 刀在瑞典的称谓，因此20世纪80年代中期出现的第一个商用 γ 刀治疗计划系统被称为KULA治疗计划系统。它采用半人工半计算机化，计算出每位患者所需放疗体积的大小和形状，以及治疗所需的时间，同时还能很好地定位靶点的位置，并将其转换成颅内的位置。

### （三）U 型和 B 型 γ 刀

1980年，美国匹兹堡大学医学中心（UPMC）的伦斯福德（Lunsford）放疗医生赴瑞典斯德哥尔摩跟随Leksell教授学习立体定向放射外科。他决心将Leksell γ 刀引入美国。经过不懈努力，UPMC安装了世界上第五台 γ 刀，并于1987年8月使用 γ 刀治疗了第一位患者。因为美国食品药品监督管理局（FDA）规定 γ 刀的射线方向必须朝向地面，所以Elekta公司特别为其单独设计生产了U型 γ 刀（图6-137）。该型号是第一台201颗钴源的 γ 刀，而且增加了新的18mm准直器。此后，UPMC不断升级其 γ 刀设备，安装过所有型号后续研发的Leksell γ 刀。现如今该中心拥有两台最新型号的Icon γ 刀系统。

1993 年开始，UPMC 每年举办 6 期 γ 刀放射外科培训计划（Gamma Knife Radiosurgery Training Program），至今已经培训了 2000 余位来自世界各地的神经外科放疗医生、放疗科放疗医生和医学物理师，UPMC 也成为了全球最著名的 γ 刀放射外科学术传播中心。30 多年来，UPMC 累计完成 γ 刀放疗 16000 余例，发表 SCI 论文 600 余篇。当前放疗/放射外科领域的国际标准多数均出自 UPMC。1991 年，Lunsford 教授牵头成立了国际立体定向放射外科学会（International Stereotactic Radiosurgery Society，ISRS）并担任第一、二届 ISRS 主席，ISRS 已成为全球放射外科领域最权威的学术团体。为了获得高级别的循证医学证据，Lunsford 教授又牵头成立了国际放射外科研究基金会（International Radiosurgery Research Foundation，IRRF）。近年来，IRRF 的一系列全球多中心注册的临床研究逐渐改变了应用放射外科治疗神经外科疾病的传统认识。

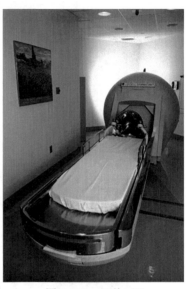

图 6-137　U 型 γ 刀

Leksell 教授将第一台 γ 刀以象征性的 1 美元价格捐赠给罗伯特·兰德（Robert Rand）教授，Robert Rand 教授将其安装在加利福尼亚大学洛杉矶分校（UCLA）进行动物研究工作。这台 γ 刀同时得到了美国 FDA 的批准可以进行临床治疗，该设备在 1988 年退役，退役前在 UCLA 仅治疗了几个患者。

而在美国之外的地区普遍安装的是 B 型 γ 刀，B 源自 Bergen（卑尔根）一词（图 6-138）。B 型 γ 刀也是配备 201 颗钴源，以及直径分别为 4mm、8mm、14mm、18mm 四种型号的准直器头盔。与 U 型 γ 刀相比，B 型 γ 刀主要有两处改进。一是源体的分布有所不同，U 型的源体为半球形排列，B 型（及后来的 C 型和 4C）的源体为环形（近球形）排列。此外，B 型准直器头盔更大，它的内径达 33cm。二是 U 型 γ 刀治疗床将患者移入治疗单位后用液压将头部上抬，更接近放射源，而 B 型采用电动马达代替 U 型的液压系统来控制治疗床的移动，直接将患者移至治疗舱内，使得治疗更加便捷。

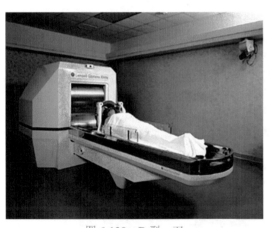

图 6-138　B 型 γ 刀

B 型 γ 刀采用 CT、MRI 或数字减影血管造影（DSA）作为放疗计划的参考技术，这些技术使占位性病变真正可见，使定位更加简单和精准。

进入 20 世纪 90 年代，随着 B 型 γ 刀在临床上的广泛应用，1993 年医科达公司推出莱克塞尔伽马计划（Leksell Gamma Plan，LGP）治疗计划系统，代替 KULA 治疗计划系统（图 6-139）。LGP 可以将影像直接导入软件中，实现了计算机图像处理、照射靶点设计、放疗剂量计算、等剂量曲线分布一体化，并且能够勾画 OAR，精准计算剂量分布。

Lunsford 教授领导的 UPMC 团队发表了一系列关于 γ 刀临床应用的高质量论文，引起了全世界的广泛关注，这也极大地促进了 γ 刀的发展。1990 年，B 型 γ 刀被引入亚洲，先后安装于日本的东京大学医院和韩国的峨山大学（ASAN）医学中心。1993 年国内引进了第一台 Leksell γ 刀。

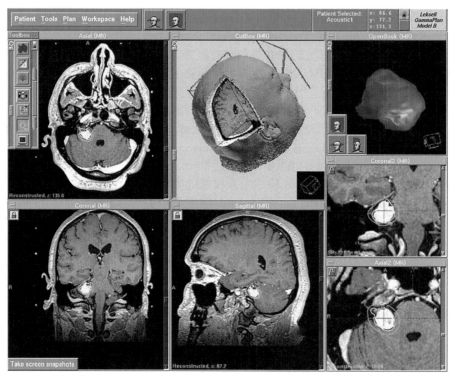

图 6-139　LGP 治疗计划系统

## （四）C 型和 4C 型 γ 刀

1999年医科达公司推出了智能化C型γ刀，首台C型γ刀安装在德国慕尼黑，其靶点坐标调整工作完全由智能化计算机完成，而美国首台C型γ刀于2000年3月安装在UPMC（图6-140）。C型γ刀在原B型γ刀准直器头盔上安装了亚毫米精度的三维坐标自动摆位系统（automatic position system，APS）。APS是由计算机精准控制的治疗工作台，其按照治疗计划所设定的靶点，能在三维空间中自动移动患者头位，摆放靶点坐标，在任何坐标方位均可达到误差在0.1mm以内的机械精度。APS也能倾斜整个坐标系，可选择70°、90°或110°的3个γ角进行治疗，使患者获得额外的空间。APS为可拆卸组件，去掉APS后，仍可进行人工调整照射靶点坐标。

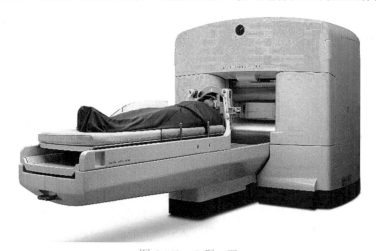

图 6-140　C 型 γ 刀

LGP 治疗计划系统可通过局域网与 C 型 γ 刀的控制系统和 APS 相连，使治疗计划指令得以直接传输到 APS，实现了照射靶点坐标的自动调整（图 6-141）。C 型 γ 刀和 APS 的出现，可避免人工调整三维坐标时的误差，提高精度的同时减少了每个等中心移动和再定位的时间，从而缩短 γ 刀医护人员进出 γ 刀治疗室的时间，使整体治疗时间明显减少。可以使用多个更小的射线束来进行治疗计划设计，使得剂量更加陡峭，可以达到更好的适形性。有报道显示，在一组听神经瘤患者的 γ 刀治疗中，使用 APS 使适形性从 95% 上升至 97%，而选择性从 78% 上升至

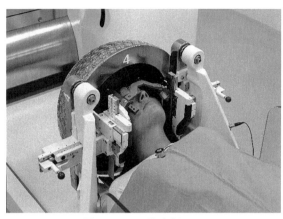

图 6-141 三维坐标 APS

84%。而在另一组海绵窦区肿瘤患者中，APS 使视交叉所受剂量明显减少。

C 型 γ 刀虽然比 B 型 γ 刀有了很大的改进，但仍有两个问题没有解决，一是仍需要人工更换准直器头盔；二是遇有 OAR 保护需求时需要人工堵塞部分准直器孔，而这两项工作都比较烦琐和费时（图 6-142）。

在 C 型 γ 刀的使用过程中，医科达公司对 APS 进行不断完善，LGP 进一步升级，从而出现了 4C 型 γ 刀（图 6-143）。2005 年，第一台 4C 型 γ 刀安装在了 UPMC。与 C 型 γ 刀相比，4C 型 γ 刀改进了工作流程，更换头盔和自动摆位系统更加快速，能进一步减少治疗总时间。LGP 进行升级，后可提供图像融合功能，可以把 CT、MR、PET 等不同来源的图像融合在一起，进一步提高了治疗精度。

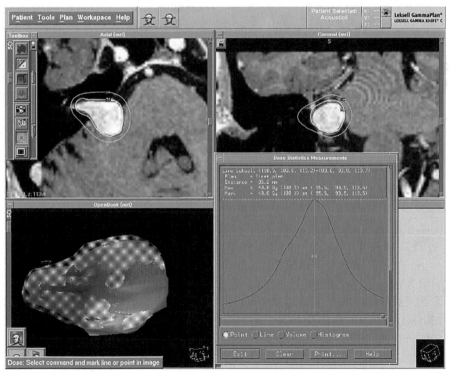

图 6-142 C 型 γ 刀治疗计划系统

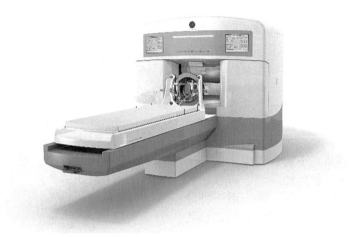

图 6-143　Leksell Gamma Knife® 4C

## （五）全自动 γ 刀时代

时间进入 21 世纪初，γ 刀治疗脑转移瘤的患者日益增加。脑转移瘤通常多发，且可能位于颅脑的任何地方，而由于准直器头盔内径的限制，即使由经验丰富的放疗医生来安装立体定向头架，也往往不能在单次治疗中治疗所有的病灶。因此，扩大 γ 刀治疗空间和范围的需求越来越迫切。此外，多发病灶或者复杂的剂量计划设计，以及人工更换准直器头盔和堵塞准直器均需要耗费大量的时间，导致治疗时间过长。基于这些来自临床的迫切需求，2006 年 5 月，医科达公司推出了具有革命性创新意义的新型 γ 刀（PFX）（图 6-144）。它不是对原有 γ 刀进行简单的升级改进，而是完全重新设计。PFX 拥有一键式操作的全自动系统，自动摆位、自动更换准直器，使整个治疗一气呵成。不仅带给患者和放疗医生更加舒适的治疗和操作体验，而且扩大了 Leksell γ 刀的治疗适应证。

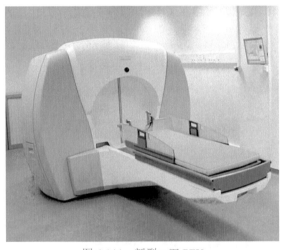

图 6-144　新型 γ 刀 PFX

**1. 创新性设计**　PFX γ 刀的第一个创新性设计体现在其全新的准直器系统，摒弃了传统的准直器头盔，将准直器内置于治疗舱内部（图 6-145）。因此，与之前的 γ 刀系统相比，PFX 的治疗空间增大近 3 倍（图 6-146），在 X、Y、Z 轴具有了更大的机械治疗范围，达 160mm、180mm、220mm，而之前的 C 型和 4C γ 刀为 100mm、120mm、165mm。这极大减少了治疗病变位置的限制，增加了 γ 刀治疗的患者人群。

图 6-145　PFX 准直器系统

该新型 γ 刀放射单元由 192 个钴源组成，分布在 8 个扇区，每个扇区对应分布规格为 4mm、8mm、16mm 三组孔径，各 24 个准直器，每个扇区可在不同准直器口径之间全自动独立变换和自由设定，变换时间<3s。8 个扇区可以

根据治疗计划设计将不同口径的准直器自由组合，形成"复合射束"，具有更好的适形性和选择性，使治疗剂量精准如雕刻。动态适形（dynamic shaping）功能可自动优化各扇区射束，保护周边重要组织结构。

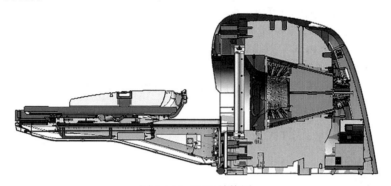

图 6-146　PFX 结构图

另一创新性设计是全自动患者摆位系统，PFX γ 刀的患者治疗床采用悬浮式设计，可根据治疗计划指令自动前后、左右、上下运动，将病灶精准匹配靶点位置，可在 3s 内完成变换，重复摆位精度高达 0.05mm。

同时，PFX γ 刀的 LGP 治疗计划系统也全面升级，支持无框架影像的应用。临床放疗医生可以在手术前几天，应用无框架 MRI 制定治疗计划。这可使放疗医生更从容地完成精准而复杂的治疗计划设计，同时也缩短了患者的戴头架等待时间。采用立体定向 CT 图像配准，也增加了计划的精准性。

逆向计划（inverse plan）功能实现了快速自动计划。传统的正向计划十分依赖操作者的临床经验，需要较长的时间方可熟练掌握；而逆向计划系统仅需临床放疗医生勾画靶区和 OAR，设定对准直器尺寸、靶区覆盖性、选择性、剂量梯度和治疗时间等指标，系统将自动生成治疗计划，并自动优化，而且放疗医生也可以在此过程中改变靶区等中心数量和位置，计划将实时自动更新，最终生成最佳计划。剂量卷积算法进一步照顾到颅内不同结构组织类型，使得计算出来的剂量更加精准。

治疗随访功能可以显示以往的治疗数据（如处方剂量、等中心剂量、靶区体积等），对再次治疗的患者尤其重要，同时可实现对治疗随访数据的回顾和显示，并可保存若干年。全面升级的 LGP 实现了真正的功能定位，通过结合 PET-CT、fMRI、脑磁图（MEG）的图像数据，可以识别磁共振、CT 和血管造影等影像上无法定位的病灶（如癫痫、强迫症、慢性疼痛等），还可以对大脑各个挤压变形的功能区进行直接标记。

**2. 临床优势**　PFX γ 刀全自动化的设计无须人工更换准直器头盔，极大节约了时间和工作量。医学物理师设计好的治疗计划传输到控制系统，只需将患者固定在治疗床上，治疗的全过程自动完成。在一次性治疗多个等中心时，如多发脑转移瘤，PFX γ 刀可自动优化照射流程，治疗床自动选择最佳摆位路线，大大缩短治疗时间（图 6-147）。与之前的 γ 刀相比，每个患者节省 30min～2h。

PFX γ 刀的设计还充分考虑了患者及医

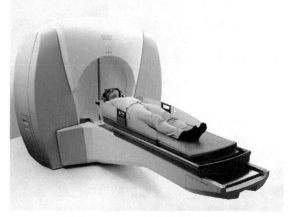

图 6-147　γ 刀治疗摆位示意图

务人员的安全性，提供了最强大的放射防护，在靶点坐标变换期间，可自动将射线处于关闭位置，大大减少了患者受照时间，运用 PFX γ 刀治疗时，患者接受的全身剂量是上一代 γ 刀系统的 1/20，这对于儿科治疗及育龄女性的治疗非常重要。出色的自屏蔽使得 γ 刀治疗室内的放射剂量很低。治疗室和控制室之间可以安装铅玻璃窗，便于直接观察患者的情况。

γ 刀治疗本身是无创的，治疗过程中，患者没有不适感，只是安装立体定位头架时需要局部皮肤表面麻醉。专为 PFX γ 刀设计的无创定位定位系统，利用牙模咬合及负压真空抽吸固定在上腭和头枕之间。该定位系统实现了完全无创定位，尤其适用于立体定向放射外科的分次治疗。该系统目前已停产，并在新型号 Icon 系统推出带有锥形线束 CT 图像引导的面罩式固定。

## （六）精准自适应 γ 刀时代

随着计算机和影像技术的发展，图像引导放疗借助 CT、MRI、PET 和超声等现代影像技术，在分次治疗摆位时和（或）治疗期间采集图像，获得治疗靶区和正常组织器官形状及空间相对位置的信息，将其与原治疗计划相对比，可及时发现位置误差并予以校正。为了满足更多临床适应证的治疗需求，图像引导技术在头颈部肿瘤放射治疗中的作用越来越重要。锥形线束 CT（CBCT）具有射线量极低，操作简便，组织结构显示远比 X 射线平片清晰等优势。通过手动匹配或计算机自动匹配可以测量三维平移误差和旋转误差，这已成为放疗摆位误差监测及纠正的一种重要手段。

传统 γ 刀放射外科手术通常是采用立体定向头架固定的单次治疗，即"单次、多角度、大剂量照射"。但随着时间的推移，γ 刀治疗的适应证不断扩大，同时随着对大分割放射治疗放射生物学研究的深入，人们逐渐认识到特定情况下，大分割的放射外科治疗有一定的优势。当病灶周围紧邻重要的神经结构时，为避免严重并发症/后遗症，照射剂量通常比较保守，甚至受限。而随着病灶体积的增大，单次治疗所引起的并发症也增加。大分割的放射外科通过容积分割/剂量分割可以克服这些局限性，同时保留了放疗的优势。

2012 年 Elekta 公司在 PFX γ 刀上加装 CBCT，并在加拿大的玛格丽特公主（Princess Margaret）医院投入使用。它可以在 γ 刀治疗过程中提供高质量的颅骨和软组织成像。在利用 Extend 系统进行分次 γ 刀治疗期间，校正摆位时 $X$、$Y$、$Z$ 三个方向上的平移误差和旋转误差，以提供更高的治疗精度。

2015 年 4 月，在西班牙巴塞罗那举办的欧洲放疗学与肿瘤学学会（ESTRO）大会上，医科达公司推出新一代 γ 刀系统——Leksell Gamma Knife® Icon™。作为当今市场上最精准的放疗设备之一，Icon 系统的推出意味着立体定向放射外科进化为实时自适应精准立体定向放射外科。

Icon 系统保留了 192 颗钴源分布在 8 个独立扇区的设计，依然采用经典的静态聚焦方式，保证在照射治疗期间无移动部件，以及超大治疗空间和全自动患者摆位系统。同时引入内置一体化成像系统 CBCT 和附属软件、高清头部运动管理系统、全新控制和治疗计划系统等创新功能。图像引导系统在治疗期间全程控制剂量的投照，确保照射的精准性，进一步减少健康组织的受照射剂量。

Icon 系统的独特之处在于所有组件以更可靠和更优化的方式整合在同一刚性结构中，彼此之间相互校准，包括新增面罩式完全无创的固定技术，保持其高水平的精准度。

**1. 在线自适应剂量控制** 自适应剂量控制（adaptive dose control）是一个综合的概念，它包含两个基本元素，即实时连续高清运动管理和实际照射剂量。临床意义在于确保定位的精准和治疗照射精度，以及照射剂量的精准。临床放疗医生最关注的是患者实际受照射剂量分布和治疗计划剂量分布是否完全一样。Icon 系统的 γ 刀独有的一体化 CBCT 与运动监控系统，在整个照射过程中提供全面的精度保障。在线自适应剂量控制功能是全自动运行的，且同时支持临床放疗医生在治疗期间进行实时临床决策。

**2. 实时高清运动管理（real-time HD motion management）**  Icon 系统新增面罩式固定方式，每次治疗之前，通过 CBCT 系统进行摆位验证；治疗期间，基于红外摄像头的高清运动管理系统以 0.15mm 的精度实时连续监测患者头部移动，该精度是工业标准的 6 倍；如果患者头部的移动超出预设的阈值，系统会立刻停止照射。因此，Icon 系统的面罩式定位不仅实现了完全无创的分次治疗，而且可以达到与框架式固定同样的定位精度。

**3. 在线剂量评估（online dose evaluation）**  在线剂量评估功能可全面评估已照射的、拟照射的和未来准备给予的剂量，并通过等剂量线和剂量直方图的形式直观展示。由于立体定向 CBCT 可根据需要随时提供精准的空间位置信息，必要时，治疗计划还可以在线快速和简单地实现自适应调整，补偿患者位置变化，实现虚拟 6D 床功能。该功能在机房控制台即可完成，易于操作。

**4. 强大的治疗计划功能**  对于 Icon 系统而言，LGP 治疗计划系统、CBCT 和放射治疗单元之间的无缝集成使得其功能已经远远超过一个治疗计划系统，将它作为一个治疗管理系统更为确切。较之 PFX γ 刀，Icon 系统更加智能化。即使是复杂的病例，更加优化的逆向计划（inverse plan）功能可以在几分钟内完成完整的治疗计划。采用 Icon 系统独特的剂量计算方式，无论是极微小还是极复杂的病灶，均可计划和实施具有高度适形性和选择性的治疗。

Icon 系统的诞生让 γ 刀放射手术的临床适用范围更加广泛，并具有更高效率的全新工作流程。固定方式更加灵活，有框架和无框架均可；单次治疗或分次治疗均可，几乎不再受病灶大小、数量和位置的限制；放疗医生拥有更多选择，患者更加易于接受，智能化全自动操作系统让计划的制定和设备操作更加易于掌握，让更多的临床诊所有机会建立自己的颅脑放射外科。

# 四、总  结

Leksell γ 刀经过 50 多年的不断探索和发展，从最初的手动更换准直器到全自动一键式操作系统，再到最新推出带有 CBCT 图像引导的 Icon 系统，技术日益精湛。

国际多中心临床剂量学研究证明，Leksell γ 刀放射外科技术在靶区适形性、剂量梯度及对正常脑组织的保护上均具有绝对的剂量学优势，特别是在行为认知功能保护方面。截至 2020 年底，Leksell γ 刀累计治疗患者超过 140 万人次，且所有病例拥有完整的科学记录，具有明确的适应证和久经临床验证的治疗效果。分布在全球多个国家的 Leksell γ 刀中心年均治疗患者约九万例，有三千余篇论文发表在各大专业刊物上。

# 第十四节  国产多模式一体化放射治疗设备

1993 年，我国引进了瑞典出产的 γ 刀。在静态聚焦 γ 刀的基础上，国内厂家开发出旋转动态聚焦技术，于 1994 年研制出国内第一台 γ 刀，率先实现了全自动准直器切换，并配备了专用的放疗计划系统。1998 年，在头部 γ 刀基础上开发出了全身（体部）γ 刀，大大拓宽了 γ 刀的治疗范围。之后，又将体位验证图像引导系统引入到 γ 刀系统中，将 γ 刀的精度与安全推到了一个新的高度。

近年来，我国 γ 刀行业围绕国家政策、市场变化、临床需求以及放疗技术的发展，出现了许多新的技术进展。这些进展包括：①IGRT 在体部立体定向放疗专用 γ 刀上的应用和发展（图 6-148）；②无创放射外科在头部 γ 刀的临床应用及技术发展（图 6-149）；③实时 IGRT 在全身立体定向放疗专用 γ 刀上的推广应用（图 6-150）；④多模式一体化融合设备的研发。

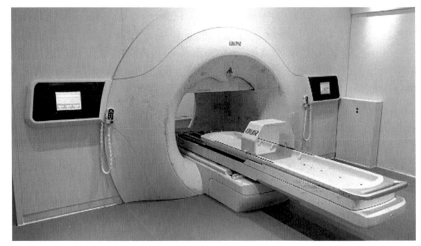

图 6-148　配备 IGRT 的国产体部 γ 刀——OUR 大医刀

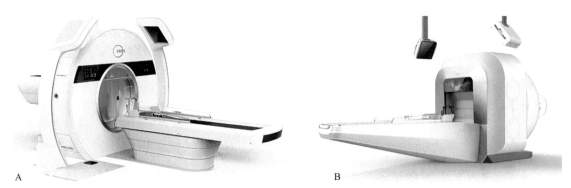

A　　　　　　　　　　　　　　B

图 6-149　配备 IGRT 的国产头部 γ 刀——OUR 超越刀（SupeRay）和精锋刀（AimRay）

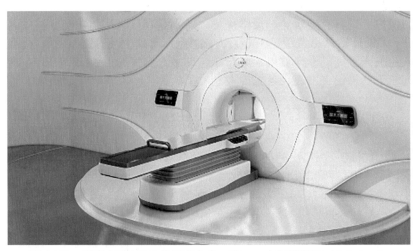

图 6-150　具有实时 IGRT 的国产全身 γ 刀——大医数码刀（CybeRay）

# 一、多模式联合放疗

肿瘤治疗手段多样化，放疗作为肿瘤治疗的三大主要手段之一（图 6-151），以精准放疗为主的多模式联合治疗已成为肿瘤治疗的热门研究方向。大量临床研究表明多模式联合放疗效果优于单治疗模式，临床需要适宜的设备支持多模式联合放疗，解决分次治疗误差大、效率低的困境，同时提高放疗普及率。

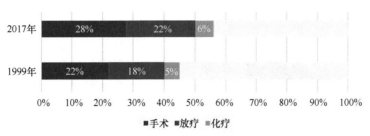

图 6-151　三大治疗手段对肿瘤治愈率的贡献

为进一步提升放疗疗效，国内外许多医疗机构和人员都在进行不同放疗手段联合的临床研究，如外照射和术中放疗联合、内外照射联合、加速器和 γ 刀联合等。这些研究结果均表明，联合放疗的临床效果优于单治疗模式。特别是随着立体定向放疗技术的广泛应用，对加速器和 γ 刀联合治疗的临床研究越来越多，包括对脑转移瘤、鼻咽癌、食管癌等癌症的治疗。结果显示联合治疗可提高肿瘤局部控制率、延长生存时间，并缩短治疗时间、降低放射副作用。

临床已经证实，提高肿瘤局部控制率的有效途径是提高靶区剂量。因此围绕安全提高靶区剂量，新的照射方式不断发展优化，以满足临床对放射剂量的分布要求。近年来，体部立体定向放疗（SRT）技术发展迅速，并广泛应用于早期肺癌、肝部小肿瘤的放疗，临床效果令人振奋。基于动态 MLC 的 IMRT 进一步发展而来的 VMAT 被应用于各种复杂病灶的放疗，显著提高了肿瘤局部控制率，降低放疗副作用。γ 刀与射波刀技术趋于成熟，已经成为 SRS 的首选技术。

随着剂量提高，现代放疗技术对位置精度也提出了更高的要求，尤其是对小肿瘤的治疗，位置精度要求高于剂量要求。借助医学影像设备的发展，放疗的定位精度正在从毫米级提高至亚毫米级，多种形式的图像引导放疗设备也迅速发展。目前行业内已陆续推出多种治疗与影像融合的产品，如医科达公司的核磁加速器 Unity、Reflexion Medical 公司的 PET-Linac，能够将放疗剂量精准投照于靶区。但如何能实现不同治疗技术的优势互补，成为近年来国内外临床重点研究的热点。下面以西安大医集团的 TAICHI 设备为例进行相关介绍。

# 二、TAICHI 设计理念

长期以来，联合放疗临床应用研究都是使用不同设备分机治疗，存在误差大、效率低的缺点，临床需要更适用的同机一体化联合放疗设备来支持多模式放疗，因此有研究人员提出了多模式一体化放疗设备的概念。其整体设计和治疗方案架构均与当前主流放疗设备有明显区别。

## （一）同机一体化结构

此类设备的主要特点是在有限空间内集成支持不同放疗模式的设备或部件，有机结合多种不同类型的放疗系统。

TAICHI 产品由机架、加速器模块、聚焦治疗模块、治疗床、图像引导系统、照射野验证系统、控制系统和放射治疗计划系统组成（图 6-152）。在空间布局、机械、控制系统、安全性等方面进行了创新设计，有机结合可实现立体定向放疗的 γ 刀系统和可实现旋转调强放射治疗的加速器系统，同轴共面的结构可实现 γ 刀与加速器的点面协同治疗。

图 6-152　TAICHI 结构布局示意图

## （二）同机实现 X/γ 射线多模式治疗

近年来，旋转调强放射治疗和立体定向放射外科治疗是当前放疗行业内流行的两类治疗技术。以加速器为载体的旋转调强放疗在体积大、形状复杂的肿瘤治疗方面具有较大优势，可以很好地实现靶区高适形性快速治疗，但面对像颅内体积较小、精度要求高的肿瘤时，治疗效果并不理想。然而，以 γ 刀为代表的 SRS 在体积较小的良、恶性肿瘤，功能性疾病或血管畸形的根治上却具有很大的优势，在提供高精准、大剂量照射的同时，一般不引发放疗副作用，但面对体积较大的恶性肿瘤治疗时，治疗效率相对较低。

X/γ 射线多模式一体化放疗系统可以单独使用任一种所支持的模式进行相应的肿瘤治疗，而对情况复杂的患者，也可同时使用不同模式进行联合治疗（图 6-153）。

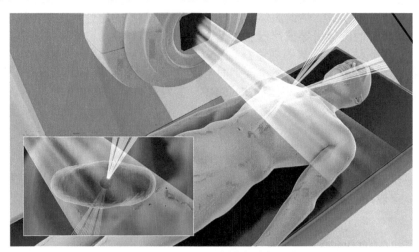

图 6-153　TAICHI 多模式联合治疗

# 三、TAICHI 设备特点

## （一）X/γ 射线同机一体结构

TAICHI 设备为保证设备精度，采用 1000mm 大孔径滚筒式结构。加速器模块与 γ 刀模块于同一等中心集成（图 6-154），加速器模块最大剂量率为 1400MU/min，γ 刀模块采用源匣式多源聚焦结构，配置有 7 种规格准直器进行聚焦。放射源经预准直器聚焦或 X 射线通过射野成型后随治疗头围绕机架轴线进行旋转照射，对患者肿瘤实施 IMRT 及 SRT。

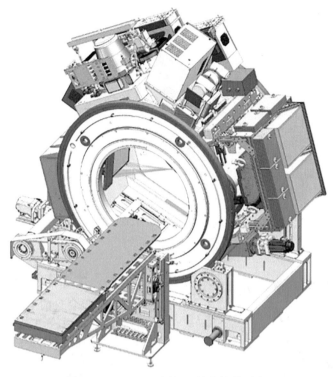

图 6-154　TAICHI 同机一体化结构示意

## （二）实时图像引导和射野验证双重保障

TAICHI 设备在滚筒内配有 kV 级 CBCT 影像系统和兆伏级 EPID 照射野验证系统，以保证治疗过程中的精准病灶定位、高度照射野适形和准确剂量投照。

## （三）高精度连续滑环机架

两套治疗系统和两套引导系统同轴共面搭载于等中心，精度为 0.15mm 的滑环机架中（图 6-155），运动精度高，长期稳定性好，不受拖链结构不足的限制，可有效提升工作效率。

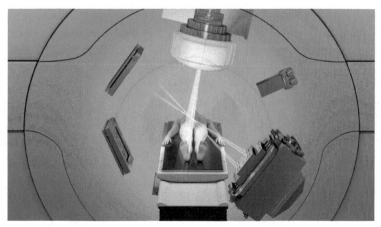

图 6-155　TAICHI 主要部件在机架上的布局示意

## （四）导轨式非共面照射

TAICHI 产品治疗头采用导轨式摆动结构实现非共面照射（图 6-156）。相比已有的 CT 式和 C 形臂加速器，在照射时，治疗空间不会受到挤压，也不需要移动患者等烦琐操作。

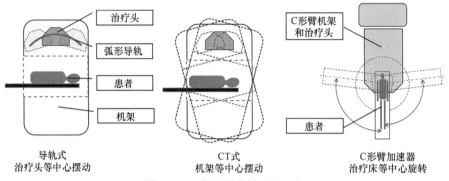

图 6-156　非共面照射对比示意

## （五）一体化多模式融合 TPS

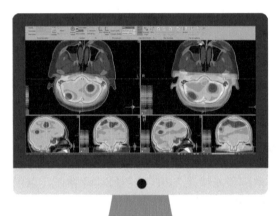

图 6-157　X/γ 射线一体化多模式融合 TPS

TAICHI 配套目前全球首个支持多模式融合治疗的全自动自适应 TPS（图 6-157），以高速 GPU 和蒙特卡洛算法为内核，同一套 TPS 使多模式放疗流程更简化，可最大程度挖掘多模式引导立体定向与旋转调强一体化放射治疗系统的临床应用价值，充分发挥 γ-X 双源同机一体化的效率及剂量学优势。

## （六）同机实现多种治疗模式

TAICHI 设备可以单独使用加速器模块完成常规分次治疗，也可以使用聚焦治疗模块进行立体定向治疗。对于情况复杂的患者，在对原发灶进行容积调强常规治疗的同时，对转移瘤或远端病灶进行立体定向治疗；或者在旋转调强常规治疗时，对肿瘤乏氧区进行立体定向增量（图 6-158）。

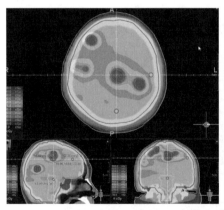
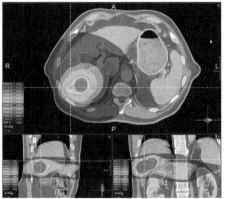

图 6-158　X/γ 射线多模式下的局部加量与补量

### （七）一房双机，一机多用，配置灵活

TAICHI 系统采用先进的平台化设计，依据用户的需要，可以灵活配置成三大类产品：①图像引导直线加速器产品（图 6-159）；②图像引导头部/全身伽玛刀产品（图 6-160）；③γ刀+加速器多模式一体化产品（TAICHIB）。前两类产品均可以灵活升级为多模式一体化产品，可实现"一房、双机、多模式"的低成本、高技术配置。TAICHI 系统为临床用户提供个性化的产品配置方案，满足不同用户、不同发展阶段的临床治疗需求。

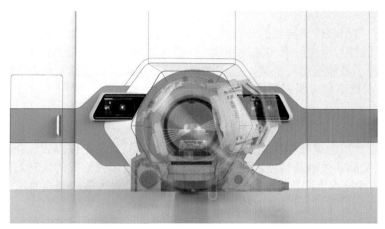

图 6-159　图像引导直线加速器产品——TAICHIA

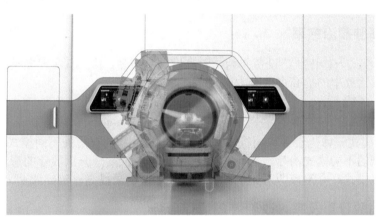

图 6-160　图像引导头部/全身 γ 刀产品——TAICHIC

## 四、TAICHI 临床应用

根据临床治疗手段 TAICHI 可分为四种临床工作模式，即头部 γ 刀立体定向放射外科治疗、全身 γ 刀体部立体定向放射治疗、医用电子直线加速器放疗、多模式协同放疗。

### （一）头部 γ 刀立体定向放射外科治疗模式

TAICHI 在此模式下，与旋转式头部伽玛刀类似，能够对头部良恶性肿瘤及病变实施高精度的 SRST。

TAICHI 在国产体部 γ 刀、头部 γ 刀经典旋转聚焦技术基础上，引入内置 CBCT 和实时图像引导，确保无创定位下的高精度和高效率治疗，同时动态拉弧照射和更多的准直器能为临床带来更高质量的计划。

## （二）全身 γ 刀体部立体定向放射治疗模式

TAICHI 在此模式下，与射波刀类似，能够对全身良恶性肿瘤实施高精度的 SRT/SABR。

TAICHI 基于多源 γ 聚焦技术，充分发挥旋转 γ 刀陡峭的剂量梯度和高精度的特性，同时在 SRT 治疗时引入三维 CBCT 和实时图像引导，确保了高精度和高效率治疗，针对体部肿瘤能够实现与射波刀类似甚至更优的治疗效果。

## （三）医用电子直线加速器放射治疗模式

在此模式下，TAICHI 与同类的环形机架结构的直线加速器类似，带来更精简更高效的工作流程的同时，能够对全身肿瘤实施高精度 3D-CRT/IMRT/VMAT 照射。

TAICHI 搭载了高精度滑环机架，可在图像引导下实现多圈连续旋转的 3D-CRT、IMRT、VMAT，可对高剂量率和大照射野能够有效提升临床治疗效率。

## （四）多模式协同放射治疗模式

TAICHI 能够实现全球独创的加速器和 γ 刀模块协同照射的工作模式。在该工作模式下，对局部晚期肿瘤实施高效率高精度的局部加量，在对原发灶调强治疗的同时对周边转移灶实施高精度 SRT。两种技术协同工作带来全新临床治疗手段，将为临床提供富有潜力且丰富创新诊疗方案。

# 五、X/γ 射线多模式一体化放疗设备的研究意义

## （一）提高肿瘤治愈率

X/γ 射线多模式一体化放疗设备作为一种高度创新产品，其同机实现多模式治疗的独特创新优势，为肿瘤治愈率的提高提供有力的设备支撑。

## （二）缩短治疗周期，提高治疗效率

X/γ 射线多模式一体化设备可同机实现对肿瘤原发灶和转移灶的不同模式治疗，或对肿瘤整体和中心区域的不同模式治疗。从前需要接受 30～40 次常规分次放疗的患者，现在可能只需要 5 次左右多模式联合治疗即可完成治疗，治疗效率明显提高，治疗周期将大大缩短。

## （三）提高放疗普及率，改变肿瘤治疗形势

高质量、高稳定性、临床效果可与现有顶级放疗设备相媲美的 X/γ 射线多模式一体化放疗设备，将有力改变现有放疗市场格局，放疗设备的昂贵价格及相关的高昂治疗费用有望整体下降，放疗设备的配置覆盖率会大幅增加。更多的肿瘤患者可以得到及时有效的治疗，肿瘤治疗的形势有望得到改变。

# 第十五节　GammaPod™ 乳腺多源 γ 射束立体定向放射治疗系统

# 一、概　　述

根据美国癌症协会和国际癌症研究机构题为《2020 年全球癌症统计》的合作报告，女性

乳腺癌首次成为最常被诊断出的癌症。2020 年全球有超过 230 万例乳腺癌新病例。发达国家女性对乳腺癌的意识和定期筛查,以及发展中国家生活水平与健康意识的提高使得更多的患者在早期被诊断出乳腺癌,保乳治疗(breast-conserving therapy,BCT)已成为广大女性患者的首选治疗方式。

我国是乳腺癌发病率增长最快的国家之一,乳腺癌发病率以每年 3% 的速度递增,发病年龄也呈逐渐年轻化的趋势。传统的 BCT 包括肿块切除术和术后 4~6 周后进行 5~7 周的放疗。总疗程(即乳房切除+放射治疗)至少为 11 周。低分割全乳照射(hypofractionated whole breast irradiation,HWBI)和加速局乳照射(accelerated partial breast irradiation,APBI)极大地缩短了放疗时间。有研究将 APBI 与全乳照射进行过比较大的几项前瞻性Ⅲ期临床,结果显示:对于某些患者全乳照射没有必要。

立体定向放射外科于 1968 年作为一种神经外科无创手术的工具问世,此后仅有少量文献报道过将其概念用于乳腺癌。其原因是缺乏足够的图像引导,因此定位的不确定性会导致几何位置的偏差。立体定向外科治疗对乳腺癌的主要挑战之一是乳腺柔软且在实体结构之外。另外,外照射中可使用的照野方向也很有限。马里兰大学开发的 GammaPod™ 技术解决了这些技术障碍,并将其商业化。GammaPod™ 将 γ 刀的原理应用到乳腺,治疗时患者俯卧在治疗床上,将要接受治疗的乳房置于定位乳罩内并将乳罩锁在治疗床上实现精准的 SRT。

# 二、GammaPod™ 技术

GammaPod™ 设备由 3 个主要组件组成:①包含源体(内装 $^{60}$Co 放射源)、准直体和动态治疗床的 γ 放射装置;②用于立体定向定位的乳房固定罩装置及患者俯位定位的电动翻转床;③优化动态剂量雕刻的逆向计划系统。

## (一)GammaPod™ 放射装置

GammaPod™ 放射装置由屏蔽体、源体、准直体、屏蔽门、治疗床和机架组成(图 6-161A)。屏蔽体位于源体的外部,与源体同轴,其厚度可保证放射线经屏蔽后低于规定的安全剂量要求。其核心组件是源体和准直体(图 6-161B)。

半球壳形源体内装有 25 个 $^{60}$Co 放射源,在源体上排列成 5 个螺旋列,每列经度间隔为 72°源-焦距(SFD)为 38cm。总的初始活度是 5625±562.5 Ci(208125± 208125 GBq),在半径为 7.8cm 的球形亚克力(比重 1.2g/cm³)体模内达到的初始剂量率大于 3Gy/min。源的纬度间隔为 1°,25 个源跨越 18°~42° 的纬度角。由于每个源都占据唯一的经度和纬度坐标,治疗时,源体与准直体的同步旋转使该 25 个源生成 25 个焦点之外不重叠的弧。

图 6-161　GammaPod™ 放射装置整体观(A)及源体(底部)和准直体(顶部)(B)

准直体的外表面为半球状，与源体的内表面只有 1mm 的间隙。准直体内腔是一个半椭圆球形的治疗区，乳腺在此位置进行治疗。GammaPod™ 设有 15mm 和 25mm 两种准直器尺寸，两种规格准直器的聚焦野尺寸见表 6-9。治疗时，治疗计划所要求的准直器与源的位置对准后，源体和准直体将同步旋转，并围绕着聚焦点形成 25 个非共面的放射弧。此外，准直体上置有 25 个钨棒，不治疗时，它们挡在源的前面，可将漏射有效地降低至可接受的水平。

表 6-9　两种规格准直体的聚焦野参数

| 准直体 | | 要求 | FWHM | 聚焦点剂量参数 | |
| --- | --- | --- | --- | --- | --- |
| | | | | 半影宽度（mm） | 剂量梯度（%/mm） |
| 15mm | X 轴 | 20%～80% 半影宽度： | 24.5±1.5mm | <8 | >7.5 |
| | Y 轴 | 沿 Y 轴小于 4mm | 22.5±1.5mm | <4 | >15.0 |
| | Z 轴 | 沿 X 与 Z 轴小于 8mm | 24.5±1.5mm | <8 | >7.5 |
| 25mm | X 轴 | 20%～80% 半影宽度： | 36.0±1.5mm | <11.5 | >5.3 |
| | Y 轴 | 沿 Y 轴小于 5.5mm | 34.5±1.5mm | <5.5 | >11.0 |
| | Z 轴 | 沿 X 与 Z 轴小于 11.5mm | 36.0±1.5mm | <11.5 | >5.3 |

FWHM，半高宽

两扇屏蔽门由内腔灌铅的铸铁制造，安装在放射装置之上。非治疗期屏蔽门处于关闭状态，可最大限度减少治疗室的漏射。

为了保证患者接受俯位治疗时的几何精度及舒适度，放射装置还配置了一个电动翻转床。患者上床时，治疗床的上表面与地面近乎垂直，患者踏上可以上下移动的脚踏，并将其佩戴的定位乳罩锁在治疗床上预留的杯孔上。电动翻转床会将床体连同患者从立位翻转到水平。在治疗期间，GammaPod™ 治疗床在治疗控制系统引导下按治疗计划做连续的三维运动，不断地改变乳腺与焦点的相对位置。这种用焦点作为动态勾画的"笔头"的方法不同于伽玛刀用焦点填充，可实现肿瘤靶区内剂量分布的均匀性，使得处方剂量可以是 95%等剂量线而不是传统的 50%等剂量线。

## （二）乳房固定罩装置与翻转床

在所有放射外科应用中，高剂量梯度和大剂量治疗都对靶区定位精度提出挑战性的要求。GammaPod™ 乳房固定罩装置旨在维持三维成像（MR/CT）采集与治疗之间的解剖联系，并将乳房图像置于放射装置的坐标系下（图 6-162A）。系统还包括一个影像车（图 6-162B），它采用和治疗时同样的方式，可以把锁定好乳罩的患者从站立体位旋转到俯卧体位，可承载最大安全工作载荷 150kg。

GammaPod™ 系统的乳房固定罩装置利用双层乳罩加真空吸附的方式。大、中、小号外罩杯由聚碳酸酯透明塑料制成，其对应的内罩杯（开有多个小孔）的尺寸有 26 种规格，可适合不同乳房大小的患者。内、外罩杯由硅胶环扣接为一体，并将内、外罩之间的空间经一导管与负压泵相连，负压泵设定的真空工作气压为 140±10mmHg。当患者处于俯卧姿势时，被治疗的乳房放置在该双层乳罩内，硅胶环粘贴在患者的胸壁上，当在内、外杯之间的空间施加负压时，乳房的体积会填满内杯的整个轮廓且形状不会改变。外罩上嵌有两个与 CT 和 MR 兼容的螺旋形基准线–立体定向定位框架（图 6-162C）。一旦在乳房图像上被识别，这些基准就可以将图像有效地放置在治疗坐标系中。

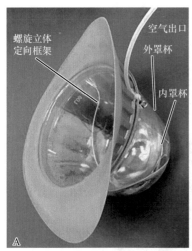

图 6-162 GammaPod™ 乳房固定罩装置及翻转床
A. 双层真空乳罩；B. 影像用的电动翻转床；C. 患者戴上乳罩后的情况

马里兰大学一个临床研究表明，GammaPod™ 乳房定位装置可将乳房的定位不确定性降低至 0.1±0.2cm，因此临床靶区的外放可保守地设置为 0.3 cm，这可减少靶区周边的正常组织受照。例如，对于半径为 1.0cm 的临床靶区，因几何不确定性对靶区的外放从 1.0cm 缩小至 0.3cm，靶区体积缩小近 3/4（34cm³ *vs* 9cm³）。在相同处方剂量下，不仅靶区积分剂量缩小 3/4，正常组织的积分剂量也会相应降低。

真空乳罩还具有从患者胸壁轻柔地拉开乳腺的好处。因此，在对左乳进行治疗时，可以加大肿瘤靶区与肋骨、肺及心脏之间的距离。

## （三）GammaPod™ 治疗计划系统

GammaPod™ 立体定向乳癌放疗系统配有专用的放疗计划系统（TPS）。它提供以下功能：图像导入、立体定位确定、靶区与 OAR 手动勾画（乳腺、体表、胸腔等可以由系统进行自动勾画），根据放疗医生的处方逆向优化治疗计划，剂量计算和评估、治疗输出及质量保证（QA）程序。

在图像导入后，TPS 以半自动的方式找到并线性回归乳罩上的 2 根螺旋基准线。如果从图像上得到的基准线与设计的吻合，则图像中的任意一点坐标就可以在治疗坐标系中表述。与治疗脑瘤的头部伽玛刀不同的是，GammaPod™ 用聚焦点作为动态剂量雕刻的"笔头"，而 TPS 核心技术之一是优化动态扫描三维轨迹与在不同点扫描的速度。优化分以下两步进行：第一步是粗优化，控制点间隔较大，一般 1min 内可完成。第二步是细优化，将所有点连成方便治疗的连续曲线并在点与点之间插入许多控制点以保证运动的平稳度。一般 1~2min 即可完成。其核心技术之二是放射剂量的计算方法。优化是一个反复（可达几十万至几百万次）对计划进行修正→计算修正后的剂量分布→评估修正后的计划剂量，这样一个复杂过程。每次的剂量计算要求不仅要快而且要准。剂量计算方法用的是蒙特卡洛算法，每个控制点单位时间的剂量分布预先算好，每次对控制点的修正只需要对相应剂量分布做加权叠加。治疗脑瘤的 γ 刀的处方剂量线一般为 50%，GammaPod™ 的处方剂量线一般为 95%。对各聚焦野，TPS 软件计算的吸收剂量值与实测吸收剂量的误差≤±3%，TPS 软件计算的 95%等剂量线所包围的面积与同等条件下胶片测量包围面积的重合率≥90%。

如图 6-163 所示，基于直线加速器的 3D-CRT 与 IMRT 治疗计划都让很大范围的正常乳腺组织得到 100%的处方剂量，并且让部分心脏得到 50% 的处方剂量。GammaPod™ 不仅处方剂量与靶区非常适形，而且在保护同侧正常乳房方面具有明显优势。心脏受照射剂量仅为处方剂量 20%。对右乳放疗时，GammaPod<sup>TM</sup> 对肺的保护作用也显而易见。

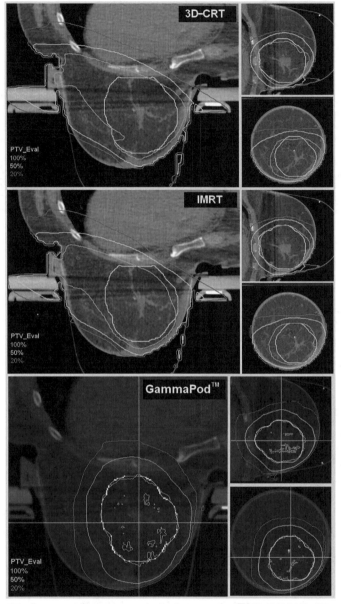

图 6-163 3D-CRT、IMRT 与术后 GammaPod<sup>TM</sup> 放疗的剂量对比

## （四）GammaPod<sup>TM</sup> 治疗的工作流程

GammaPod<sup>TM</sup> 治疗工作流程包括戴上乳罩杯、CT 扫描、放疗计划制定和实施治疗，实现同一时段内模拟影像、计划和治疗（图 6-164）。

图 6-164 GammaPod<sup>TM</sup> 治疗工作流程

# 三、GammaPod™ 临床应用

目前欧美临床实践表明，GammaPod™ 适用于乳癌 0 期（即原位乳管癌或 DCIS）、Ⅰ期、Ⅱa 期及Ⅱb 期的乳癌患者，这些患者占所有乳癌患者的 85%~90%。

从目前 GammaPod™ 欧美机构的治疗方案与临床试验方案来看，不同患者使用的治疗方法也不同。这些治疗方法包括术前、术后及取代手术的立体定向放射治疗。

术前做 GammaPod™ 治疗的目的是想缩小受照体积，从而减少放射引起的副作用。如马里兰大学研究者拟对Ⅰ期、Ⅱa 期及Ⅱb 期患者在术前对 GTV 及其周边 1.5cm 的范围内给予一次 20Gy 的照射，随后在当天或同一周内，进行常规局部乳房切除，不再进行术后放疗，患者在一周内可完成所有局部治疗。术前放疗可准确地对 CTV 进行清扫，降低癌细胞在术中无意移植的风险，可提前进行系统性药物治疗。

术后做 GammaPod™ 治疗目的在于缩短放疗时间。根据术后靶区的大小，局部乳房 CTV 照射可以用不同的单次剂量在 1~5 次来完成。意大利的乌迪内医院 2023 年报道的单次 18.5Gy 的术后放疗结果显示：用 GammaPod™ 做单次术后放疗让保乳治疗更便捷，也可大大减少Ⅱ级以上毒副作用。

用立体定向放射外科取代手术与术后放疗是当前国际上很热的课题之一。在临床试验（ClinicalTrials）官网上登录的就有超过 10 个临床方案，其中 2 个采用的是 GammaPod™。选择的患者通常是低风险患者（T1N0M0）和（或）老年、ER+、HER2-的Ⅱ期乳癌患者，这些患者在西方超过 60%。采用的方法是单次对 GTV 给予 24~38Gy，同时对 CTV 给予 15~20Gy，然后在 6~8 月后再做局乳切除，用所切除的标本来考量局部控制率（PCR），即手术的必要性。另一安装了 GammaPod™ 的医院也认为，大部分导管原位癌（DCIS）患者可以仅仅做一次 SRS（21~23Gy）而不必马上做手术。所有这些新的治疗思路与方法都是基于 GammaPod™ 独有的放射剂量聚焦的性能而产生的。

立体定向原理应用于乳腺放射治疗具有明显的优势。无论是用于术后还是术前的加速局乳放疗（APBI），GammaPod™ 都能将所需剂量聚焦到靶区，剂量分布特点都彰显出靶区内优异的剂量均匀性与在靶区外缘很陡峭的剂量梯度。除了通过其射束几何聚焦获得的优势，GammaPod™ 系统还引入了带有内置立体定位框架的真空乳罩，以及高度动态的患者定位系统。这些专用的乳腺立体定向技术的综合效果，减少了基于传统直线加速器放射治疗技术的定位误差，GammaPod™ 综合定位精度（定位参考点偏差）≤0.5mm。

# 第十六节　近距离放射治疗设备

## 一、概　　述

### （一）近距离放射治疗技术的发展

近距离放疗名词来源于希腊语单词"brachy"，是"近"的意思，它与希腊语单词"tele"（远）是相对的。远距离治疗是指外照射放疗，即通过人体体表的照射，照射用的设备有 $^{60}Co$ 治疗机、医用电子直线加速器等。而近距离放疗是指将封装好的放射源通过施源器或输源导管直接放置到患者体内或体表等需要治疗的部位进行照射的放疗技术，照射用的设备有后装放疗机、粒子植入等。

近距离后装放疗是近距离放疗发展演变的结果。1898 年居里夫妇发现并提炼出放射性镭，开启了应用放射性镭治疗疾病的新时代。1903 年斯特雷贝尔（Strebel）就曾在报告中使用后装式的雏形。1960 年美国亨施克（Henschke）首先设计出了采用后装载放射源方式进行腔内近距离放疗的器械，极大减少或防止了医护人员在放射治疗中受到的职业性放射照射。20 世纪 70 年代出现了现代意义的自动控制式近距离放疗后装设备。

20 世纪 80 年代后期，铱-192 放射源开始在临床广泛应用，铱源体积小活度高，使得近距离腔内放疗和组织间技术有了快速发展。除了经典的宫颈癌和子宫内膜癌治疗，近距离放疗开始广泛应用于许多肿瘤治疗，如鼻咽癌、舌癌、食管癌、气管支气管癌、胆管癌、软组织肉瘤、膀胱癌、前列腺癌等的治疗。

治疗时先将不带放射源的施源器置于治疗部位，然后在已有防护屏蔽的治疗控制室用遥控装置将放射源通过导管送到已安装在患者体腔内的施源器内进行放射治疗，由于放射源是后来装上去的，故称之为"后装"。

进入 21 世纪以来，随着计算机信息技术、影像技术在放疗领域的应用，近距离放疗有了更高层次的发展，以 MRI 或 CT 影像为基础的 3D-CRT 技术成为主要发展方向。三维近距离放疗技术可以在三维空间上更准确的确定施源器位置，更精准的控制剂量分布，给予靶区更高的治疗剂量，同时降低周围正常组织的受照，应用相关剂量体积参数更好地评估和指导治疗计划的设计。

近年来，在 3D-CRT 技术的基础上提出了图像引导自适应近距离放疗（image guided adaptive brachytherapy，IGABT）的概念，强调应充分考虑不同治疗阶段肿瘤和正常组织的变化，考虑每次施源器放置位置的变化，相应调整治疗方案。

## （二）近距离放疗系统分类

根据所使用放射源剂量率的大小，可将近距离后装放疗系统分为以下几种类型：①低剂量率（LDR）：剂量率<1Gy/h；②中剂量率（MDR）：剂量率在 1～12Gy/h；③高剂量率（HDR）：剂量率>12Gy/h；④脉冲剂量率（PDR）：后装放疗机通过编程实现若干次治疗重复进行，在高剂量率设备上模拟低剂量率的治疗方式。

目前近距离放疗主要采用高剂量率类型。

## （三）可用于近距离放疗的放射性核素的物理性质

近距离放疗最常用的放射源是铱-192（$^{192}$Ir）和钴-60（$^{60}$Co）。表 6-10 列出了这两种放射源的物理学特性参数。

表 6-10　两种放射源的物理学特性参数

| 核素 | 半衰期 | 空气比释放动能率常数（$\mu Gy \cdot m^2 \cdot GBq^{-1} \cdot h^{-1}$） | 有效光子能量 | 半值层（mmPb） |
|---|---|---|---|---|
| $^{60}$Co | 5.27 年 | 308 | 1.25 MeV | 11 |
| $^{192}$Ir | 73.8 天 | 110 | 380 KeV | 3 |

## （四）近距离放疗工作流程

腔内近距离放疗典型工作流程如图 6-165 所示。

1. 放疗方案制定　肿瘤放疗医生需要对患者的病理分型、影像资料和查体结果进行综合评估，从而决定是否进行近距离放疗，以及治疗目标是根治性治疗还是姑息性治疗。根据患者具体病情，以及医院设备和技术条件确定应用施源器的种类、型号、处方剂量、OAR 的剂量要求、治疗分次模式及与外照射的衔接方式等。

2. 患者准备　使患者充分了解治疗目的、原理和步骤。如需镇静或麻醉，应进行相应的评估、检查和准备工作。

**3. 施源器置入**　可在 X 射线透视、超声、CT 或 MR 等图像引导下进行施源器置入；可使用纱布填塞及外部固定装置，确保施源器与人体相对位置的固定。

**4. 定位影像获取**　使用 CT 或 MRI 等成像技术获取定位影像，建立定位影像获取的操作规范，其中要考虑到的重要因素包括断层图像的厚度（一般在 1～5mm）、相对于施源器的成像方向、施源器的影像兼容性、假源的选择、造影剂的禁忌证和影像的伪影与畸变等。

**5. 靶区和 OAR 勾画**　肿瘤放疗医生负责完成靶区和 OAR 勾画。靶区包括 GTV、HR-CTV 和 IR-CTV，OAR 包括直肠、膀胱和结肠等。

**6. 放疗计划设计和优化**　包括施源器重建、布源、给定处方剂量、剂量归一等步骤。

施源器重建应注意影像伪影和体积效应、影像层厚对施源器末端位置的影响、施源器末端影像位置与放射源实际驻留位置的偏移量（offset）、施源器通道序号以及长度的准确性。基于三维影像的计划设计过程中依然要确定 A 点的位置，并且评估 A 点的剂量。正向或逆向优化需要基于传统的梨形剂量分布。

**7. 放疗计划评估和报告**　放射肿瘤放疗医生可参照 GEC-ESTRO 推荐、美国近距离放射治疗协会（ABS）指南和国际辐射单位与测量委会员（ICRU）89 号报告的要求，确认计划并生成计划报告。采用 GEC-ESTRO 推荐中的 DVH 指标来报告和评估治疗计划，包括高危临床靶区（HR-CTV）的定义、100% 肿瘤体积接受的剂量（$D_{100}$）、100Gy 肿瘤体积占比（$V_{100}$）、定义和 200Gy 肿瘤体积占比（$V_{200}$）指标，OAR 的 $0.1cm^3$ 肿瘤体积接受的剂量（$D_{0.1cc}$）定义指标等。同时需要评估三维剂量分布。

**8. 放疗计划检查及核对**　治疗计划需经过独立核查后方可用于治疗，核查内容至少要包括以下内容：①治疗机、放射源、施源器、处方剂量与治疗方案是否一致；②施源器位置及驻留位置是否正确；③施源器通道的序号、长度和偏移量设置是否正确；④单一驻留位置的驻留时间和总驻留时长是否合理。

**9. 治疗实施**　治疗实施前需进行核查工作，核查内容至少包括以下几项：①患者信息、治疗体位。②放疗的时间、分次、处方与放疗方案一致。③治疗机接收到的计划数据与治疗计划一致，核对治疗机、放射源、驻留位置、驻留步长、驻留时间等信息与计划报告是否相符。④施源器类型和型号、施源器通道与后装放疗机通道的连接顺序与计划设计一致。

**10. 施源器取出**　取出施源器后应确认施源器是否完整，是否有医用耗材遗留在患者体内。对于应用组织间插入患者应观察是否有出血症状并给予填塞或药物处置。

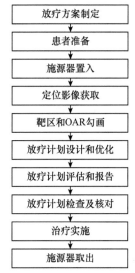

图 6-165　腔内近距离后装放疗基本流程

### （五）近距离放疗二维和三维放疗技术比较

现在，近距离放疗技术已经从基于二维透视图像的二维治疗技术发展到了基于 CT、MRI 三维断层图像的三维治疗技术。三维治疗技术与二维技术相比，可以更准确地确定施源器位置，更精准地控制剂量分布，更准确地评估计划，可以给予靶区更高的治疗剂量，同时降低周围正常组织的受照射范围。二维治疗技术和三维治疗技术的对比见表 6-11。

表 6-11　二维放疗技术和三维放疗技术比较

| | 二维放疗技术 | 三维放疗技术 |
|---|---|---|
| 施源器类型 | 金属材质，不漏射线 | CT/MR 兼容 |
| 成像、OAR 和靶区定义 | | |
| 　成像方法 | 平面影像 | 断层影像 |
| 　采集影像学数据目的 | 施源器重建、确定剂量参考点 | 施源器重建、确定靶区 |
| 　OAR 定义 | 基于点 | 基于容积 |
| 　靶区定义 | 基于点 | 基于容积的 GTV 和 CTV |
| 治疗计划 | | |
| 　施源器重建 | 基于 X 射线导管或施源器 | 利用多平面重建技术间接显示施源器 |
| 　计划优化 | 基于 A 点和 OAR 点 | 基于 CTV 和 OAR 体积 |
| 　计划评估 | 等剂量和剂量限制 | 等剂量、DVH 和剂量限制 |
| 　最终处方剂量 | 可根据点剂量限制进行调整 | 可根据剂量体积限制进行调整 |
| 　剂量报告 | ICRU 38 | ICRU 89 和（或）GEC-ESTRO |
| 治疗实施 | | |
| 　治疗报告 | ICRU 最低要求（点剂量） | ICRU 高级要求（体积剂量） |

# 二、近距离后装放疗机基本结构

近距离后装放疗机的基本结构包括主机、密封放射源、控制系统、传输导管、附属设备和施源器，另外配合治疗需要的设备有定位用 X 射线摄影设备或 CT 设备。以医科达 Flexitron HDR 近距离后装放疗机为例介绍近距离后装放疗机的基本结构。

## （一）主机

主机主要由分度头、储源罐和源驱动组件组成（图 6-166）。分度头可连接多个输源管、施源器，储源罐内通常只装一个放射源，通过分度头的引导控制，放射源可依次通过相应管道到达治疗区，按计划实施治疗。

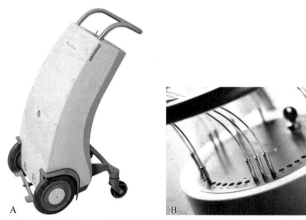

图 6-166　近距离后装放疗机（A）及分度头（B）

近距离后装放疗机一般采用"模拟源探路，放射源治疗"的治疗方式。先驱动模拟源探测治疗通道，一切正常后，再驱动放射源按计划治疗。

放射源由步进马达系统驱动进入治疗通道实施治疗。放射源布源方式分为前进式（放射源由近端开始驻留）和后退式（放射源由远端开始驻留）两种方式。

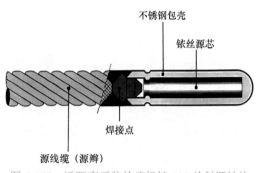

图 6-167　近距离后装放疗机铱-192 放射源结构

### （二）放射源

近距离后装放疗机最常使用的放射源是铱-192，源活度可在 10Ci 以上。进口品牌近距离后装放疗机使用的放射源外径≤0.9mm，国产近距离后装放疗机为 1.1mm。微型源焊接在细钢丝的一端，另一端连至步进马达驱动的绕丝轮上，按计算机程序的控制方式运行（图 6-167）。放射源最大传输次数是放射源焊接强度和安全系数的重要指标。Flexitron HDR 近距离后装放疗机的最大传输次数可达到 30000 次。

### （三）控制系统

近距离后装放疗机控制系统采用计算机与可编程逻辑控制器或与单片机之间的串行通信，遵循相应的通信协议。控制系统包括控制系统软件和控制面板。控制系统通常采用图形用户界面，用户可通过操作软件和控制面板，完成治疗准备和实施治疗。

### （四）传输导管

传输导管用于连接后装主机和施源器，将放射源从后装主机传输到施源器及相应的治疗位置（图 6-168）。

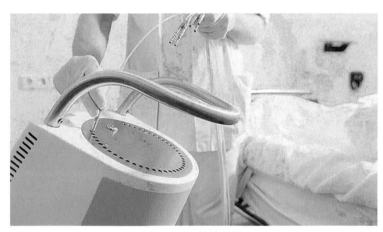

图 6-168　传输导管

### （五）附属设备

近距离后装放疗机附属设备包括辐射监测系统、应急安全工具（长钳、紧急容器）、放射源位置精度检测工具、施源器长度检测工具等（图 6-169～图 6-172）。

### （六）施源器

施源器是置入人体的部分，根据治疗部位的解剖特点、临床处方及放射源特性的不同，施源器类别不同，可根据肿瘤治疗实际需要选择合适的施源器。例如，妇科施源器（图 6-173），通用分段阴道圆筒施源器（图 6-174）。

图 6-169　辐射监测系统（A）及警示灯（B）　　　　图 6-170　应急容器

图 6-171　放射源位置检测尺　　　　图 6-172　放射源位置模拟尺，用于施源器长度
测量及验证

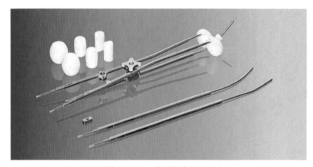 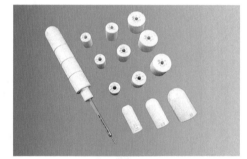

图 6-173　妇科施源器　　　　图 6-174　通用分段阴道圆筒施源器

## （七）技术进展

重点以医科达 Flexitron HDR 近距离后装放疗机发展为例进行介绍。

Flexitron HDR 近距离后装放疗机专门针对传统后装放疗机易出现放疗长度错误、驻留位置错误等固有缺陷进行了多项技术改进，目标是使近距离后装放疗更安全、更精准，同时操作更简便。这些改进也代表了近距离后装放疗机技术的未来发展方向。

（1）标准化传输管长度：所有类型传输管参考长度都固定为 1000mm，从根本上解决了以往不同类型施源器采用不同长度传输管的问题，可明显减少治疗长度发生错误的风险。

（2）将施源器入口位置设置为放射源驻留位置的参考零位，根本上改变了传统近距离后装放疗机将最远端位置作为零位的设置。这样的参考零位设定解决了采用 CT、MR 断层图像进行三维计划设计后，最远端位置断层图像厚度不易精准确定的问题。同时，在计划系统中施源器重建时也不用再从最远端开始重建，而是只需要在治疗位置附近重建，可以更精准制定三维计划。

（3）采用毫米制源驻留位置编号，驻留位置编号直观反应放射源实际驻留位置。放射源步进长度 1mm，驻留位置达到 401 个。例如，第 300 个驻留位置，即表示该位置距离施源器入口 300mm。从根本上解决了传统近距离后装放疗机驻留位置与实际位置易发生混淆和计算错误的问题。

（4）重新设计放射源驱动系统，在放射源步进长度 1mm 的基础上，放射源到位精度提高到 0.5mm，使得放射源可以更加精准到位。

（5）数字化控制放射源到位精度（图 6-175）。可在控制台根据放射源到位精度检测结果，直接数字化调整放射源到位精度，极大简化了放射源到位精度质控和调整流程。

（6）重新优化设计放射源结构：在包壳和源线的焊接部位增加了强化保护套，使放射源安全传输次数达到 30000 次。

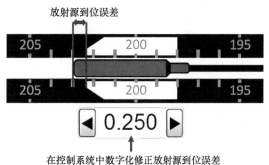

图 6-175　数字化控制放射源到位精度

（7）主机进行轻量化设计：由于传输管长度达到 1000mm，不需要调整机头高度即可满足不同体位治疗的要求。Flexitron HDR 近距离后装放疗机取消了机头机械升降功能，将储源罐设计到机器的重心位置，同时对主要部件和机架进行了轻量化设计，主机重量减轻至 98kg，大大提升了主机移动性。

（8）全新控制系统设计：控制系统采用向导式设计，直观引导操作人员逐步完成治疗准备和治疗实施（图 6-176）。控制面板采用触屏式操作方式，显示的信息丰富且直观（图 6-177）。

图 6-176　向导式用户操作界面

（9）种类丰富的施源器：可提供种类多样、以客户为中心的施源器以适用不同身体部位，为精准放疗提供有力支持（图 6-178、图 6-179）。

目前主要近距离后装放疗机各品牌参数对比见表 6-12。

图 6-177　触屏式控制面板

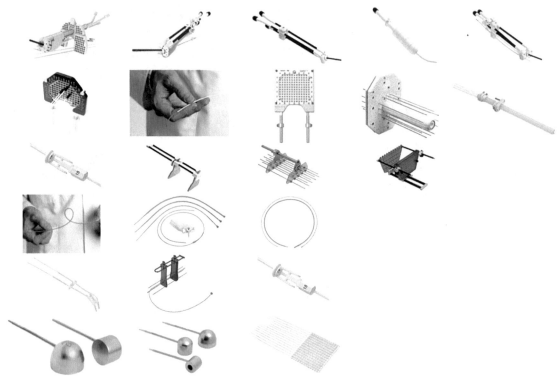

图 6-178　施源器配置

A　　　　　　　　　　B　　　　　　　　　　　　　　　C

图 6-179　新型妇科施源器
A. Utrecht CT/MR 妇科施源器；B. Venezia 高级妇科施源器；C. Geneva 通用型妇科施源器

表 6-12　主要后装放疗机品牌的参数对比

| 品牌 | 医科达 | | 瓦里安 | 新华医疗 | 科霖众 |
|---|---|---|---|---|---|
| 型号 | Flexitron HDR | microSelectron V3 | GammaMedplus iX | XHDR18 XHDR30 | KL-HDR-C |
| 放射源类型 | 铱-192 | 铱-192 | 铱-192 | 铱-192 | 铱-192 |
| 治疗通道数目（个） | 10、20、40 | 6、18、30 | 24 | 18、30 | 18 |
| 放射源驻留位置数目（个） | 401 | 48 | 60 | 48 | 48 |
| 放射源驻留步长（mm） | 1 | 2.5、5、10 | 1～10 | 2.5、5、10 | 2.5、5、10 |
| 放射源到位精度（mm） | 0.5 | 1.0 | 1.0 | 1.0 | 1.0 |
| 布源方式 | 前进式 | 前进式 | 后退式 | 后退式 | 后退式 |
| 放射源包壳尺寸（mm×mm） | $\phi0.86\times4.6$ | $\phi0.9\times4.5$ | $\phi0.9\times4.5$ | $\phi1.1\times6.0$ | $\phi1.1\times6.0$ |
| 出源长度（mm） | 1400 | 1500 | 1300 | 1000 | 1000 |
| 放射源最大安全传输次数（次） | 30000 | 25000 | 5000 | 25000 | 25000 |

# 三、近距离放疗的剂量学特点

近距离放疗照射极为基本和重要的特点是平方反比定律，即放射源周围的剂量分布，是按照与放射源之间距离平方而下降（图 6-180）。在近距离照射条件下，平方反比定律是影响放射源周围剂量分布的主要因素，基本不受辐射能量的影响。根据平方反比定律，近放射源处的剂量随距离变化要比远源处的大得多。因此，近距离放疗中按照特定的剂量学规则，选用不同的布源方式，可在不增加正常组织损伤的前提下，给予肿瘤组织较高剂量的照射。此外，近距离放疗中，一般不使用剂量均匀性的概念，在治疗范围内，剂量是不均匀的。

近距离放疗与外照射治疗的剂量分布不同，图 6-181A 为外放射治疗计划，剂量分布较均匀；图 6-181B 为近距离放疗计划，剂量分布不均匀，靶区内部剂量高，边缘剂量低，两者剂量差异可达数倍。

近距离放疗计划放射源的驻留位置和驻留时间决定了剂量分布，施源器是放射源的承载体，在治疗过程中放射源始终在施源器内运动、驻留，因此施源器重建的准确性直接决定了剂量分布的准确性。

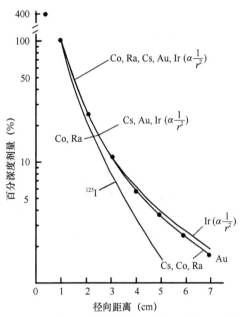

图 6-180　$^{60}$Co、$^{225}$Ra、$^{137}$Cs、$^{198}$Au、$^{192}$Ir 和 $^{125}$I 在水中随径向距离（$r$）的百分深度剂量变化

现代近距离放疗通常使用近距离放疗计划系统进行计划设计，计算剂量分布。下文以医科达 Oncentra Brachy 近距离放疗计划系统为例，介绍治疗计划系统的基本功能。

Oncentra Brachy 近距离放疗计划系统为用户提供多种先进的计划工具和技术，可快速生成高质量的治疗计划。

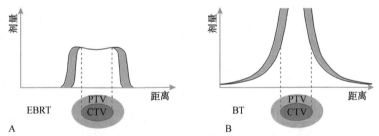

图 6-181　外放射治疗计划（A）与近距离放疗计划（B）的剂量分布比较
EBRT，前列腺癌外放射治疗；BT，近距离放疗

## （一）图像融合及患者解剖结构建模工具

Oncentra Brachy 近距离放疗计划系统支持 CT、MR 等多模态图像配准融合，并在此基础上进行靶区和 OAR 的勾画（图 6-182）。

## （二）施源器重建

Oncentra Brachy 近距离放疗计划系统支持各种二维重建方式，包括正交投影、等中心投影、变角投影、半正交投影重建等，也支持在 CT、MR 等三维断层图像上直接重建施源器。

可任意定义施源器重建方向和重建长度，并可自动识别并重建插植针。

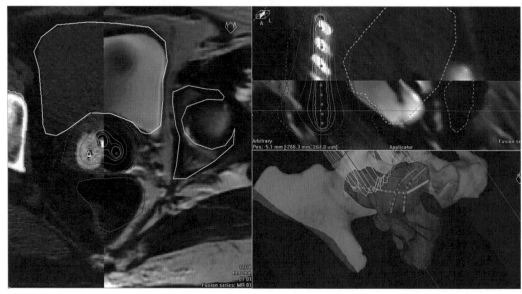

图 6-182　CT/MR 融合图像

Oncentra Brachy 近距离放疗计划系统具备三维施源器模型库的高级功能，模型库涵盖了常见的各种固定几何形状的施源器，使用时只需把相应施源器 3D 模型拖放到患者图像上，与图像上施源器进行重合，即可完成施源器重建（图 6-183）。施源器模型包括施源器的放射源路径及材质等信息。

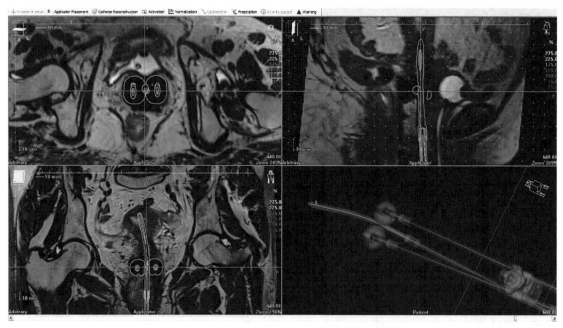

图 6-183　施源器建模工具，可快速重建施源器

Oncentra Brachy 近距离放疗计划系统还具备插植建模工具（implant modeling）的独特功能，用户可自定义插植组合模型，包含位置、形状、导管数量等完整信息，重建时只需调取预先存储的模型即可完成重建（图 6-184）。

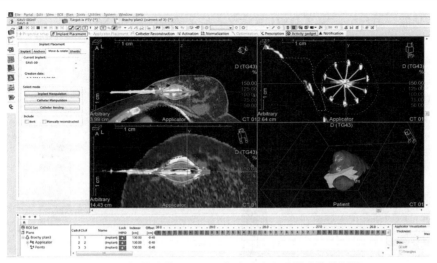

图 6-184　插植建模工具，可快速重建多通道乳腺施源器

## （三）计划优化

Oncentra Brachy 近距离放疗计划系统支持正向计划的几何优化、剂量点优化和图形优化。图形优化可通过拖放剂量线，直接优化调整剂量分布。也支持逆向优化，通过设置靶区和 OAR 的剂量体积限制参数，自动优化放射源驻留时间和驻留位置。Oncentra Brachy 近距离放疗计划系统提供了模拟退火逆向优化（IPSA）和复合逆向优化（HIPO）两种全自动逆向优化工具。IPSA 优化工具采用模拟退火全局优化算法，逆向优化放射源驻留位置和驻留时间，几秒即可完成一个高质量的多通道复杂插植计划的逆向优化，非常适用于前列腺和乳腺等部位多通道插植治疗的优化。HIPO 则采用复合逆向优化算法，具备通道锁定功能（图 6-185），锁定指定通道的驻留位置和驻留时间，优化其余通道，非常适用于手动计划与全自动计划相结合的应用，如妇科肿瘤腔内联合组织间插植治疗，HIPO 优化可锁定腔内三管，优化宫颈旁插植针里的放射源驻留时间，实现标准计划与插植优化的结合。

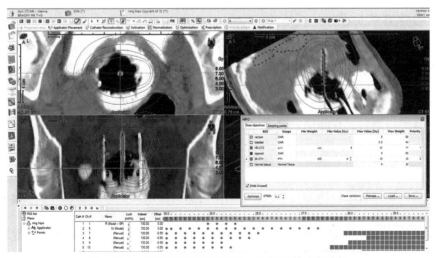

图 6-185　HIPO 逆向优化工具，具备通道锁定功能

## （四）计划评估

Oncentra Brachy 近距离放疗计划系统可实现多个计划比较和叠加。具备独特的 DVH 标记

点彩色显示功能，用户可自定义 DVH 目标值的显示颜色（图 6-186）。例如，达到临床要求的值显示为绿色，没有达到要求的显示为红色，计划质量一目了然。

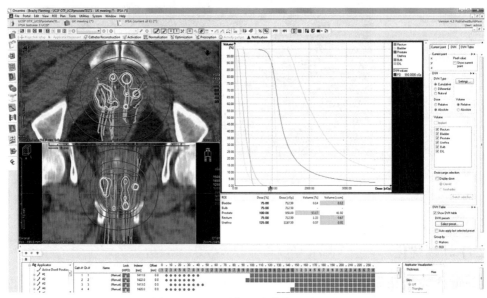

图 6-186　DVH 标记点彩色显示工具

# 四、近距离放疗的临床应用

目前，近距离放疗技术规范是包括美国放射治疗协会（ASTRO）、欧洲放射治疗协会（ESTRO）、美国近距离放疗协会（ABS）、美国国立综合癌症网络（NCCN）等在内的全球许多肿瘤治疗专业组织提出的放疗规范指南的重要组成部分。近距离放疗对于如妇科、前列腺、乳腺、皮肤等部位肿瘤都有非常好的治疗效果。尤其是对于宫颈癌治疗，近距离放疗是公认的宫颈癌治疗的"金标准"，是保证宫颈癌放疗取得良好效果不可缺少的一个治疗环节。

## （一）治疗方式分类

临床应用中，近距离放疗技术可分为腔内/管内照射技术、组织间插植照射技术、术中置管术后照射和表面敷贴治疗四种类型的治疗方式，每种方式有各自的特点，针对特定肿瘤患者，与物理人员放疗医生讨论选择最适宜的治疗手段。

**1. 腔内/管内照射技术**　是利用人体的自然腔体和管道置放施源器。鼻咽癌、宫颈癌、阴道癌等可选择腔内照射；直肠癌、食道癌、主支气管癌等可选择管内照射。

**2. 组织间插植照射技术**　是指预先将空心的针管植入肿瘤，再利用后装放疗机控制点源进行照射。治疗病种包括乳腺癌、前列腺癌、软组织肉瘤等。

**3. 术中置管术后照射**　主要用于 OAR，手术切缘未切除干净，亚临床灶范围不清的情况。可在瘤床范围内预埋数根软性塑料管，术后利用后装放疗机控制点源步进照射。该方法适用于部分脑瘤（邻近中枢部位）、胰腺、胆管、膀胱癌、胸膜瘤等手术。

**4. 表面敷贴治疗**　可用于治疗表浅皮肤癌，应用软管或专用皮肤施源器，根据巴黎剂量学原则，按单平面插植条件布源实行敷贴治疗。

## （二）宫颈癌

妇科是近距离放疗最重要的治疗部位之一。目前我国近距离放疗主要用于以宫颈癌为主的妇科肿瘤治疗。宫颈癌是全球妇女中仅次于乳腺癌的第二高发恶性肿瘤，是最常见的女性生殖道恶性肿瘤。

高剂量率近距离放疗是早期或局部宫颈癌的全球标准化治疗手段，是宫颈癌治疗的关键技术，对取得良好的局部控制率和提高生存率具有不可替代的作用。已有大量临床数据表明，近距离放疗与外放射治疗相结合，比单独外放射治疗的效果更好。而没有接受近距离放疗的宫颈癌患者，存活率明显下降（图6-187）。局部晚期宫颈，接受近距离放疗的患者与未接受近距离放疗的患者的临床效果对比，4年总生存率可提高12%（表6-13）。

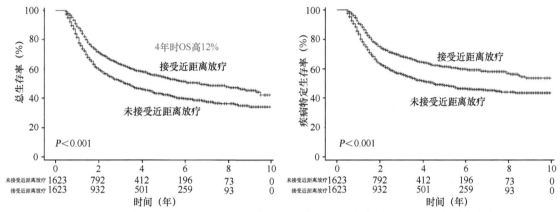

图6-187　局部晚期宫颈癌，接受近距离放疗和未接受近距离放疗的临床效果对比，4年总生存率可提高12%

表6-13　NCCN指南推荐的宫颈癌放疗技术

| 分期 | 治疗手段 |
|---|---|
| ⅠA1 | 手术 |
| ⅠA2 | 手术或放疗 |
| ⅠB1 | 手术或放疗（外放射+近距离放疗+同期顺铂化疗） |
| ⅠB2 | 放疗加化疗为主（外放射+近距离放疗+同期顺铂化疗） |
| ⅡA1 | 手术或放疗（外放射+近距离放疗+同期顺铂化疗） |
| ⅡA2 | 放疗加化疗为主（外放射+近距离放疗+同期顺铂化疗） |
| ⅡB | 放疗加化疗（外放射+近距离放疗+同期顺铂化疗） |
| ⅢA | 放疗加化疗（外放射+近距离放疗+同期顺铂化疗） |
| ⅢB | 放疗加化疗（外放射+近距离放疗+同期顺铂化疗） |
| ⅣA | 放疗加化疗和（或）系统化疗（顺铂为基础） |

## （三）乳腺癌

乳腺癌是女性最常见的恶性肿瘤，对广大妇女的健康和生命构成严重威胁，其中大部分被诊断出有早期乳腺癌的患者都可以接受保乳手术治疗。保乳手术后接受放疗，可明显降低复发风险，提高保乳手术的成功率。保乳疗法的传统辅助放疗方法是采用全乳照射（WBI），而另一种被称为加速部分乳腺照射（accelerated partial brest irradiation，APBI）的辅助放疗方法已被临床证实具有良好的远期效果。

APBI近距离放疗是一种针对早期乳腺癌患者的高剂量照射治疗模式，是在乳腺肿瘤切除术后进行照射，直接针对肿瘤切除术腔及周围组织1～2cm范围进行照射治疗。该技术自20世纪90年代后期推出后，在美国已有数10万女性接受了不同类型的APBI近距离放疗。全球多个Ⅲ期临床随机对比试验已证实，保乳术后采用APBI近距离放疗技术与传统的全乳照射技术相比，具有等效的远期生存率、无病生存率及局部肿瘤控制率。数据还表明在皮肤毒性和纤维化及其他不良事件（包括乳腺疼痛）等方面，APBI 都比全乳照射存在优势。APBI 近距离放疗相比传统全乳照射具有三方面的显著优势：①明显缩短治疗时间，将治疗时间从全乳照射 5～7 周缩短到 APBI 4～5 天；②可缩小照射部位，降低对心脏、肺和皮肤的照射剂量；③局部照射，保留有后期治疗的余地。

### （四）前列腺癌

前列腺癌是欧美国家最常见的男性恶性肿瘤，在我国的发病率也呈逐年上升的趋势。对于前列腺癌的治疗，外放射放疗结合近距离放疗或单独近距离放疗均可取得非常好的治疗效果。

前列腺癌高剂量近距离放疗始于 1988 年德国基尔（Kiel）大学。随后在 1991 年，密西根的威廉·博蒙特医院和西雅图前列腺研究所先后开展了该项治疗技术。起初，高剂量近距离放疗仅作为中高危前列腺癌外放射治疗的补量照射，提高局部放射剂量。随着前列腺高剂量近距离放疗经验的积累，超声和计算机技术的发展，使治疗流程得到规范，治疗的不良反应得以了解，高剂量近距离放疗技术从补量放射过渡到单纯高剂量近距离放疗，单纯高剂量近距离放疗临床试验已从治疗低危前列腺癌患者逐步用于中危及高危的前列腺癌患者。在 20 世纪 90 年代中期，美国威廉·博蒙特医院和加利福尼亚内放射治疗癌症中心[California Endocuritherapy（CET）Cancer Center]开始针对低危和中危患者开展单纯高剂量近距离放疗；同时期，日本大阪大学开始针对高危患者开展单纯高剂量近距离放疗。

经过多年临床经验的积累及治疗技术的发展，高剂量后装放疗前列腺癌在无癌生存率及毒副作用上都显示了非常好的临床疗效。基于高剂量后装放疗的优势，美国 2014 年版 NCCN 指南等推荐低危、中危、复发性癌症患者都可采用单纯高剂量后装放疗，高危患者采用外照射与高剂量后装补量照射治疗。汇总 NCCN、EAU 和 ABS 等组织的相关指南，不同分期前列腺癌的治疗方案见表 6-14。

**表 6-14　不同分期前列腺癌的治疗方案**

| 前列腺癌分期 | 低危 | 中危 | 高危 | 局部进展 |
|---|---|---|---|---|
| | T1～T2a+PSA＜10+GS 6 | T2b 或 PSA 10～20 或 GS 7 | T2c～T3a 或 PSA＞20 或 GS 8 | T3b～T4 |
| 治疗技术 | 主动监测 | | | |
| | 前列腺切除术 | | | |
| | 粒子植入 | 粒子植入±外照射 | 粒子植入+外照射 | |
| | 高剂量率后装 | HDR±外照射 | HDR+外照射 | |
| | 外照射放射治疗 | | | |
| | 内分泌治疗 | | | |

（郭　刚　史斌斌　张嘉月）

## 参 考 文 献

胡逸民, 张红志, 戴建荣, 1999. 肿瘤放射物理学. 北京: 中国原子能出版社.

李玉, 徐慧军, 2015. 现代肿瘤放射物理学. 北京: 中国原子能出版社, 729-737.

卢洁, 巩贯忠, 张伟, 2023. 现代放射治疗剂量测量学. 北京: 科学出版社.

石继飞, 2019. 放射治疗设备学. 北京: 人民卫生出版社.

王宝亭, 耿鸿武, 2022. 中国医疗器械行业发展报告(2022). 北京: 社会科学文献出版社: 254-318.

Adler JR, Colombo F, Heilbrun MP, et al, 2004. Toward an expanded view of radiosurgery. Neurosurg, 55(6): 1374-1376.

Akakura K, Tsujii H, Morita S, et al, 2004. Phase Ⅰ/Ⅱ clinical trials of carbon ion therapy for prostate cancer.

Prostate, 58(3): 252-258.

Bibault JE, Dussart S, Pommier P, et al, 2017. Clinical outcomes of several IMRT techniques for patients with head and neck cancer: a propensity score–weighted analysis - sciencedirect. International Journal of Radiation Oncology Biology Physics, 99(4): 929-937.

Bol GH, Hissoiny S, Lagendijk JJW, et al, 2012. Fast online monte carlo-based IMRT planning for the MRI linear accelerator. Physics in Medicine and Biology, 57(5): 1375-1385.

Bondiau, PY, Bahadoran P, Lallement M, et al, 2009. Robotic stereotactic radioablation concomitant with neo-adjuvant chemotherapy for breast tumors. International Journal of Radiation Oncology Biology Physics, 75(4): 1041-1047.

Chai WP, Yang JC, Xia JW, et al, 2014. Stripping accumulation and optimization of himm synchrotron. Nuclear Instruments and Methods in Physics Research Section A: Accelerators, Spectrometers, Detectors and Associated Equipment, 763(1): 272-277.

Chang JM, Wang WLC, Koom WS, et al, 2012. High-dose helical tomotherapy with concurrent full-dose chemotherapy for locally advanced pancreatic cancer. International Journal of Radiation Oncology Biology Physics, 83(5): 1448-1454.

De Roover R, Crijns W, Poels K, et al, 2019. Validation and IMRT/VMAT delivery quality of a preconfigured fast-rotating O-ring linac system. Medical Physics, 46(1): 328-339.

Ganz J C, 2011. Gamma Knife Neurosurgery. New York: Springer.

Gao S, Netherton T, Chetvertkov MA, et al, 2019. Acceptance and verification of the halcyon-eclipse linear accelerator-treatment planning system without 3D water scanning system. Journal of Applied Clinical Medical Physics, 20(10): 111-117.

Hawkins RB, Inaniwa T, 2014. A microdosimetric-kinetic model for cell killing by protracted continuous irradiation Ⅱ: brachytherapy and biologic effective dose. Radiation Research, 182(1): 72-82.

Hendee WR Editor S, 2013. Proton and Carbon Ion Therapy. New York: Taylor & Francis Group.

Hill-Kayser CE, Tochner Z, li Y, et al, 2019. Outcomes after proton therapy for treatment of pediatric high-risk neuroblastoma. International Journal of Radiation Oncology Biology Physics, 104(2): 401-408.

Kann BH, Park HS, Johnson SB, et al, 2017. Radiosurgery for Brain Metastases: changing practice patterns and disparities in the united states. Journal of the National Comprehensive Cancer Network, 15(12): 1494-1502.

Li M, Li SP, Li WL, et al, 2019. The design and implementation of the beam diagnostics control system for HIMM. Nuclear Instruments and Methods in Physics Research, 919(1): 27-35.

Li Y, Netherton T, Nitsch PL, et al, 2018. Independent validation of machine performance check for the halcyon and truebeam linacs for daily quality assurance. Journal of Applied Clinical Medical Physics, 19(5): 375-382.

Lunsford LD, Sheehan JP, 2015. Intracranial Stereotactic Radiosurgery. New York: Thieme Publishers.

Mackie TR, Kapatoes J, Ruchala K, et al, 2003. Image guidance for precise conformal radiotherapy. International Journal of Radiat Oncology Biology Physics, 56(1): 89-105.

Meijsing I, Raaymakers BW, Raaijmakers AJE, et al, 2009. Dosimetry for the MRI accelerator: the impact of a magnetic field on the response of a farmer NE2571 ionization chamber. Physics in Medicine and Biology, 54(10): 2993-3002.

Mizoe JE, Tsujii H, Kamada T, et al, 2004. Dose escalation study of carbon ion radiotherapy for locally advanced head-and-neck cancer. International Journal of Radiation Oncology Biology Physics, 60(2): 358-364.

Nichols EM, Dhople AA, Mohiuddin MM, et al, 2010. Comparative analysis of the post-lumpectomy target volume versus the use of pre-lumpectomy tumor volume for early-stage breast cancer: implications for the future. International Journal of Radiation Oncology Biology Physics, 77(1): 197-202.

Njeh CF, 2008. Tumor delineation: the weakest link in the search for accuracy in radiotherapy. Journal of Medical Physics, 33(4): 136-140.

Oborn BM, Metcalfe PE, Butson MJ, et al, 2009. High resolution entry and exit monte carlo dose calculations from a linear accelerator 6 MV beam under the influence of transverse magnetic fields. Medical Physics, 36(8): 3549-3559.

Paganetti H, Blakely E, Carabe-Fernandez A, et al, 2019. Report of the AAPM TG-256 on the relative biological effectiveness of proton beams in radiation therapy. Medical Physics, 46(3): 53-78.

Polgár C, Fodor J, Major T, 2007. Breast-conserving treatment with partial or whole breast irradiation for low-risk invasive breast carcinoma—5-year results of a randomized trial. International Journal of Radiation Oncology Biology Physics, 69(3): 694-702.

Prunaretty J, Boisselier P, Aillères N, et al, 2019. Tracking, gating, free-breathing, which technique to use for lung stereotactic treatments? A dosimetric comparison. Reports of Practical Oncology and Radiotherapy, 24(1): 97-104.

Raaymakers BW, Jurgenliemk-Schulz IM, Bol GH, et al, 2017. First patients treated with a 1. 5 T MRI-linac: clinical proof of concept of a high-precision, high-field MRI guided radiotherapy treatment. Physics in Medicine and Biology, 62(23): L41-L50.

Rath AK, Sahoo N, 2016. Particle Radiotherapy. New York: Springer.

Ray X, Bojechko C, Moore KL, 2019. Evaluating the sensitivity of halcyon's automatic transit image acquisition for treatment error detection: a phantom study using static IMRT. Journal of Applied Clinical Medical Physics, 20(11): 131-143.

Rusthoven CG, Kavanagh BD, Karam SD, 2015. Improved survival with stereotactic ablative radiotherapy(SABR) over lobectomy for early stage non-small cell lung cancer(NSCLC): addressing the fallout of disruptive randomized data. Annals of Translatioal Medicine, 3(11): 149.

Schulz-Ertner D, Nikoghosyan A, Didinger B, et al, 2005. Therapy strategies for locally advanced adenoid cystic carcinomas using modern radiation therapy techniques. Cancer, 104(2): 338-344.

Shaverdian N, Yang YL, Hu P, et al, 2017. Feasibility evaluation of diffusion-weighted imaging using an integrated MRI-radiotherapy system for response assessment to neoadjuvant therapy in rectal cancer. The British Journal of Radiology, 90(1071): 20160739.

Simpson G, Spieler B, Dogan N, et al, 2020. Predictive value of 0. 35T magnetic resonance imaging radiomic features in stereotactic ablative body radiotherapy of pancreatic cancer: a pilot study. Medical Physics, 47(8): 3682-3690.

Smit K, Van Asselen B, Kok JGM, et al, 2013. Towards reference dosimetry for the MR-linac: magnetic field correction of the ionization chamber reading. Physics in Medicine and Biology, 58(17): 5945-5957.

Somlo G, Spielberger R, Frankel P, et al, 2010. Total marrow irradiation: a new ablative regimen as part of tandem autologous stem cell transplantation for patients with multiple myeloma. Clincal Cancer Research, 17(1): 174-182.

Song JH, Jung JY, Park HW, et al, 2015. Dosimetric comparison of three different treatment modalities for total scalp irradiation: the conventional lateral photon–electron technique, helical tomotherapy, and volumetric-modulated arc therapy. Journal of Radiation Reseasch, 56(4): 717-726.

Sung H, Ferlay J, Siegel RL, et al, 2021. Global cancer statistics 2020: globocan estimates of incidence and mortality worldwide for 36 cancers in 185 countries. CA: A Cancer Journal for Clinicians, 71(3): 209-249.

Tsujii H Kamada T, Shirai T, et al, 2014. Carbon-Ion Radiotherapy Principles, Practices, and Treatment Planning. London: Springer.

Vaidya JS, Joseph DJ, Tobias JS, et al, 2010. Targeted intraoperative radiotherapy versus whole breast radiotherapy for breast cancer(TARGIT-A trial): an international, prospective, randomised, non-inferiority phase 3 trial. Lancet, 376(9735): 91-102.

Valachis A, Mauri D, Polyzos NP, et al, 2010. Partial breast irradiation or whole breast radiotherapy for early breast cancer: a meta-analysis of randomized controlled trials. The Breast Journal, 16(3): 245-251.

Valenciaga Y, Chang J, Schulder M, 2018. Evaluating the use of combined gamma knife/linac stereotactic radiosurgery(SRS) treatments in patients with 10 or more brain metastases. International Journal of Radiation Oncology Biology Physics, 102(3): 520.

Van Heijst TCF, Den Hartogh MD, Lagendijk JJW, et al, 2013. MR-guided breast radiotherapy: feasibility and magnetic-field impact on skin dose. Physics in Medicine & Biology, 58(17): 5917-5930.

Vergalasova I, Liu H, Alonso-Basanta M, et al, 2019. Evaluation of contemporary stereotactic radiosurgery techniques for the treatment of multiple metastases. International Journal of Radiation Oncology Biology Physics, 105(1): 775-776.

Wei K, Xu ZG, Mao RS, et al, 2020. Performances of the beam monitoring system and quality assurance equipment for the HIMM of carbon-ion therapy. Journal of Applied Clinical Medical Physics, 21(8): 289-298.

Whelan B, Kolling S, Oborn BM, et al, 2018. Passive magnetic shielding in MRI-Linac systems. Physics in Medicine and Biology, 63(7): 075008.

Whyte RI, Crownover R, Murphy MJ, et al, 2003. Stereotactic radiosurgery for lung tumors: preliminary report of phase I trial. The Annals of Thoracic Surgery, 75(4): 1097-1101.

Wong JYC, Liu A, Schultheiss T, et al, 2006. Targeted total marrow irradiation using three-dimensional image-guided tomographic intensity-modulated radiation therapy: an alternative to standard total body irradiation. Biology of Blood and Marrow Transplantation, 12(3), 306-315.

Yang JC, Shi J, Chai WP, et al, 2014. Design of a compact structure cancer therapy synchrotron. Nuclear Instruments and Methods in Physics Research Section A: Accelerators, Spectrometers, Detectors and Associated Equipment, 756(21): 19-22.

Yang YL, Cao MS, Sheng K, et al, 2016. Longitudinal diffusion MRI for treatment response assessment: preliminary experience using an MRI-guided tri-cobalt 60 radiotherapy system. Medical Physics, 43(3): 1369-1373.

Yu CX, Shao XY, Zhang J, et al, 2013. Gammapod—a new device dedicated for stereotactic radiotherapy of breast cancer. Medical Physics, 40(5): 051703.

Yun J, Aubin JS, Rathee S, et al, 2010. Brushed permanent magnet DC MLC motor operation in an external magnetic field. Medical Physics, 37(5): 2131-2134.

Zeidan OA, Langen KM, Meeks SL, et al, 2007. Evaluation of image-guidance protocols in the treatment of head and neck cancers. International Journal of Radiation Oncology Biology Physics, 67(3): 670-677.

Zilli T, Scorsetti M, Zwahlen D, et al, 2018. ONE SHOT-single shot radiotherapy for localized prostate cancer: study protocol of a single arm, multicenter phase I / II trial. Radiation Oncology, 13(1): 166.

# 第七章 放射治疗质控设备

质量保证与控制（quality assurance and quality control，QA&QC）是为了保证治疗过程中的服务和疗效达到一定的公认水准，而经过周密设计和实施的一系列必要的措施，以保证放疗的整个服务过程中的各个环节按照标准，安全正常无误地执行。随着技术的进步，对加速器的QA&QC不断提出新要求。放疗实施全程中的任何偏差都会引起精准放疗疗效的不确定性，甚至造成治疗失败和医源性事故。所以制定严格 QA&QC 流程和标准，将这些偏差控制在一定范围内，这对疗效是至关重要的。

质量标准有国际标准、国家标准和行业标准等，分别是由国家或行业组织制定的，主要的依据是国际原子能机构（International Atomic Energy Agency，IAEA）相关报告、国际辐射单位和测量委员会（International Commission on Radiation Units and Measurements，ICRU）相关报告、国际电工委员会（International Electrotechnical Commission，IEC）物理学和工程学学会出版物，以及国际医学物理组织（International Organization on Medical Physics，IOMP）和美国医学物理学家协会（American Association of Physicists in Medicine，AAPM）制定的相关报告等。我国也专门制定了医用电子直线加速器的质控标准——医用电子直线加速器验收试验和周期检验规程，最新版本为 GB/T 19046—2013。

## 第一节 肿瘤放射治疗质控

在放疗的各个治疗环节中，由于涉及不同部门和人员，以及设备条件的限制，不可避免的会产生一定误差。各个环节细小误差累积起来，最终可能会影响到靶区剂量的准确性，为保证常规放疗靶区的总剂量误差控制在小于 5%的范围内，AAPM 和我国国家标准均对放疗设备在使用过程中的质控做了详细规范。

医用电子直线加速器质控主要包括加速器的机械部分、剂量学部分、影像学部分。例如，直线加速器机械部分的几何精度误差必须小于 2mm 或 2%，加速器机架旋转角度误差小于0.5°，常规治疗输出剂量特性的偏差应小于 2%。MLC、电子射野影像设备及锥形线束 CT（CBCT）等都要有单独的质控项目。同时由于现代化的医用电子直线加速器可开展 3D-CRT、IMRT、VMAT、SRT 和立体定向放疗等多种放疗技术，而不同的放疗技术可能对医用电子直线加速器有关技术标准要求会不同，所以质控的标准也会有所不同。不同技术标准要求可参考AAPM TG142 报告、我国国家标准或国家癌症中心的质控规范。AAPM 有关对放疗设备的全面质量保证与质量控制和关于治疗计划系统（TPS）、医用电子直线加速器、MLC 及 EPID 等的专门 QA 要求在发表的报告里均做了详细规定，使用单位可借鉴其中的检测方法及标准要求来对医用电子直线加速器进行验收鉴定。

肿瘤精准放疗从定位到计划的执行均要求做到精准无误。当患者放疗计划制定完毕并确认后，需要对计划执行的精准性和安全性进行验证和监测。计划传输、执行等方面出现误差将会使治疗的精准性下降，甚至造成治疗失败。因此，计划验证是整个精准放疗流程的重要一环。针对实际病例计划的验证可以称为个体化 QA，是保证每一个病例治疗效果的重要一环。而IMRT 比 CRT 在实施要求方面复杂很多，因此以往周期性简单测试已经不能满足个体化 QA的要求。个体化 QA 可分为执行前验证（即离体验证）和治疗中验证（即在体验证），由于设备和技术的限制，目前多采用前一种验收方式。

不同工具和方法对计划的验证说明性也有所不同，单探头测量只能说明某一指定点的剂量与计划值的符合性。调强技术的特点是照射强度不均一、剂量变化复杂，点剂量验证显然不能满足验证工作的需要，胶片和探头阵列是常用和公认的调强验证工具。胶片尺寸规格多样、体积小、在二维空间上具有很好的探测分辨率。但其不足之处是在操作和分析过程中容易产生系统性和随机性误差，造成测量结果精准性下降。而且不同批次胶片需要校准，不能重复使用。

探头阵列具有快速显示探测结果，操作简便，集成化程度高的特点，已逐渐成为 IMRT 计划验证 QA 中的常用工具。传统 IMRT 计划验证为固定野角度照射，每一照射野以其照射方向进行二维平面内射线强度优化，然后所有照射野共同在模体或人体内形成三维的剂量分布，基于这个特点，二维矩阵可以很好地测量并分析单个照射野或复合野的剂量分布差异。近年来容积旋转调强技术逐渐进入大规模临床应用，其强调的是三维和容积的概念，以模体或人体的三维空间为目标，根据剂量限制进行优化。这使角度变化性更大，二维验证不能完全反映计划的精准性，因此，近几年开发出了基于三维验证的工具，如 Compass 系统、ArcCHECK 系统和 Delta$^4$ 系统等。这些系统能够在三维空间上对照射情况进行探测，重建后进行分析，更接近旋转调强放射治疗的概念和实际的剂量分布。

AAPM 在 2018 年发布了 TG218 号报告，建议建立一致的 IMRT 质控标准。治疗前应该核查患者的治疗信息，包括患者的治疗计划和 QA 计划的传输（机架、准直器、治疗床、MLC 位置、MLC 序列、机器跳数等）。相较之前将机架角度归一到 0°的验证方式，AAPM TG218 号报告中建议采用实际治疗角度进行测量验证，而且每次测量前都要对加速器进行剂量刻度：剂量归一方式采用全局归一，剂量阈值设置为 10%，评估方式为绝对剂量方式，不应采用相对剂量。AAPM TG218 报告关于绝对剂量全局归一的 γ 分析建议：通用容差阈值，γ 通过率（3%/2mm，10%）≥95%；通用干预阈值，γ 通过率（3%/2mm，10%）≥90%。需要对 γ 值最大的点或大于 1.5 的点的百分比进行分析（对于 3%/2mm，γ 值为 1.5 表示低剂量梯度区的剂量偏差为 4.5%，或剂量陡峭区域的 DTA 为 3mm）。每个靶区及 OAR 进行 DVH 的 γ 值分析。当出现误差超过限制时，要对该计划进行复核检查，检查顺序是 QA 模体或验证装置位置、射束特性、MLC、TPS、剂量网格大小等。

## 第二节　放射治疗质控设备

### 一、电离室和剂量仪

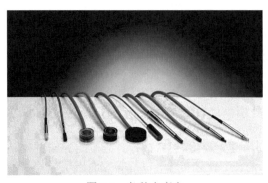

图 7-1　各种电离室

电离室（图 7-1）测量吸收剂量是通过测量电离辐射在与物质的相互作用过程中产生的次级电离电荷量，经过计算得到的。电离室经国家标准实验室标定后，可以直接用于吸收剂量的测量。电离室按形状可以分为指型电离室（图 7-2）、井型电离室（图 7-3）、平行板电离室（图 7-4）等；按使用材料可分为硅半导体、宝石电离室等。

指型电离室是最常用的电离室，特别是 0.6cc 的指型电离室，一般是作为加速器吸收剂量测量的参考电离室，但不适合用于照射野小于 5cm×5cm 的测量。

井型电离室适用于同位素放射源的活度校准，一般用于近距离放疗的质控。

平行板电离室常用于电子线的吸收剂量测量，或用作加速器机头的监测电离室，以及外推电离室等。

# SNC600c™//经典指型电离室

- SNC600c是用于光子和电子剂量测量的参考级电离室

- 可用于TG-51校准
  - NRC特性可用，带有校准系数
  - 符合IEC 60731（第3版）性能要求
  - 满足AAPM TG-51和IAEA TRS-398剂量测定协议的建议

- 兼容性：
  - 经典指型电离室可用于现有的绝大部分模体

- 提高设置和准确性
  - 白色电离室主体，十字叉丝和激光灯可以清楚可见

A

| SNC600cTM//规格 | | | |
|---|---|---|---|
| 灵敏体积（cm³） | 0.6 | 电极（mm）： | 1.1直径铝 |
| 灵敏体积长度（mm）： | 22.7 | 开口： | 通过防水管道与空气接通 |
| 灵敏体积直径（mm）： | 6.1 | 建成帽（mm）： | 4.5 |
| 灵敏度（Nc/Gy）： | 20 | 偏置电压： | 最大±400 |
| 室壁材料（mm）： | 涂层0.05 | 长（mm）： | 1.5 |
| | 石墨0.43 | 电缆连接器： | TNC或者BNC |
| 能量范围 | ⁶⁰Co-25MV | | |
| | 9～25MV | | |

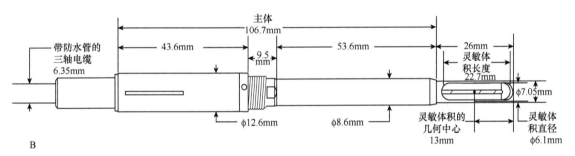

B

图 7-2　指型电离室（A）及详细参数（B）

图 7-3　井型电离室及源适配器

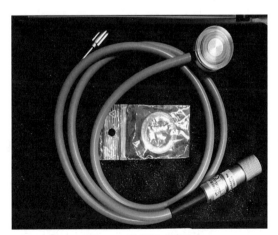

图 7-4　平行板电离室

电离室有很多工作特性，如方向性、饱和特性、杆效应、复合效应、极化效应等，这些特

性都会对电离室的测量结果产生影响，在使用过程中要注意必要的修正。电离室经过多年的发展，型号越来越多，根据测量条件选择适合的电离室对于测量结果特别重要。

剂量仪主要有两个功能，一是为电离室电极提供偏压，二是测量电离室收集电荷的输出信号。影响剂量仪读数的主要因素有预热时间、本底电流、刻度线性、环境敏感性、漏电流等。目前商用剂量仪主要有 4 家：德国 PTW 公司 UNIDOS Tango 剂量仪（图 7-5）、美国 Standard Imaging 公司 SuperMax 剂量仪（图 7-6）、德国 IBA 公司 DOSE1 剂量仪（图 7-7）、美国 Sun Nuclear 公司的双通道剂量仪（PC Electrometer 剂量仪）（图 7-8）。

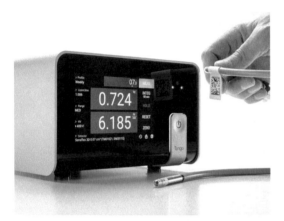

图 7-5　UNIDOS Tango 剂量仪

图 7-6　SuperMax 剂量仪

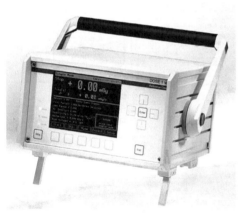

图 7-7　DOSE1 剂量仪

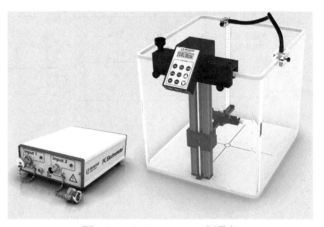

图 7-8　PC Electrometer 剂量仪

# 二、晨 检 仪

晨检仪是一类用于加速器日常运行状态检测的质控设备，能够准确地评价常规加速器、Tomotherapy、CyberKnife 等治疗设备剂量输出和能量稳定性、照射野大小、照射野内的平坦度、对称性等参数。晨检仪在使用前需要按照厂家推荐的方法进行校准，并对需要检测的射线参数设置参考基准值。如果测量结果超过了基准值容差范围，晨检仪会自动显示警告或报警。每次的测量结果会自动记录在电脑数据库中，可以分析加速器剂量输出等参数的趋势变化。晨检仪可采用有线或无线连接方式，使用方便快捷，结果实时显示。商用的晨检仪主要有 IBA 等公司的产品，它们在设计上主要是探头数量、探头类型、测量方式、控制方式、建成厚度上有不同（图 7-9～图 7-12），四种商用晨检仪的基本参数比较见表 7-1。

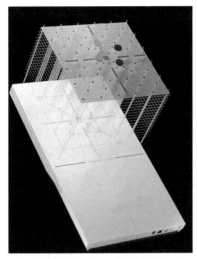

图 7-9 IBA 晨检仪

图 7-10 PTW 晨检仪

图 7-11 Standard Imaging 晨检仪

图 7-12 Sun Nuclear 晨检仪

表 7-1 四种晨检仪的基本参数比较

| 基本参数 | IBA | PTW | Standard Imaging | Sun Nuclear |
|---|---|---|---|---|
| 测量照射野 | | | | |
| 10cm×10cm | 有 | 有 | 无 | 无 |
| 20cm×20cm | 有 | 有 | 有 | 有 |
| 测量方式 | | | | |
| 独立采集 | 有 | 有 | 有 | 无 |
| 与计算机连接 | 有 | 无此功能 | 有 | 有 |
| 附加监测内容 | 剂量率，射线质 | 剂量率，射线质 | 能量识别 | 射野范围监测 |
| 离线重复测量 | | 有 | 有 | 无此功能 |
| 机载显示屏 | 无 | 所有监测结果 | 能量及代码 | 无此功能 |
| 能量测量范围 | 光子（$^{60}$Co 至 25MV） | 光子（$^{60}$Co 至 25MV） | 光子（$^{60}$Co 至 25MV） | 光子（$^{60}$Co 至 25MV） |
| | 电子（4~25MeV） | 电子（4~25MeV） | 电子（6~25MeV） | 电子（6~25MeV） |
| 电离室数量 | 125 | 13 | 8 | 13 |
| 半导体数量 | 无 | 无 | 无 | 12 |

# 三、探测器阵列

　　探测器阵列是由若干个通气电离室、液态矩阵电离室或半导体探测器按照一定方式排列组成的多点测量工具。探测器阵列的优点是校准方便，测量无延时，可以实时显示测量结果，使用寿命长。探测器阵列同样具有如角度依赖性、能量响应、测量线性、有效测量尺寸等特性。

　　目前有多款 2D 和 3D 商用探测器阵列产品，如美国 Sun Nuclear 公司的 IC PROFILER 和 MapCHECK3（图 7-13），德国 PTW 公司的 OCTAVIUS 1500 和 OCTAVIUS 1600 SRS（图 7-14），德国 IBA 公司 MatriXX（图 7-15），美国 Sun Nuclear 公司的 SRS MapCHECK（图 7-16）和 ArcCHECK（图 7-17）等。

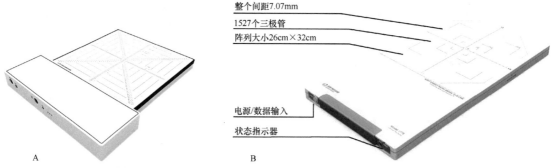

整个间距7.07mm
1527个三极管
阵列大小26cm×32cm
电源/数据输入
状态指示器

图 7-13　Sun Nuclear IC PROFILER（A）和 MapCHECK3（B）

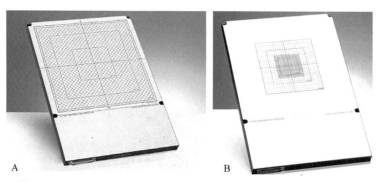

图 7-14　PTW OCTAVIUS 1500（A）和 OCTAVIUS 1600 SRS（B）

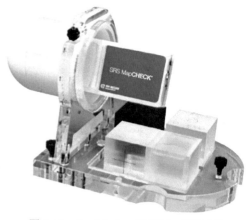

图 7-15　IBA MatriXX　　　　　　　　　　　图 7-16　Sun Nuclear SRS MapCHECK

不同的探测器产品区别在于探测器的种类、数量、间距、形状、有效测量点、表面建成材料、最大测量面积等方面。功能上有的探测器阵列只能用于加速器的质控如 IC PROFILER；有的矩阵还可以用于 IMRT 计划的验证如 MapCHECK3、OCTAVIUS 1500、MatriXX 等；SRS 和 SRT 由于治疗照射野面积小、剂量梯度大，需要选用专用的探测器阵列，如 OCTAVIUS 1600 SRS、SRS MapCHECK 等。

电子射野成像系统除了可以用于成像，也可以替代探测器阵列用于加速器的 QA、IMRT 计划验证等。

3D 探测器阵列有如下几种构成：采用交叉排布的探测器矩阵、分布在圆筒上的探测器矩阵或 2D 探测器矩阵自旋转等方式，可以在 3D 方向上进行 IMRT/VMAT 计划的剂量测量，这些设备有 ScandiDos Delta[4]、ArcCHECK 等。

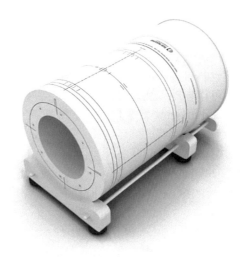

图 7-17  Sun Nuclear ArcCHECK

ScandiDos Delta[4] 通过 2 组交叉垂直放置的半导体探测器阵列测量 3D 剂量分布，其内部含有 1069 个 P 型半导体探测器，最大测量照射野为 20cm×20cm。内探测器的间隔为 5mm，外探测器的间隔为 10mm，探测器的尺寸为 0.78mm$^2$。

ArcCHECK 3D 阵列探测器是一个圆柱形的等效水模体，1386 个方形的 N 型半导体探测器螺旋分布在圆柱体上，探测器尺寸 0.8mm×0.8mm，最大测量照射野为 21cm×21cm。

PTW 公司的 OCTAVIUS 4D（图 7-18）采用一个旋转的 2D 探测器矩阵，在测量时探测器随机架同步旋转，测量 3D 剂量分布。探测器矩阵上含有 1405 个气体电离室探头，单个电离室尺寸为 4.4mm×4.4mm×3mm，最大测量照射野为 27cm×27cm。

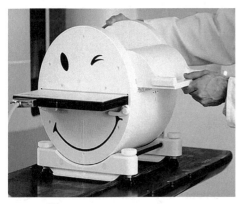

图 7-18  PTW OCTAVIUS 4D

IRT 公司的 IQM（图 7-19）和 IBA 公司的 Dolphin（图 7-20）等可以悬挂在直线加速器机头，实现在线实时患者剂量验证、数据无线传输和数据自动分析；IQM 构造比较特殊，其由一个空气楔形电离室组成，通过电离信号的变化来探测 IMRT 的误差；Dolphin 由 1531 个空气平行板电离室组成，可以测量 40cm×40cm 的照射野，支持非均整器能量模式。

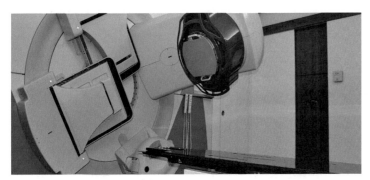

图 7-19  IRT IQM

图 7-20  IBA Dolphin

# 四、扫 描 水 箱

一维水箱一般通过探头在深度方向进行移动，以测量射线质和百分深度剂量（PDD），一维水箱可以手动或遥控探头到达指定的深度，通过探头在深度方向进行移动。有的商用一维水箱可以自动探测水表面，并修正有效测量点的偏差。目前商用有 Sun Nuclear、PTW、IBA、Standard Imaging 等公司制作一维水箱（图 7-21～图 7-24）。

图 7-21　Sun Nuclear 一维水箱

图 7-22　PTW 一维水箱

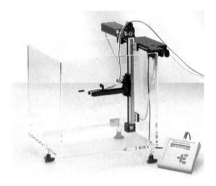

图 7-23　IBA 一维水箱

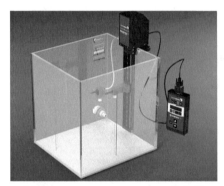

图 7-24　Standard Imaging 一维水箱

二维水箱主要用于环形机架的辐射场扫描分析，如 Tomotherapy、Halcyon 等。由于受空间限制，常规三维水箱无法直接置于测量位置，因此可以选择体积相对较小的二维水箱。二维水箱可以扫描一个水平方向和垂直方向的数据，水箱一般放置在加速器的治疗床上，由于水箱在注水后重量较大，治疗床会有不同程度下沉，所以要注意修正扫描杆的水平位移。Standard Imaging 的二维水箱和 IBA 二维水箱如图 7-25、图 7-26 所示。

图 7-25　Standard Imaging 二维水箱

图 7-26　IBA 二维水箱

三维水箱是放疗设备常用测量工具，主要用来对医用电子直线加速器等设备的相关射线数据进行扫描及分析，主要由大水箱、精密步进电机、电离室、控制盒、计算机和相应软件组成。

近年来随着技术的发展，三维水箱的自动化程度越来越高，能够自动搜寻水平面、进行水平调节、自动查找射野中心、无线控制、连续扫描等。目前临床中使用比较多的三维水箱是 IBA 三维水箱（蓝水箱，图 7-27），PTW 三维水箱（图 7-28），Sun Nuclear 三维水箱（圆水箱，图 7-29）及 Standard Imaging 三维水箱（图 7-30）。

图 7-27　IBA 三维水箱

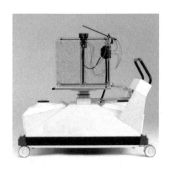

图 7-28　PTW 三维水箱

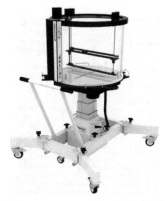

图 7-29　Sun Nuclear 三维水箱

图 7-30　Standard Imaging 三维水箱

各种水箱在使用过程中要避免水箱、扫描臂、传动系统等各部件长时间被水浸泡，要定期清洁、保养各部件，并定期对扫描臂的运动精度和平稳度做校验，保证运动精度可靠和平稳。

# 五、模　　体

放疗模拟的测量或实验不能在患者身上进行，最佳的方法是使用材料构成的模型等效代替患者的人体组织。模体等效性体现在这些材料与人体相似的有效原子序数、电子密度和质量密度等方面，模体材料能够比较真实地模拟患者体内的辐射、散射和吸收。组织等效材料广义上的定义是具有与组织和某种辐射相互作用（如兆伏级光子、兆伏级电子、中子）时相同或非常相似的辐射特性（散射和吸收）的材料，这种材料在模体中广泛应用。

模体分为几何模体（图 7-31）和仿真模体（图 7-32，图 7-33）。几何模体是用简单的几何形状简单模拟患者的体形。几何模体主要有固体水，各种加速器质控模体、影像测试模体。

仿真模体是非均匀组织等效模体，一般用替代人体各种组织（包括骨、肺、气腔等）的材料加工而成，类似标准人体外形或组织器官外形的模体。仿真模体可以有很多模拟肿瘤组织的插件，可以插入胶片、热释光、电离室等，还可以模拟人体的呼吸运动。主要用于治疗过程中的剂量学或者辐射防护剂量学、器官运动模拟等的研究，以及新技术的开发与验证、治疗方案的验证与测量等，不主张用它作剂量的常规校对与检查。

美国 CIRS 公司人体 STEEV 模体模拟人体的内部结构，如皮质、骨小梁、大脑、脊髓、牙齿、鼻窦和气管等。可以在解剖区域进行端到端的 SRS 系统测试和 IMRT 测试，还可实现全面的图像 QA，治疗计划系统 QA 等。MR 引导加速器要求一些特殊的质控模体，如 CIRS 的 MRgRT 器官运动管理 QA 模体，由于使用了压电马达和非铁磁材料，因此该模体可安全用于 MR 引导加速器的 QA（图 7-33）。

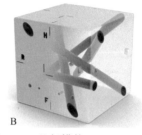
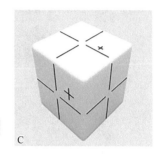

图 7-31　几何模体
A. 固体水；B. MIMI 模体；C.WL-QA 模体

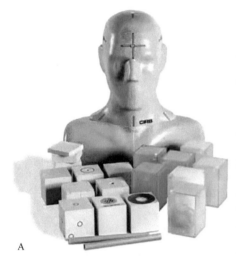
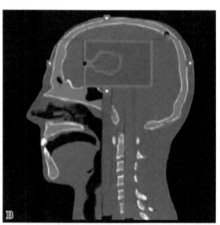

图 7-32　STEEV 模体以（A）及 038-13 插入物的 CT 图像（B）

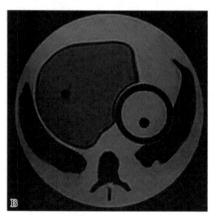

图 7-33　MRgRT 器官运动管理 QA 模体（A）及模体的 MR 成像（B）

# 六、胶片剂量计

胶片剂量计，具有能同时测量一个平面内所有的点剂量，大大减少测量时间；有很高的空间分辨率；可以测量不均匀固体介质中的剂量分布等优点。目前胶片剂量计广泛应用于放射诊断、放射治疗和放射防护的测量。它对于肿瘤放射物理学中的常规剂量测量、设备质量保证，尤其是 IMRT 计划的剂量验证具有重要的实用价值。

胶片剂量计的剂量学特性如下。

**1. 剂量响应范围**　胶片的剂量响应范围与其适用范围直接相关。放射摄影胶片（如 KodaK X-OMAT V 胶片），该类胶片的剂量响应范围较窄，通常小于 1Gy，这限制了它在 IMRT 验证时的辐射剂量。辐射自显色胶片（如 EBT3、EBT-XD），此类胶片的剂量响应较宽，使 IMRT 验证的曝光剂量选择余地较大（图 7-34）。

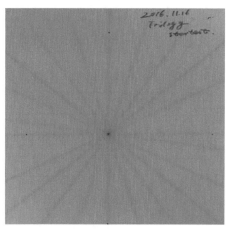

图 7-34　GAFCHROMIC EBT3 胶片进行 StarShot 验证后显影影像

**2. 照射后吸光度 OD 值的增长**　胶片黑度用 OD 表示。胶片显影后 OD 值没有完全固定，随着存放时间的增加，OD 值会有所增加，而后趋于稳定。因此在不同时间段，测出的剂量是不一样的，要进行校正。EBT 的 OD 值能够在较短的时间内稳定，在停止照射后 2 小时内基本稳定，而且变化幅度很小。有研究表明 EBT 胶片接受 1～5 Gy 照射后 6～24 小时，OD 值的变化小于 1%。

**3. 影像分辨率**　胶片感光颗粒的尺寸很小，所以胶片可以作为高空间分辨率的剂量测量工具。目前 EBT 胶片的感光颗粒是亚纳米级的，有很高的空间分辨率。

**4. 胶片均匀性**　胶片受照感光后剂量响应的均匀性是胶片是否合格的一个重要指标。

胶片剂量计的测量过程简单，但其影响因素较多，主要包括射线能量、照射野几何条件、剂量率、胶片的类型和批次、射线入射方向及胶片扫描仪等因素，另外胶片和扫描仪的灰尘、胶片的划痕、指纹等都会对结果造成影响，扫描仪的通道及扫描方向也会对测量结果产生一定的影响，如图 7-35、图 7-36 所示分别为 GAFCHROMIC EBT3 在所有色彩通道下剂量响应曲线和扫描方向影响曲线。

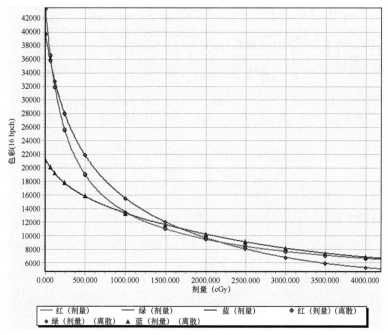

图 7-35　GAFCHROMIC EBT3 在所有色彩通道下剂量响应曲线

放疗设备质控的详细内容，广大读者可参阅本书姊妹篇《现代放射治疗剂量测量学》。

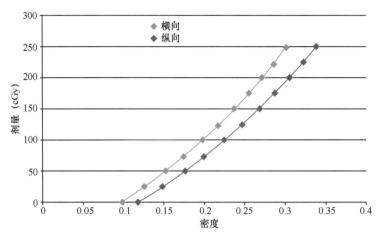

图 7-36　GAFCHROMIC EBT3 扫描方向影响曲线

# 参 考 文 献

马金利, 傅小龙, 蒋国梁, 2004. 放射摄片用胶片剂量仪在肿瘤放射物理学中的应用. 中华放射医学与防护杂志, 24(5): 483-486.

王若峥, 尹勇, 2014. 肿瘤精确放射治疗计划设计学. 北京: 科学出版社.

俞顺飞, 程金生, 李开宝, 等, 2008. 放射治疗辐射场剂量分布胶片测量技术的研究进展. 中华放射医学与防护杂志, 28(3): 313-314.

中国国家标准化管理委员会, 2003. 医用电子加速器验收试验与周期检验规程: GB/T 19046-2003. 北京: 中国标准出版社.

中国国家标准化管理委员会, 2010. 远距治疗患者放射防护与质量保证要求: GB 16362-2010. 北京: 中国标准出版社.

Das IJ, Cheng CW, Watts RJ, et al, 2008. Accelerator beam data commissioning equipment and procedures: report of the TG-106 of the Therapy Physics committee of the AAPM. Medical Physics, 35(9): 4186-4215.

Ezzell GA, Burmeister JW, Dogn N, et al, 2009. IMRT commissioning: multiple institution planning and dosimetry comparisons, a report from AAPM Task Group 119. Medical Physics, 36(11): 5359-5373.

Klein EE, Hanley J, Bayouth J, et al, 2009. Task Group 142 report: quality assurance of medical accelerators. Medical Physics, 36(9): 4197-4212.

Low DA, Moran JM, Dempsey JF, et al, 2011. Dosimetry tools and techniques for IMRT. Medical Physics, 38(3): 1313-1338.

Miften M, Olch A, Mihailidis D, et al, 2018. Tolerance limits and methodologies for IMRT measurement-based verifification QA: recommendations of AAPM Task Group No. 218. Medical Physics, 45: e53-e83.